2022

Civil Engineering

中国
土木工程建设

发展报告

2022

中国土木工程学会 组织编写

中国建筑工业出版社

序

改革开放以来,我国土木工程建设经历了产业规模从小到大、建造能力由弱变强的转变,对经济社会发展、城乡建设和民生改善做出了重要贡献。正如习近平总书记在 2019 年新年贺词所说:中国制造、中国创造、中国建造共同发力,继续改变着中国的面貌。《中华人民共和国国民经济和社会发展第十四个五年规划和 2035 年远景目标纲要》中明确提出:要加快补齐基础设施、市政工程、农业农村、公共安全、生态环保、公共卫生、物资储备、防灾减灾、民生保障等领域短板,推动企业设备更新和技术改造,扩大战略性新兴产业投资。推进既促消费惠民生又调结构增后劲的新型基础设施、新型城镇化、交通水利等重大工程建设。面向服务国家重大战略,实施川藏铁路、西部陆海新通道、国家水网、雅鲁藏布江下游水电开发、星际探测、北斗产业化等重大工程,推进重大科研设施、重大生态系统保护修复、公共卫生应急保障、重大引调水、防洪减灾、送电输气、沿边沿江沿海交通等一批强基础、增功能、利长远的重大项目建设。这些都为我国土木工程建设指明了发展方向、拓展了市场空间。面对新的发展形势和任务,需要通过对我国土木工程建设发展历程的全方位回顾,系统总结土木工程建设的发展经验;需要全面厘清土木工程建设的发展现状,以此了解、把握土木工程建设项目管理与技术创新的进展程度,发现亟待解决的问题,研判、分析土木工程建设发展的趋势和动向;需要通过先进典型的标杆示范,引领土木工程建设企业不断提升自身的核心竞争力。从这个意义而言,通过加强土木工程学科智库的建设,推进土木工程建设研究的科学化、专业化水平,显得尤为重要。

《中国土木工程建设发展报告 2022》是中国土木工程学会系统谋划,组织专业团队精心打造的一项重要的智库成果。这部报告的出版,对于全面了解我国土木工程建设的发展状况,总结土木工程建设的发展经验,研判土木工程建设发展的趋势,打造"中国建造"品牌,提升我国土木工程建设企业的核心竞争力,具有十分重要的意义。报告每年出版一部,力图全面记载、呈现过去一年我国土木工程建设的发展概况,对于系统梳理土木工程建设的发展脉络、总结土木工程建设的发展经验具有重要作用。报告不仅通过翔实的数据资料和丰富的工程案例来呈现我国土木工程建设的发展概貌，而且还基于中国土木工程学会下达的年度研究课题，围绕土木工程建设年度热点问题，汇集了相应的研究成果。这些对明确今后推进土木工程建设的具体目标、行动路径都具有十分重要的借鉴价值。报告还通过建立模型和数据分析，进行土木工程建设企业综合实力和科技创新能力排序分析，将会对土木工程建设企业起到标杆引领和典型示范作用。

本报告是我国发布的第三本土木工程建设发展年度报告。在短短几个月的时间里，编委会精心组织，系统谋划，全体参编人员集思广益、反复推敲，付出了极大的努力。我向为本报告的成功出版做出贡献的同志们表示由衷的感谢。

期待本报告能够得到广大读者的关注和欢迎，也希望你们在分享本报告研究成果的同时，也对其中尚存的不足提出中肯的批评和建议，以利于编写人员认真采纳与研究，使下一个年度报告更趋完美，让读者更加受益。希望中国土木工程学会和本书的编写者们，能够持之以恒地跟踪我国土木工程建设的发展动态，长期不懈地关注土木工程建设发展的热点问题和前沿方向，全面系统地总结土木工程建设企业项目管理和技术创新的成功经验，逐步形成年度序列性的土木工程建设发展研究成果，引领我国土木工程建设的发展方向，为打造"中国建造"品牌，提升我国土木工程建设企业的核心竞争力做出更大的贡献。

中国土木工程学会理事长

2023 年 10 月

前言

为了客观、全面地反映中国土木工程建设的发展状况，打造"中国建造"品牌，提升中国土木工程建设企业的核心竞争力，中国土木工程学会拟从 2021年开始，每年编制一本反映上一年度中国土木工程建设发展状况的分析研究报告——《中国土木工程建设发展报告》。本报告即为《中国土木工程建设发展报告》的 2022 年度版。

本报告共分 6 章。第 1 章对土木工程建设的总体状况进行分析，包括对固定资产投资总体状况的分析和对房屋建筑工程、铁路工程、公路工程、水利与水路工程、机场工程、市政工程建设情况的分类分析；第 2 章从土木工程建设企业的经营规模、盈利能力两个侧面，对土木工程建设企业的竞争力进行了分析，并通过构建综合实力分析模型，对土木工程建设企业进行了综合实力排序；第3 章通过对进入国际承包商 250 强、全球承包商 250 强和财富世界 500 强中的土木工程建设企业的分析，阐述了土木工程建设企业的国际影响力状况；第4 章从研究项目、标准编制、专利研发、科研成果四个侧面，分析了土木工程建设领域科技创新的总体情况，对中国土木工程詹天佑奖获奖项目的科技创新特色进行了分析，提出了土木工程建设企业科技创新能力排序模型，对土木工程建设企业科技创新能力进行了排序分析；第 5 章基于中国土木工程学会、北京詹天佑土木工程科学技术发展基金会下达的年度研究课题，围绕工程建造数字化智能化、海洋岩土工程勘察技术发展、城乡建筑有机更新低碳化技术发展、铁路桥梁病害智能检测技术发展和中国低碳住宅技术发展五个土木工程建设年度热点问题，汇集了相应的研究成果；第 6 章汇编了土木工程建设 2022 年颁布的相关政策、文件，总结了土木工程建设年度发展大事记和中国土木工程学会年度大事记。

本报告是系统分析中国土木工程建设发展状况的系列著作，对于全面了解中国土木工程建设的发展状况、学习借鉴优秀企业土木工程建设项目管理和技术创新的先进经验、开展与土木工程建设相关的学术研究，具有重要的借鉴价值。可供广大高等院校、科研机构从事土木工程建设相关教学、科研工作的人员、政府部门和土木工程建设企业的相关人员阅读参考。

本报告在制定编写方案、收集相关数据和书稿编写及审稿的过程中，得到了有关行业专家、中国土木工程学会各分支机构、相关土木工程建设企业的积极支持和密切配合；在编辑、出版的过程中，得到了中国建筑工业出版社的大力支持，在此表示衷心的感谢。

限于时间和水平，本书错讹之处在所难免，敬请广大读者批评指正。

本书编委会
2023 年 10 月

目录

第5章　土木工程建设前沿与热点问题研究

第 6 章 2022 年土木工程建设相关政策、文件汇编与发展大事记

附 表

Civil Engineering

第 1 章

土木工程
建设的
总体状况

本章对土木工程建设的总体状况进行分析，包括对固定资产投资总体状况的分析和对房屋建筑工程、铁路工程、公路工程、水利与水路工程、机场工程、市政工程建设情况的分类分析。

1.1 固定资产投资的总体状况

1.1.1 固定资产投资及其增长情况

1.1.1.1 我国固定资产投资的总体情况

图 1-1 示出了 2013~2022 年我国固定资产投资的总体情况。从图中可以看出，2022 年，我国全社会固定资产投资为 579555.50 亿元，固定资产投资（不含农户）为 572138.00 亿元。

图 1-1 2013 ~ 2022 年我国固定资产投资的总体情况
数据来源：国家统计局《国家数据》

1.1.1.2 固定资产投资总体增长情况

图 1-2 示出了 2022 年我国固定资产投资（不含农户）的增长情况。从图中可以看出，2022 年 1~2 月全国固定资产投资（不含农户）增幅为 12.2%，而后增幅逐月下降，7 月份降至谷底 5.7%，之后增速连续两月增长又逐月下降。全年投资比上年增长 5.1%，增速比 1~11 月和前三季度分别下降 0.2 和 0.8 个百分点；民间固定资产投资（不含农户）增长趋势逐月趋缓，增幅均低于全国。2022年，民间固定资产投资（不含农户）仅比上年增长 0.9%，增速比 1~11 月下降 0.2 个百分点；国有及国有控股固定资产投资增长趋势与全国固定资产投资增长

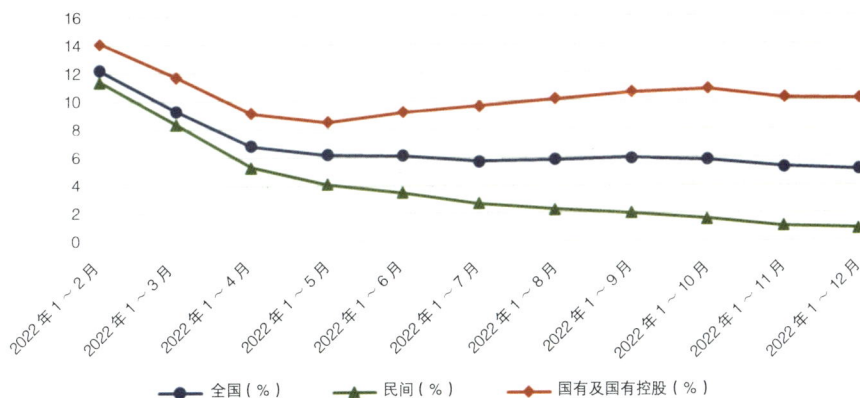

图 1-2　2022 年我国固定资产投资（不含农户）增长情况
数据来源：国家统计局《国家数据》

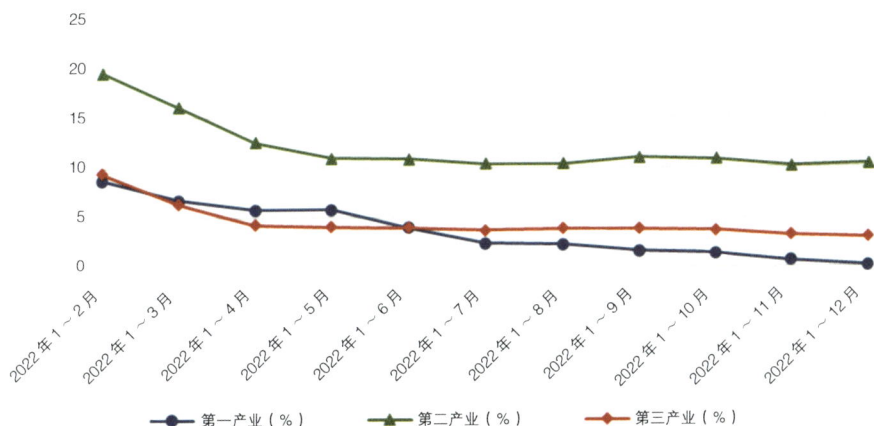

图 1-3　2022 年三次产业固定资产投资增长情况
数据来源：国家统计局《国家数据》

趋势类似，但增幅高于全国。2022 年，国有及国有控股固定资产投资比上年增长 10.1%，增速比 1~11 月放缓 0.1 个百分点。

三次产业的固定资产投资增长情况如图 1-3 所示。从图中可以看出，三次产业固定资产投资均实现了正增长。2022 年，第一产业投资比上年微增 0.2%，增速比 1~11 月放缓 0.5 个百分点；第二产业投资增长 10.3%，增速比 1~11 月增加 0.2 个百分点；第三产业投资增长 3.0%，增速比 1~11 月减少 0.2 个百分点。

1.1.1.3　按建设项目性质划分的固定资产投资增长情况

按建设项目性质划分的固定资产投资增长情况如图 1-4 所示。从图中可以看出，新建、扩建、改建固定资产投资均实现了正增长。2022 年，新建项目投资

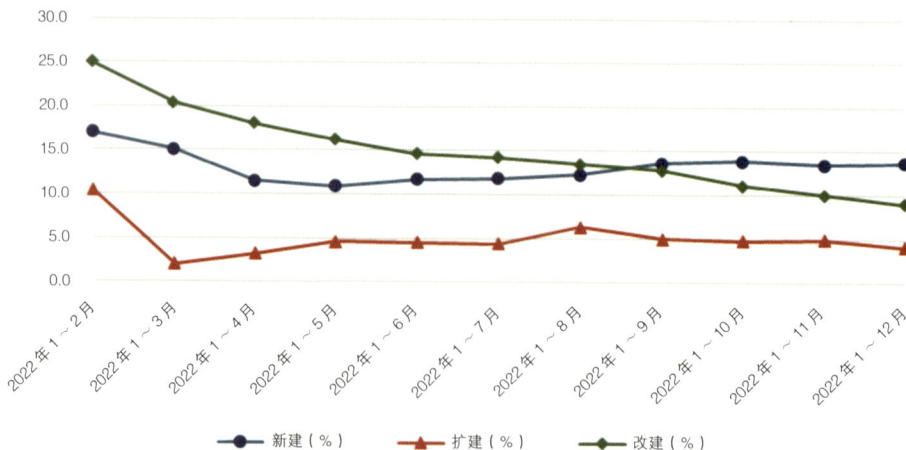

图 1-4 2022 年按建设项目性质划分的固定资产投资增长情况
数据来源：国家统计局《国家数据》

比上年增长 13.7%，增速比 1~11 月提高 0.2 个百分点；扩建项目投资比上年增长 4.1%，增速比 1~11 月放缓 0.8 个百分点；改建项目投资比上年增长 9.0%，增速比 1~11 月降低 1.0 个百分点。

1.1.1.4　按构成划分的固定资产投资增长情况

按构成划分的固定资产投资增长情况如图 1-5 所示。从图中可以看出，建筑安装工程、设备工器具购置和其他费用固定资产投资均实现了正增长。2022 年，建筑安装工程投资比上年增长 5.2%，增速比 1~11 月降低 0.1 个百分点；设备工器具购置投资比上年增长 3.5%，增速比 1~11 月降低 1.3 个百分点；其他费用投资比上年增长 6.0%，增速比 1~11 月增加 0.6 个百分点。

1.1.1.5　基础设施领域固定资产投资增长情况

2022 年，我国铁路运输业投资增长 1.8%，增速比 1~11 月降低 0.3 个百分点；道路运输业投资增长 3.7%，增速比 1~11 月增加 1.4 个百分点；航空运输业投资增长 4.8%，增速比 1~11 月加快 3.4 个百分点；水利管理业投资增长 13.6%，增速比 1~11 月放缓 0.5 个百分点；生态保护和环境治理业投资增长 6.0%，增速比 1~11 月降低 1.4 个百分点；公共设施管理业投资增长 10.1%，增速比 1 ~ 11 月放缓 1.5 个百分点。上述行业 2022 年固定资产投资增长情况如图 1-6 所示。

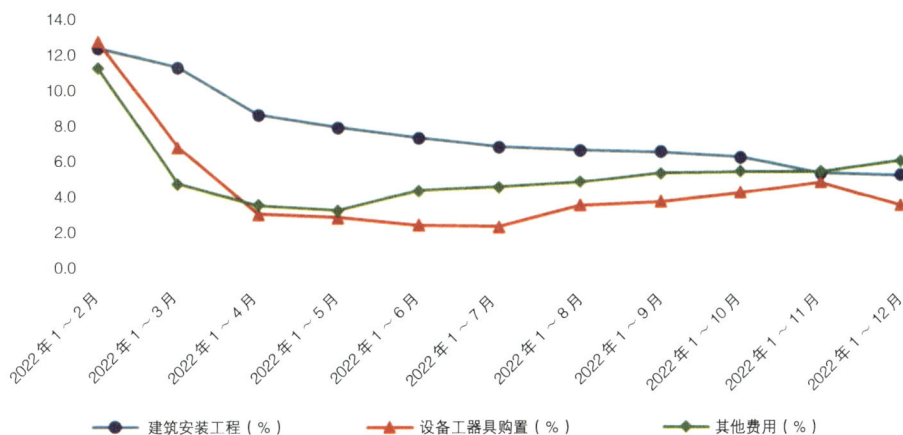

图 1-5　2022 年按构成划分的固定资产投资增长情况
数据来源：国家统计局《国家数据》

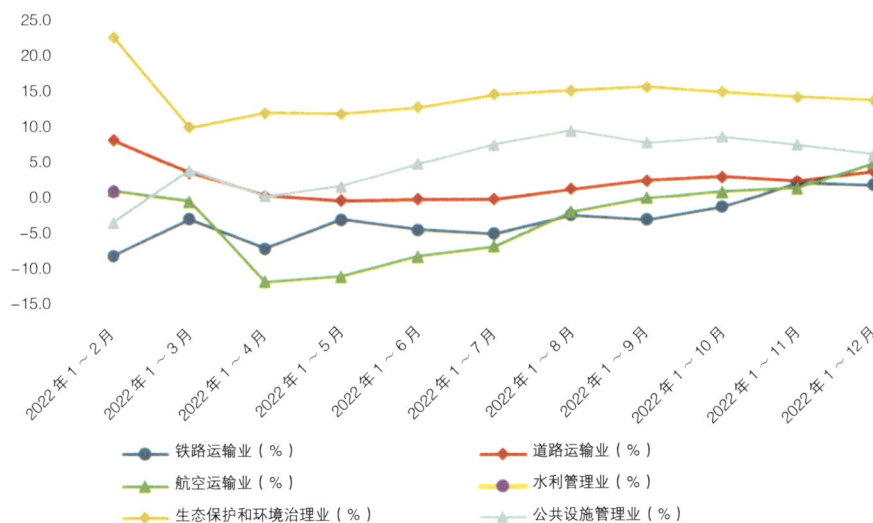

图 1-6　2022 年基础设施领域部分行业固定资产投资增长情况
数据来源：国家统计局《国家数据》

1.1.2　房地产开发投资及其增长情况

1.1.2.1　房地产开发投资总体情况

图 1-7 示出了 2013~2022 年我国房地产开发投资的总体情况。从图中可以看出，2022 年，我国房地产开发投资为 132895.41 亿元，比上年降低 9.96%，增幅比上年降低了 14.32 个百分点。

图 1-7　2013~2022 年我国房地产开发投资的总体情况
数据来源：国家统计局《国家数据》

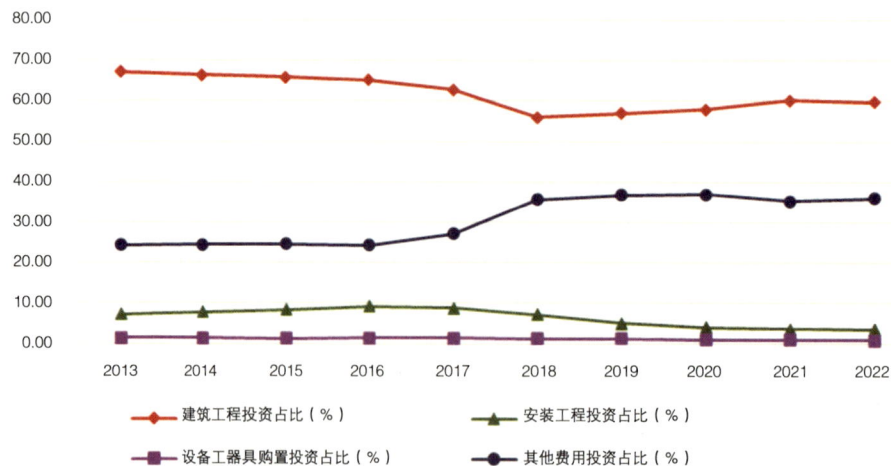

图 1-8　2013~2022 年我国房地产开发投资的构成情况
数据来源：国家统计局《国家数据》

　　图 1-8 示出了 2013~2022 年我国房地产开发投资的构成情况。从图中可以看出，建筑工程投资在房地产开发投资中占比最大，2022 年为 59.68%；其次为其他费用投资，2022 年为 35.96%；2022 年两者合计占比达到 95.64%。

1.1.2.2　2022 年我国房地产开发投资的增长情况

　　图 1-9 示出了 2022 年我国房地产开发投资的增长情况。2022 年，房地产

图 1-9　2022 年我国房地产开发投资的增长情况
数据来源：国家统计局《国家数据》

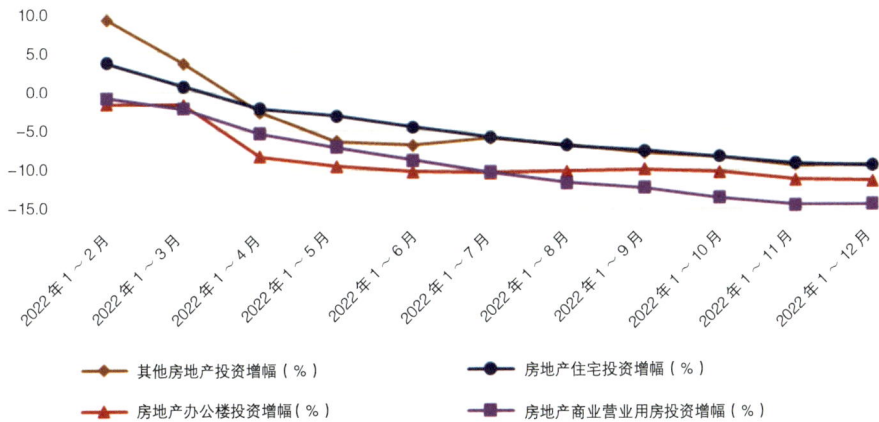

图 1-10　2022 年我国不同类型房地产开发投资的增长情况
数据来源：国家统计局《国家数据》

开发投资比上年下降 10.0%，增速比 1~11 月降低 0.2 个百分点。

1.1.2.3　2022 年我国房地产开发投资的构成及其增长情况

图 1-10 示出了 2022 年我国不同类型房地产开发投资的增长情况。2022 年，住宅投资降低 9.5%，增速比 1~11 月放缓 0.3 个百分点；办公楼投资下降 11.4%，降幅比 1~11 月加快 0.1 个百分点；商业营业用房投资下降 14.4%，降幅比 1~11 月减少 0.1 个百分点；其他房地产投资降低 9.4%，增速比 1~11 月提高 0.1 个百分点。

1.1.2.4　我国房地产施工面积、竣工面积情况

图 1–11 示出了 2013~2022 年我国房地产施工面积、竣工面积情况。2022 年，房地产施工面积为 90.50 亿 m²，比上年减少 7.2%，增速比上年降低 12.4 个百分点；房地产新开工施工面积为 12.06 亿 m²，比上年减少 39.4%，增速比上年降低 28.0 个百分点；房地产竣工面积为 8.62 亿 m²，比上年减少 15.0%，增速比上年降低 26.2 个百分点。

图 1–12 示出了 2013~2022 年我国商品住宅施工面积、竣工面积情况。2022 年，商品住宅施工面积为 63.97 亿 m²，比上年减少 7.3%，增速比上年降低 12.6 个百分点；商品住宅新开工施工面积为 8.81 亿 m²，比上年减少 39.8%，增速比上年降低 28.9 个百分点；商品住宅竣工面积为 6.26 亿 m²，比上年减少 14.3%，增速比上年降低 25.1 个百分点。

图 1–13 示出了 2013~2022 年我国办公楼施工面积、竣工面积情况。2022 年，办公楼施工面积为 3.49 亿 m²，比上年减少 7.5%，增速比上年降低 9.2 个百分点；办公楼新开工施工面积为 0.32 亿 m²，比上年减少 39.1%，增速比上年降低 18.2 个百分点；办公楼竣工面积为 0.26 亿 m²，比上年减少 22.6%，增速比上年降低 33.6 个百分点。

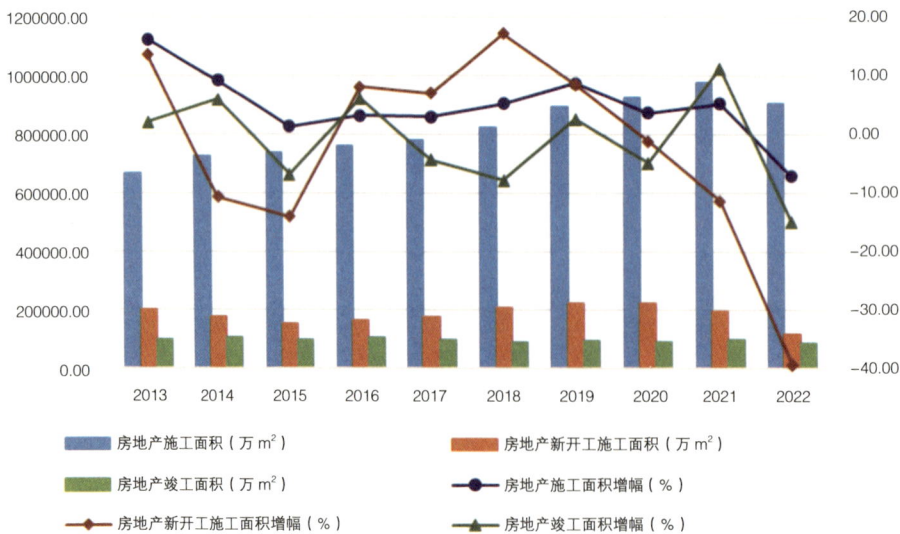

图 1–11　2013~2022 年我国房地产施工面积、竣工面积情况
数据来源：国家统计局《国家数据》

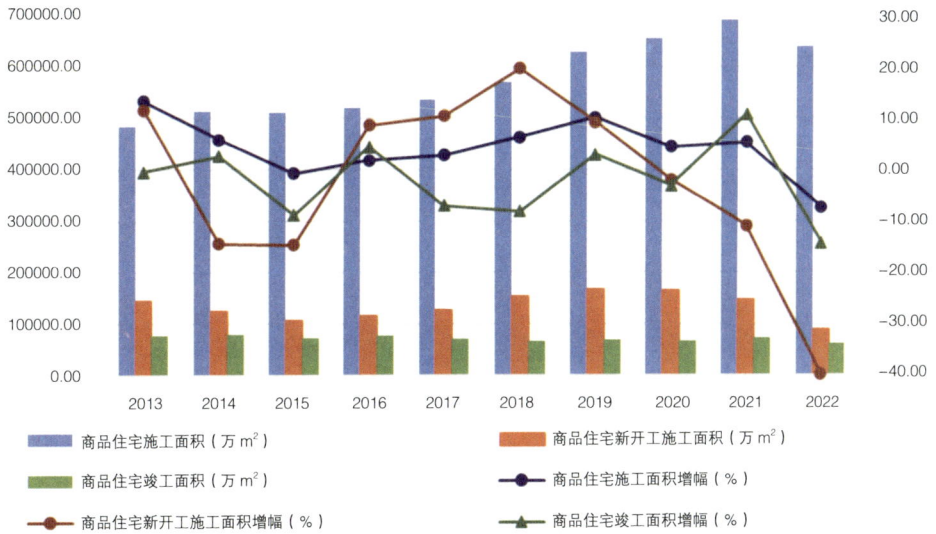

图 1-12　2013~2022 年我国商品住宅施工面积、竣工面积情况
数据来源：国家统计局《国家数据》

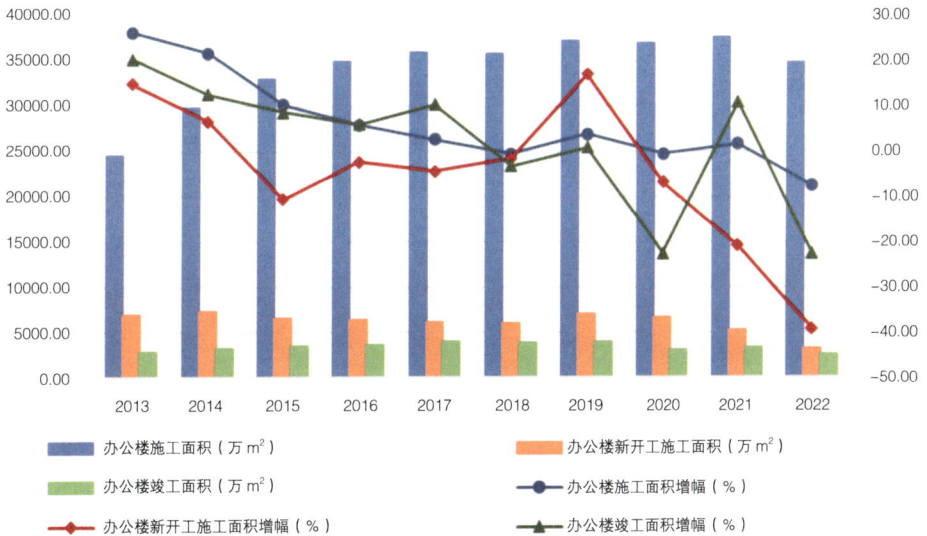

图 1-13　2013~2022 年我国办公楼施工面积、竣工面积情况
数据来源：国家统计局《国家数据》

图 1-14 示出了 2013~2022 年我国商业营业用房施工面积、竣工面积情况。2022 年，商业营业用房施工面积为 8.00 亿 m²，比上年减少 11.8%，增速比上年降低 9.1 个百分点；商业营业用房新开工施工面积为 0.82 亿 m²，比上年减少 41.9%，增速比上年降低 20.2 个百分点；商业营业用房竣工面积为 0.68 亿 m²，

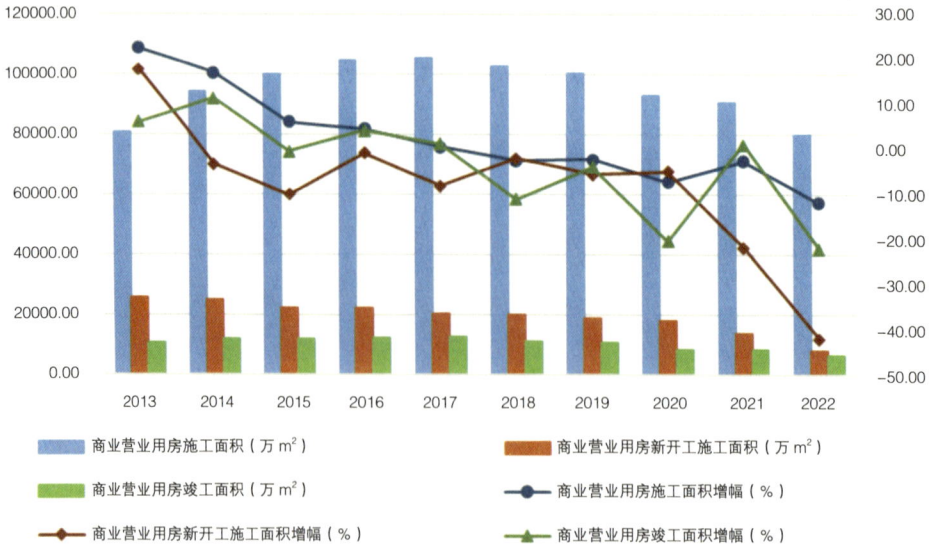

图 1-14　2013~2022 年我国商业营业用房施工面积、竣工面积情况
数据来源：国家统计局《国家数据》

比上年减少 22.0%，增速比上年降低 23.1 个百分点。

1.1.3　固定资产投资与土木工程建设的相互作用关系

土木工程是建造各类工程设施的科学技术的统称。它既指所应用的材料、设备和所进行的勘测、设计、施工、保养、维修等技术活动，也指工程建设的对象。即建造在地上或地下、陆上或水中，直接或间接为人类生活、生产、军事、科研服务的各种工程设施，例如房屋、道路、铁路、管道、隧道、桥梁、运河、堤坝、港口、电站、飞机场、海洋平台、给水排水以及防护工程等。

固定资产投资与土木工程建设具有非常密切的相互作用关系。固定资产投资为我国土木工程建设企业的生产经营提供了巨大的市场空间，我国土木工程建设企业的生产经营活动，也为固定资产投资的实现做出了重要贡献。如图 1-15 所示的 2013~2022 年我国固定资产投资（不含农户）与建筑业总产值的关系曲线，形象地反映出二者间的这种相互作用关系。2022 年，我国土木工程建设企业完成的建筑业总产值占我国固定资产投资（不含农户）的比重为 54.53%，比上年增加 0.72 个百分点，是 2013 年以来的最高点。

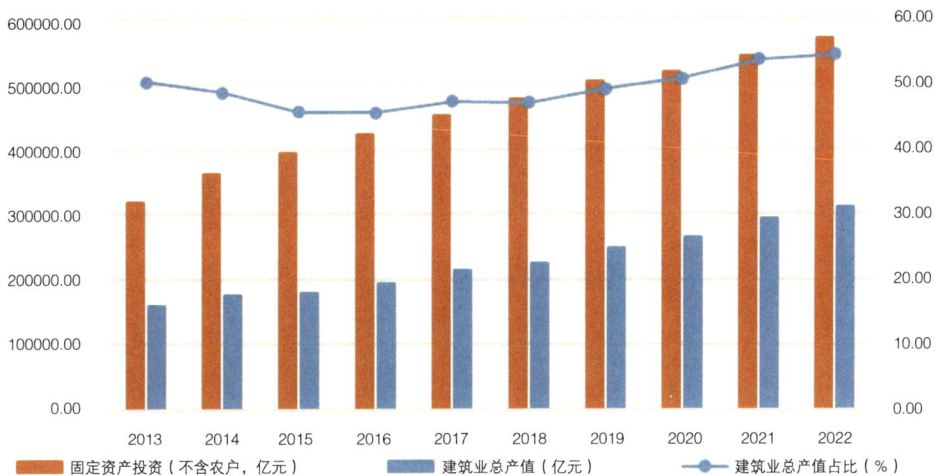

图 1-15　2013~2022 年我国固定资产投资（不含农户）与建筑业总产值的关系曲线

数据来源：国家统计局《国家数据》

1.2　房屋建筑工程建设情况分析

1.2.1　房屋建筑工程建设的总体情况

　　房屋建筑工程是指各类房屋建筑及其附属设施和与其配套的线路、管道、设备安装工程及室内外装修工程。房屋建筑指有顶盖、梁柱、墙壁、基础以及能够形成内部空间，满足人们生产、居住、学习、公共活动等需要的工程。房屋建筑工程一般简称建筑工程，是指新建、改建或扩建房屋建筑物和附属构筑物所进行的勘察、规划、设计、施工、安装和维护等各项技术工作及其完成的工程实体。

1.2.1.1　房屋建筑施工面积

　　图 1-16 示出了 2013~2022 年我国房屋建筑施工面积的情况。2022 年，我国土木工程建设企业完成房屋建筑施工面积 156.45 亿 m^2，比上年减少 0.70%。其中，新开工面积 43.84 亿 m^2，比上年减少 12.24%。

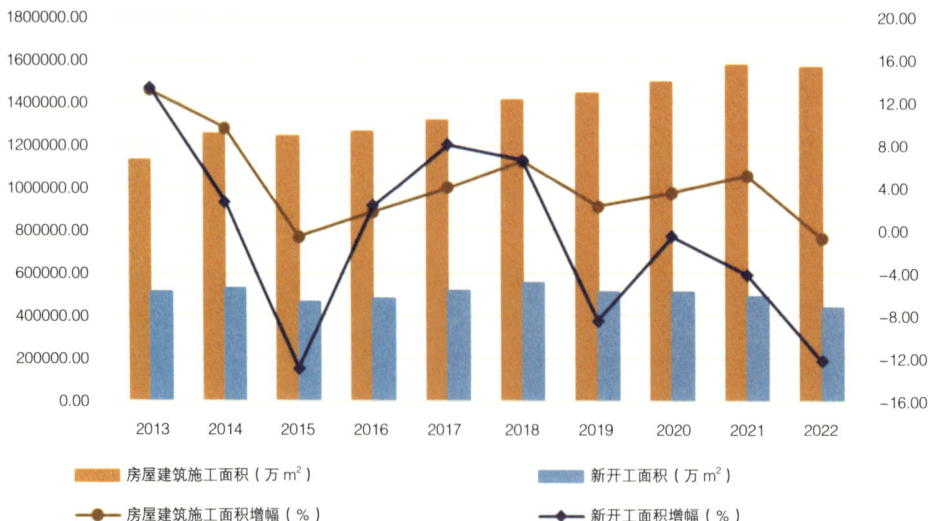

图 1-16   2013~2022 年我国房屋建筑施工面积的情况
数据来源：国家统计局《国家数据》

1.2.1.2   房屋建筑竣工面积

图 1-17 示出了 2013~2022 年我国房屋建筑竣工面积的情况。2022 年，我国土木工程建设企业房屋建筑竣工面积 40.54 亿 m²，比上年减少 0.63%。从房屋建筑竣工面积的构成看，住宅房屋占比最大，2022 年，住宅房屋竣工面积的占比为 64.30%。2022 年，住宅房屋竣工面积为 26.07 亿 m²，比上年减少 3.57%。

图 1-18 示出了 2013~2022 年我国除住宅外的民用建筑房屋竣工面积情况。2022 年，我国土木工程建设企业商业及服务用房屋竣工面积 2.63 亿 m²，比上年增长 4.03%；办公用房屋竣工面积 1.47 亿 m²，比上年减少 12.01%；科研、教育和医疗用房屋竣工面积 2.04 亿 m²，比上年减少 2.25%；文化、体育和娱乐用房屋竣工面积 0.44 亿 m²，比上年增长 6.43%。这四类房屋建筑竣工面积，分别占土木工程建设企业房屋建筑竣工面积的 6.48%、3.61%、5.04% 和 1.08%。

图 1-19 示出了 2013~2022 年我国厂房和建筑物、仓库、其他未列明的房屋建筑竣工面积情况。2022 年，我国土木工程建设企业厂房和建筑物竣工面积 6.23 亿 m²，比上年增长 10.42%；仓库竣工面积 0.29 亿 m²，比上年增长 4.33%；其他未列明的房屋竣工面积 1.39 亿 m²，比上年增长 19.92%。这三类房屋建筑竣工面积，分别占土木工程建设企业房屋建筑竣工面积的 15.36%、0.71% 和 3.42%。

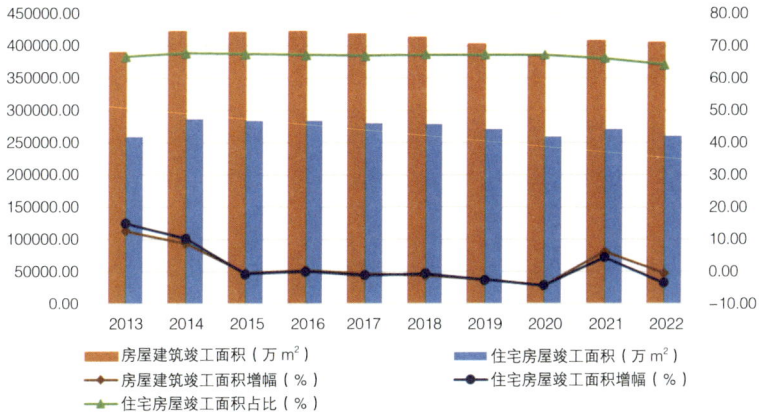

图 1-17　2013~2022 年我国房屋建筑竣工面积的情况
数据来源：国家统计局《国家数据》

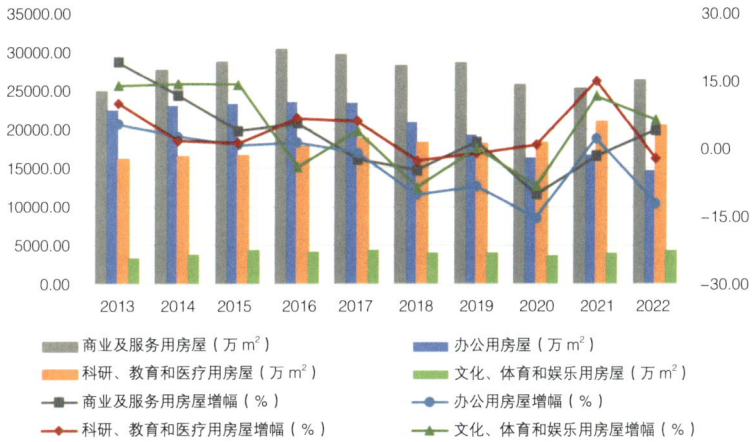

图 1-18　2013~2022 年我国除住宅外的民用建筑房屋竣工面积情况
数据来源：国家统计局《国家数据》

图 1-19　2013~2022 年我国厂房和建筑物、仓库、其他未列明的房屋建筑竣工面积情况
数据来源：国家统计局《国家数据》

1.2.1.3　房屋建筑竣工价值

　　图 1-20 示出了 2013~2022 年我国房屋建筑竣工价值的增长情况。2022年，我国土木工程建设企业房屋建筑竣工价值 8.14 万亿元，比上年增长 2.47%。从房屋建筑竣工价值的构成看，住宅房屋占比最大，2022 年，住宅房屋竣工价值的占比为 61.12%。2022 年，住宅房屋竣工价值为 4.97 亿 m²，比上年减少 1.54%。

　　图 1-21 示出了 2013~2022 年我国除住宅外的民用建筑房屋竣工价值情况。2022 年，我国土木工程建设企业商业及服务用房屋竣工价值 0.58 万亿元，比上年增长 6.20%；办公用房屋竣工价值 0.37 万亿元，比上年减少 3.58%；科研、教育和医疗用房屋竣工价值 0.59 万亿元，比上年增长 7.43%；文化、体育和娱乐用房屋竣工价值 0.18 万亿元，比上年增长 30.20%。这四类房屋建筑竣工价值，分别占土木工程建设企业房屋建筑竣工价值的 7.15%、4.54%、7.23%和 2.20%。

　　图 1-22 示出了 2013~2022 年我国厂房和建筑物、仓库、其他未列明的房屋建筑竣工价值情况。2022 年，我国土木工程建设企业厂房和建筑物竣工价值 1.10 万亿元，比上年增长 15.74%；仓库竣工价值 0.065 万亿元，比上年增长

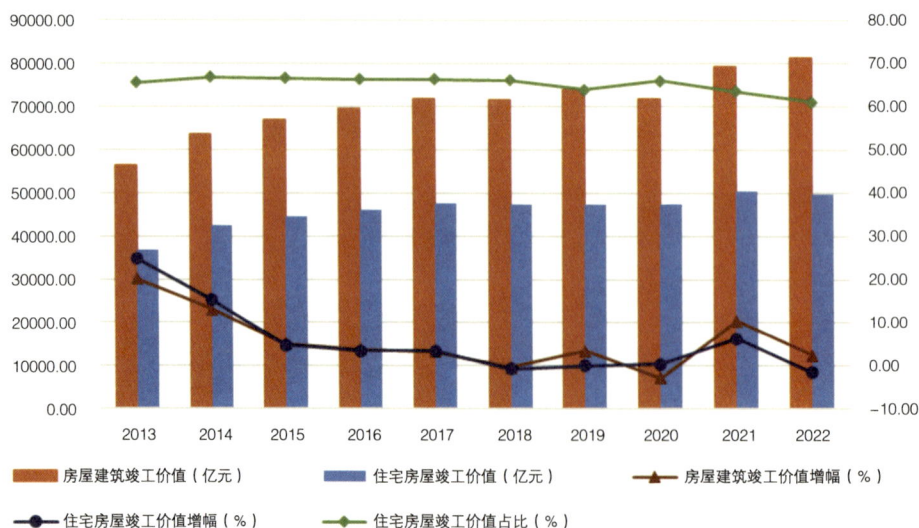

图 1-20　2013~2022 年我国房屋建筑竣工价值的增长情况
数据来源：国家统计局《国家数据》

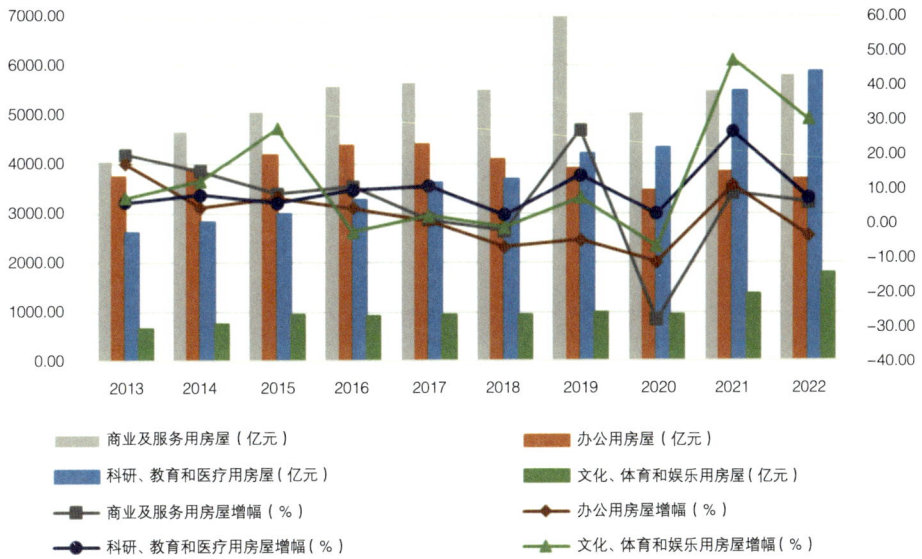

图 1-21　2013~2022 年我国除住宅外的民用建筑房屋竣工价值情况
数据来源：国家统计局《国家数据》

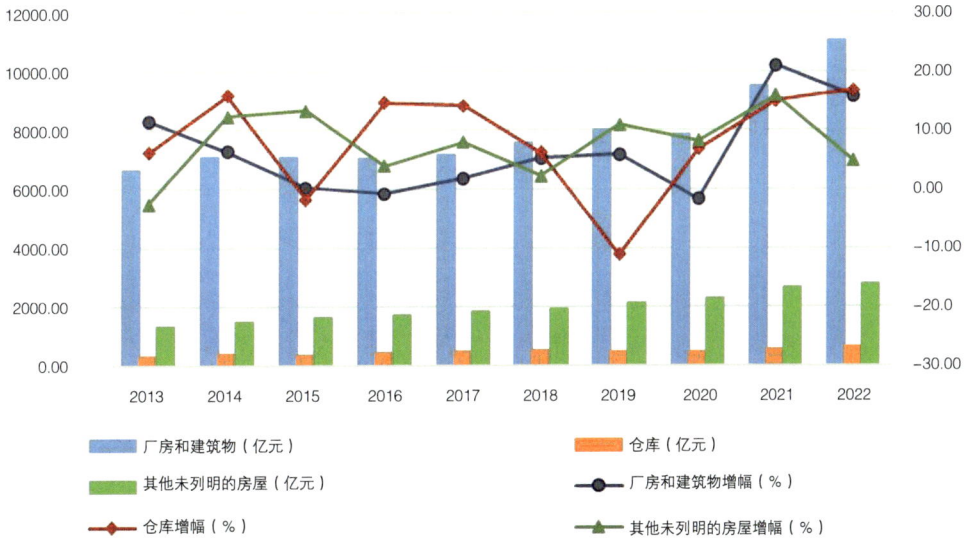

图 1-22　2013~2022 年我国厂房和建筑物、仓库、其他未列明的房屋建筑竣工价值情况
数据来源：国家统计局《国家数据》

16.80%；其他未列明的房屋竣工价值 0.28 万亿元，比上年增长 4.74%。这三类房屋建筑竣工价值，分别占土木工程建设企业房屋建筑竣工价值的 13.55%、0.79% 和 3.41%。

1.2.2 典型的建筑工程建设项目

1.2.2.1 青岛上合之珠国际博览中心

青岛上合之珠国际博览中心位于青岛胶州的上合示范区如意湖畔，于 2022 年 11 月 25 日交付使用。青岛上合之珠国际博览中心项目，总建筑面积 16.9 万 m²，由综合馆、上合元素文化展示区、多功能馆、中心广场四部分组成，是一座融合会议会展、观光旅游、商品展销、文化交流、商事服务等功能于一体的一站式文化体验综合新空间。参见图 1-23。

上合之珠国际博览中心极具特色的双曲面设计，独具城市海洋文化的"珍珠""贝壳"造型，造就了青岛上合之珠国际博览中心亦刚亦柔的建筑特色。工程整体骨干为 4.5 万 t 钢材框架，以双曲面装饰铝板、玻璃幕墙等 10 种幕墙系统为修饰，着力打造贯通内外的空间之合。在南外立面，项目采用大跨度马鞍式自平衡拉索系统作为主要支撑结构，采用高达 34m 的竖、横向龙骨张拉固定 149 块高大玻璃，打造出近 4000m² 的张弦索桁架玻璃幕墙，呈现出"海浪奔涌"的超大视野空间。光彩夺目的"上合之珠"由 12790 块 600mm×600mm 的角点翘脚 2mm 以内的水波纹不锈钢板打造，面上遍布细小孔洞和内置光源，昼夜变换之间，漫射出闪烁星星点点的光芒。

项目积极融入绿色设计理念，通过优化建筑布局充分引入自然风，利用高反射材料、高位窗等措施加强自然采光，采用分散、小规模的源头控制，减少雨水径流、控制径流污染等措施，构建良性水文循环系统，打造低碳、高效、智慧、

图 1-23 青岛上合之珠国际博览中心

健康的绿色场馆。走进综合馆，巨大幕墙玻璃折射着耀眼的阳光，但场馆内部却舒适恒温、暖热适宜，这得益于隐藏其地下、占地面积约 $492m^2$ 的制冷机房。项目团队为高效、安全建设制冷机房，在现场临时建设了一座占地 $1500m^2$ 的装配式加工厂，配置两套通风五线自动加工设备，全机只需一人操控，便可实现全自动化日产风管 $2000m^2$，满足现场生产需求。同时场外设立独立模块加工厂，用于管道和支架的除锈、防腐、预制及装配式机房模块生产，只将预制好的模块运送至现场完成拼装，提升施工效率，实现了施工零动火、零污染。经过项目团队的反复计算推演，绿色建造方式节省机房面积，空间优化率达 10%。项目团队还通过对室内环境（PM10、PM2.5、CO_2 等）监测，合理运行送排风系统，营造舒适健康环境。项目电力系统采用 6 路 10kV 高压进线、UPS 供电系统、柴发供电系统等措施，保证用电的可靠性。通过智慧化应用平台，打通诸多智能化子系统之间的数据壁垒，为场馆的智慧化运营、统一管控提供数据平台支撑。

作为国内唯一一个面向上合组织国家及"一带一路"沿线国家开展地方经贸合作的示范区，青岛上合示范区不断积聚全球目光。青岛上合之珠国际博览中心的建成，将使得山东省和青岛市在更大范围、更宽领域、更深层次推动上合组织及"一带一路"沿线国家间双多边资本、技术和人才的深度交融。

1.2.2.2 杭州亚运会淳安亚运分村

杭州亚运会淳安亚运分村是杭州 2022 年亚运会的重要服务保障设施，涵盖运动员村、媒体村、技术官员村及其附属相关设施，包括度假酒店、服务式公寓、服务式酒店等 60 余栋单体建筑，总建筑面积约 6.6 万 m^2，于 2022 年 4 月竣工。

淳安亚运分村位于千岛湖界首列岛，整体呈指状延伸至湖中，湖岛相间，港湾交错，是全球候鸟重要迁徙路线的核心位置、中国生物多样性保护优先区域，动植物种类丰富。面对千岛湖优美的生态环境，如何在建设高标准的亚运村的同时，保护好这一方"灵山秀水"，对建设团队提出了高要求。在整体建设规划中，项目牢固树立"绿水青山就是金山银山"理念，用钢筋混凝土绘就出了一幅绝美的水墨丹青。各国来客可以在清澈碧湖和葱郁山景的自然风光中，充分领略中国的生态之美。2021 年 10 月，项目成功入选联合国"生物多样性 100+ 全球典型案例"。参见图 1-24。

建造过程中，建设团队将"海绵"理念植入亚运村项目雨水工程设计，通过以生态草沟代替混凝土明沟，借用生物滞留、雨水花园、湿地等生态环境保护措

图 1-24　杭州亚运会淳安亚运分村

施及透水地面设计，减少泥沙污水入湖，确保千岛湖核心区水体的水质安全；在施工现场采用一体化污水处理设备对施工产生废水进行预处理，合格达标后再排入市政管道，实现了"废水不残留、产生即处理"的治污目标。

可持续节能环保是淳安亚运分村绿色建筑群的一大"绿色"特性，通过将建筑按照山体坡度前后推拉，精密测算，高效利用山地建筑的无遮挡采光、通风优势，最大程度减少日间照明需求和通风需要，有效实现了"建筑空间布局合理、公共服务功能完善、生态环境品质提升、资源集约节约利用"的亚运村建设目标。

1.2.2.3　香港科技大学（广州）

2022 年 9 月 1 日，历经 3 年建设，香港科技大学（广州）正式投用。香港科技大学（广州）占地面积约 1669 亩，是广州大学与香港科技大学举办的具有法人资格的合作办学机构，学校融合内地与香港优质教育资源，对于推动我国高等教育综合改革、促进内地与香港融合发展、服务粤港澳大湾区建设具有积极意义。

香港科技大学（广州）以"智慧绿色校园"为灵感，延续香港科技大学的整体风格，并与四周的自然环境和谐相融。香港科技大学（广州）门户庭院的设计与位于香港清水湾的香港科技大学校园异曲同工，建筑物沿半圆形设置，围绕着中央的红色日晷雕塑。

通过街道和功能的布局，校园得以实现与周围社区环境的紧密连接。校园一期根据功能分为中区、东区、西区、北区、东南区、东北区六大区域，其中教科研楼、

图 1-25　香港科技大学（广州）

行政大楼位于中区，东区为各运动场馆所在区域，学生宿舍及高街生活区位于东南区，北区为教职工宿舍。参见图 1-25。

图书馆横跨中央运河，连系校园东西区。在透明的设计下，人们可以看到两侧的实验室，将科学生动地呈现在眼前。在流通空间和实验室之间，也设置了容纳大型设备和大型装置的通高空间。屋顶被绿色覆盖，天气晴朗时可为学生提供优质的室外活动场所。实验室大楼的屋顶覆盖有光伏板，将太阳能的可再生资源转化为校园所用。

1.2.2.4　西藏博物馆新馆

西藏博物馆位于西藏自治区拉萨市，毗邻世界文化遗产布达拉宫和罗布林卡，于 1999 年 10 月落成开馆。2017 年 10 月，作为西藏"十三五"期间重大公共文化惠民工程，新馆改扩建项目正式启动实施，项目占地面积达 6.5 万 m²，总投资达 6.6 亿元，于 2022 年 7 月 8 日开馆。西藏博物馆新馆包括陈列展示区、藏品保管区、休闲服务区、文物保护研究区、综合办公区，馆藏文物 52 万余件，其中珍贵文物 4 万余件（套），是西藏唯一一座集典藏、展示、研究、教育、服务等功能于一体的国家一级现代化综合博物馆。参见图 1-26。

西藏博物馆新馆门厅入口处采用两榀跨度为 45m、49m 的钢桁架，钢桁架高空吊装施工共计 412t。其中最大单榀重约 95t，系西藏首例超重、超长、超高的钢桁架安装。项目团队前后经历 3 次方案比选、2 次专家论证会，通过深化设计、编码构件，BIM 技术超前模拟双机抬吊顺利完成高空吊装，并将误差控制在

图 1-26　西藏博物馆新馆

4mm 以内，达到了万分之一的精度。

拉萨全年日照可达 3000h，西藏博物馆新馆项目充分利用可再生太阳能源，主动槽式太阳能集热群集热板采用弧形镜面，自动转体镜面随着太阳的角度、高度的变化，会自动捕捉到太阳的正面光线，让太阳能的集热板实现最大化地接收太阳能，集热效率达 70%~75%，打造西藏首个利用槽式太阳能作为集中供暖形式的项目。36m 高的金顶大厅是西藏地区最大跨度的金顶，1100 块玻璃引入自然光实现冬季最大光线射入，可以让更多阳光进入大厅内部。此外，电动天窗利用热压差促进馆内空气流动形成"会呼吸的大厅"。西藏博物馆新馆极具鲜明藏式风格，共采用藏式元素 300 余种，藏式造型 145 个，藏式纹样 200 余种，分布在西藏博物馆新馆的檐口、门柱、斗拱、天花、柱角等部位。项目团队利用 BIM+ 三维扫描技术，提取老馆彩绘色彩 11 种、纹样 125 种，对老馆彩绘进行修复，对新馆彩绘进行元素重构，经过 32 名唐卡画师不断努力共绘制壁画面积达 2400m^2。

西藏博物馆新馆建成后将全面提升西藏博物馆展览、典藏等公共服务功能，成为全面深度介绍西藏的高原城市会客厅，实现国内一流、国际有影响力的现代化博物馆建设目标，为系统展示各民族交往交流交融史，促进民族团结奋进做出重大贡献。

1.2.2.5　川投西昌医院

川投西昌医院位于四川省凉山彝族自治州首府西昌市，是全国最大减隔震医疗建筑，也是凉山彝族自治州"国企入凉"产业扶贫示范项目。川投西昌医院由三级综合医院、国际医养服务中心、教育与就业培训中心三部分组成，总建筑面积 29.79 万 m², 总投资超 30 亿元。2022 年 11 月 3 日川投西昌医院投入使用。

川投西昌医院距离四川安宁河地震断裂带不到 200m, 属于 9 度高烈度设防区,结构地震作用巨大;而其建筑高度为 70.5m,且体型复杂,属于复杂超限高层建筑。针对以上特点,在设计阶段,项目利用 BIM 技术模拟医院的地震作用,根据烈度不同进行详细分析。BIM 模拟计算地震作用获得了重要的减震系数、反应谱分析系数。这两种数据,对项目抗震建造成功与否关系重大。在多种组合结构形式的反复对比试验后,项目团队最终决定采用基础隔震的钢筋混凝土框架剪力墙结构,以及消能减震技术组合的减隔震方式。项目运用水平消能减震技术"以消代抗",通过安装 823 个隔震支座,设置 80 个隔震层黏滞阻尼器,96 个上部结构 BRB 屈曲约束支撑,核心筒型钢劲性柱和钢板剪力墙等多项减隔震措施,将地上医院主体和基座柔性隔开,达到减隔震要求。项目整体采用隔震技术,将上部结构从激烈的摆动转化为缓慢的平动以达到震时"地动房不动"或"地大动房小动"的目的,使得地下地上完全断开"组合拳",打造全国最大减隔震医院。组合隔震提高了结构抗震性能,同时增大了柱距,减小了梁高,满足了建筑功能需求。

川投西昌医院的投用,将强力提升西昌市乃至凉山彝族自治州的医疗救治水平,极大缓解当地群众的就医需求,也将开启凉山彝族自治州"医养一体"模式,真正实现"医学、医药、医疗"三医融合理念。医院运营后,还可以为属地超过 3000 人提供就业机会,吸引国内外高端医疗人才聚集西昌,助力西昌和整个凉山彝族自治州高质量发展。参见图 1–27。

图 1–27　川投西昌医院

1.2.2.6 杭州之门

2022年10月,在钱塘江南岸,一座以杭州英文首字母"H"为设计灵感、高达302.6m的双子塔超高层建筑——杭州之门项目顺利竣工。这座历时近五年时间精心打造的城市新地标,一举成为当前杭州的第一高楼,勾勒出了钱塘江沿岸壮丽的天际线。

杭州之门,又名杭州世纪中心,坐落于萧山区奥体博览城核心区,是浙江省重点工程、杭州亚运会配套工程以及奥体板块重点工程。项目总建筑面积53.3万 m²,主体由对称的63层东西双塔组成,建筑高度302.6m,建成后将成为集企业总部、综合商务、星级酒店、精品商场等功能于一身的综合体。参见图1-28。

为了更好地完成地上1~6层连接东西双塔的最大跨度85m的钢拱连桥,项目团队采用了独特的半刚性悬垂网格钢结构形式。悬垂屋面新颖独特的半刚性结构形式目前尚无工程先例可循,项目团队结合悬垂屋面的结构特点,制定了地面高精度拼装田字形单元,吊装至高空支撑架上组装的技术路线,结合落地-悬挑组合式高空临时支撑体系,大大提高悬垂屋面节点的加工和安装精度,顺利实现悬垂屋面的高空高精度安装。

杭州之门的东西塔楼为全混凝土框架-核心筒结构,项目团队积极创新优化方案,在钢框架-混凝土核心筒施工工艺的基础上,引进独立支撑早拆体系,采

图1-28 杭州之门

用钢柱筒架交替式钢平台模板体系施工核心筒，外框采用承插型盘扣式钢管模板支架结合独立支撑早拆体系错层施工，大幅提升施工速度和塔式起重机吊运效率，而且将标准层施工速度提升至 5d 一层，拓展了钢平台在超高层施工中的应用。同时，项目团队还采用可变单元式液压提升操作防护屏工艺，解决了防护屏的角度变换、俯仰爬升、无支撑点爬升辅助以及跃层爬升等难题，实现了复杂立面轮廓超高层建筑的高空安全施工。

空间造型复杂的悬垂屋面施工是工程建设的重中之重，离不开数字化建造技术赋能，从临时支撑的设计与安装、田字形网格单元的加工与制作、网壳的高空安装，到悬垂屋面的整体卸载，都依托 BIM 整体建模、计算机三维虚拟仿真分析，结合应力和变形的信息化监测等手段，确保了悬垂屋面整个施工过程的安全受控。

1.2.2.7　西安国家版本馆

2022 年 7 月 23 日，西安国家版本馆落成典礼在西安举行。作为中国国家版本馆"一总三分"的分馆之一，西安国家版本馆将带有中华文明印记的各类载体分为十个类别作为版本纳入其中，着力打造独具特色的中华版本资源集聚中心、西部区域中心和地方特色版本中心，承担中华文化版本保藏、展示、研究与交流功能。

西安国家版本馆南倚秦岭，北望渭河，占地约 300 亩，总建筑面积 8.25 万 m²，主体为高台建筑，呈现出大气磅礴的汉唐风格。参见图 1-29。

西安国家版本馆有着"四大三高"的特点，即南北高差大、土方量大、护坡桩工程量大、钢结构工程量大，抗震设防高、装修标准高、工艺技术要求高。为此，项目承建单位成立了生产质量安全领导小组，组织专家不定期对工程现场进行指导和交流，以指导现场施工管理，解决施工难点，指挥协调各单位协同作战。项目管理团队还将云计算、大数据、物联网、移动互联网、人工智能、绿色建造与项目管理深度融合，打造了"智慧化工地"信息化一体平台，使项目管理可感知、可决策、可预测，提高了施工管理效率和决策能力，实现了项目管理数字化、精细化，全面提升了项目质量管理水平。

1.2.2.8　海口国际免税城免税商业中心

海口国际免税城中心位于海口西海岸新海港东侧，是世界最大单体免税店。海口国际免税城项目占地面积约 675 亩，规划总建筑面积约 92.6 万 m²，由六

图 1-29 西安国家版本馆

个地块组成，是集免税商业、有税商业、办公、酒店、人才社区、休闲、文旅于一体的"世界级度假型商业街区"。其中，免税商业中心于 2022 年 10 月投入使用。

免税商业中心总建筑面积 28.9 万 m^2，地下 2 层钢筋混凝土结构，建筑面积约 14 万 m^2，地上 4 层全钢结构，建筑面积约 15 万 m^2。免税商业中心屋面造型为大跨度双曲结构，网架用钢量 8300t，包含 3 万多个杆构件和 1 万多个鼓构件。项目团队采用"分段吊装 + 整体提升"的钢结构施工技术，保障建设过程平稳高效，将就位偏差始终控制在 5mm 以内，以精准工艺确保网架顺利合龙。项目独特的造型屋面由 2100 块玻璃和 6.6 万块铝板组成，为确保玻璃和铝板能够准确安装，项目采用 BIM 技术，为每块玻璃和铝板进行单一编号，确保了安装工作精准高效。参见图 1-30。

图 1-30 海口国际免税城免税商业中心

项目始终践行新发展理念，将绿色建造贯穿到建设全生命周期，采用建筑机电管道预制加工装配式施工技术，实现工厂化、定制化、程序化、模块化。一站式管道加工＋现场拼装的建造模式，有效提高材料利用率，同时减少零星加工带来的环境污染。此外，项目大面积采用自然光线，打造全立面幕墙及 5 大玻璃穹顶，使场馆内公共区域大空间明亮通透，有效降低电能消耗。

1.3　铁路工程建设情况分析

1.3.1　铁路工程建设的总体情况

铁路工程是指铁路上的各种土木工程设施，同时也指修建铁路各阶段（勘测设计、施工、养护、改建）所运用的技术。铁路工程最初包括与铁路有关的土木（轨道、路基、桥梁、隧道、站场）、机械（机车、车辆）和信号等工程。随着建设的发展和技术的进一步分工，其中一些工程逐渐形成为独立的学科，如机车工程、车辆工程、信号工程；另外一些工程逐渐归入各自的本门学科，如桥梁工程、隧道工程。

图 1-31 示出了 2013~2022 年我国铁路固定资产投资情况。2022 年，全国

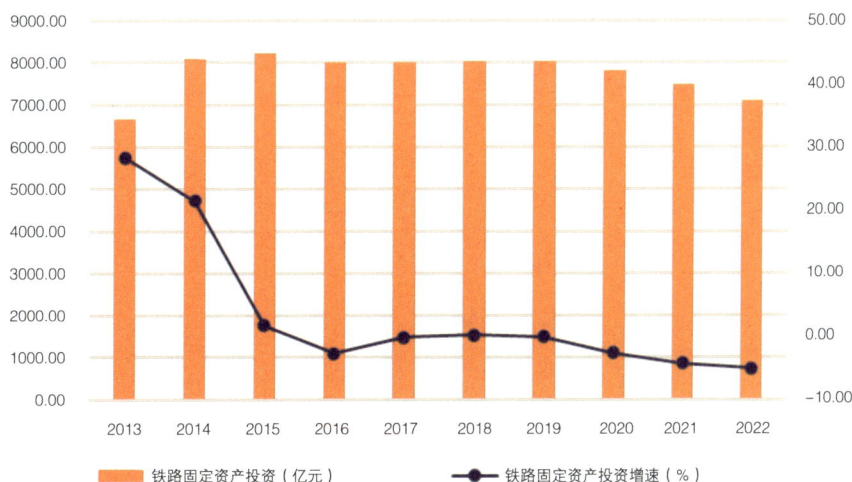

图 1-31　2013~2022 年我国铁路固定资产投资情况
数据来源：交通运输部《交通运输行业发展统计公报》

铁路完成固定资产投资 7109 亿元, 比上年降低 5.07%。

图 1-32、图 1-33 分别示出了 2013~2022 年我国铁路、高速铁路营运里程情况。2022 年, 我国铁路营运里程达到 15.5 万 km, 比上年增长 3.33%。其中, 高速铁路营运里程达到 42000km, 比上年增长 5.00%。

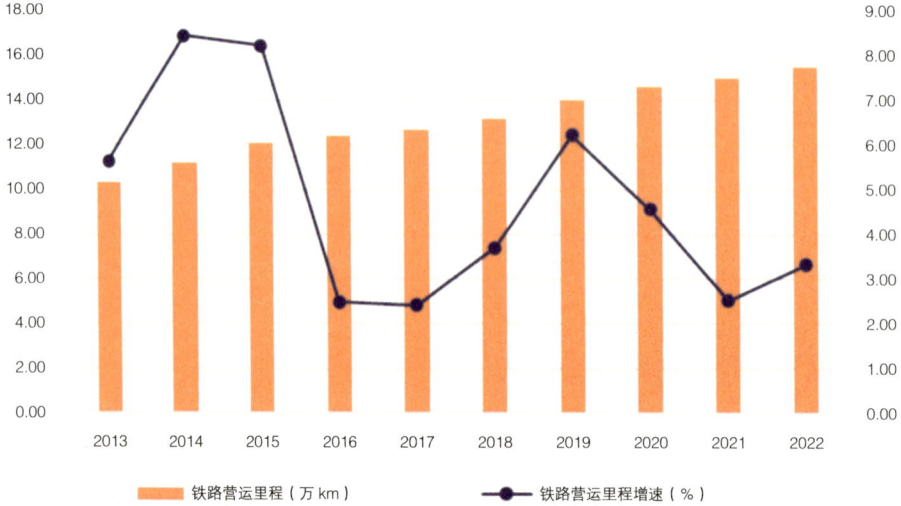

图 1-32　2013 ~ 2022 年我国铁路营运里程情况
数据来源: 交通运输部《交通运输行业发展统计公报》

图 1-33　2013~2022 年我国高速铁路营运里程情况
数据来源: 交通运输部《交通运输行业发展统计公报》

1.3.2 典型的铁路工程建设项目

1.3.2.1 成昆铁路复线

成昆铁路复线，是四川省成都市至云南省昆明市的铁路，是"十三五"规划的重点工程，也是国家"一带一路"倡议中连接东南亚国际贸易口岸的重要通道、国家西部大开发的重点工程建设项目。成昆铁路复线全长860km，是国家Ⅰ级双线电气化铁路，设计速度160km/h，与1096km的老成昆铁路并向建设。成昆铁路复线，起自成都南站，沿途经过四川省成都市、眉山市、乐山市、凉山彝族自治州、攀枝花市，云南省楚雄彝族自治州、昆明市，终至昆明站。2022年12月26日，历时9年建设的成昆铁路复线全线通车。参见图1-34。

成昆铁路复线沿线地质复杂，有着"世界地质博物馆"之称，修建难度极大。成昆铁路复线实行分段建设、分段开通，其中峨眉至冕宁段，是全线最难、地质最为复杂的区域。峨冕段线路穿越横断山脉东列山脉的大雪山和大、小凉山以及小相岭等山岭，隧址区域崇山峻岭、沟壑纵横，隧道施工中面临涌水、涌砂、塌方、活动断裂、断层破碎带、软岩大变形、岩爆和高地温等众多工程地质难点，建设面临极大的困难和挑战。为解决上述难题，项目积极进行技术、施工组织创新。首先在选线设计之初，就对老成昆线裁弯取直，采用长大隧道、高跨大桥等绕避不良地质区域。为攻克隧道修建难题，安全、优质建成新成昆铁路，项目组织设计、施工、监理、咨询单位30余名专家创建了"铁路隧道建造技术创新工作室"，全力开展新成昆铁路隧道建造技术攻关，通过对地质变化情况进行归纳总结，掌

图1-34 成昆铁路复线

握变化趋势和规律，寻找问题症结，有序推进工程进度。

成昆铁路复线全线建成通车后将与老成昆铁路共同运营，形成我国西南地区出境至东盟国家铁路大通道的重要组成部分，进一步完善西南地区路网结构，提高铁路运输能力，极大便利沿线人民群众出行和货物运输，带动沿线资源开发，对支持民族地区加快发展、巩固乡村振兴成果、促进高水平对外开放，具有十分重要的意义。

1.3.2.2 大瑞铁路大保段

2022年7月22日，大瑞铁路大保段开通运营，标志着中缅国际铁路通道建设取得重要进展。参见图1-35。

大瑞铁路大保段东起大理市，西至保山市，为国铁Ⅰ级单线电气化铁路，设计速度140km/h。线路全长133.66km，其中桥梁34座、隧道21座，桥隧总长115.821km，占线路全长86.65%。由于大部分地段为隧道，故大保段又被称为"建在地下的铁路"。

大瑞铁路是中缅国际大通道的重要组成部分。大瑞铁路大保段开通运营后，大理到保山可实现1.5h左右抵达，将结束保山不通火车的历史，对推动滇西边境山区高质量发展、促进民族团结和乡村振兴具有十分重要的意义。

大瑞铁路大保段穿越了横断山脉纵谷区、地震带，横跨多条河流，沿线山高

图1-35 大瑞铁路大保段

谷深，地质极端复杂活跃，施工难度世所罕见，被称为"世界最难修建的铁路"。自2008年6月开工建设以来，大保段的工程建设者们不辞劳苦、攻坚克难，勇于担当、征战昼夜，创新攻克溜坍、突泥、涌水等地质灾害难关，科学有序推进工程建设，克服地质灾害和复杂天气影响，贯通了施工难度极大的大柱山隧道、秀岭隧道，建成了澜沧江特大桥，积累了复杂地质条件下铁路隧道和桥梁建造的宝贵经验。

1.3.2.3　和若铁路

和若铁路位于新疆南部和田地区和巴音郭楞蒙古自治州境内，于2018年12月20日开工建设，线路全长825.476km，设计标准为国铁Ⅰ级，设计速度120km/h，全线共设车站65处。和若铁路是国家《中长期铁路网规划》中的重要铁路干线，是中国西部地区重要的区域路网干线，是新疆"四纵四横"铁路主骨架的重要组成部分，是新疆南疆铁路环线的重要组成部分，是南疆通往内地便捷通道的重要组成部分。2022年6月16日，和若铁路开通运营，和田至若羌11h26min可达，新疆铁路网进一步完善，形成世界首个沙漠铁路环线——长达2712km的环塔克拉玛干沙漠铁路环线。参见图1-36。

和若铁路沿着世界第二大流动沙漠——塔克拉玛干沙漠南缘由西向东走行，近630km为人迹罕至的沙漠、戈壁地段，全线风沙段落分布长度达538km，占线路长度65%，主要风季长达7个月，设计难度大，风沙对铁路建设和运营危害严重。自开工建设以来，项目组织参建单位根据沙漠地质特点，采取有力有效措施攻坚克难。

针对沿线施工及混凝土养护严重缺水的实际，对434座桥墩采用墩身预制

图1-36　和若铁路

拼装技术，提前在工厂完成预制构件加工，再到现场进行拼装，有效克服缺水对建设进度的影响；针对部分区段风沙大、沙丘动态迁移容易掩埋线路的问题，采取以桥代路方式，建成总长达 49.7km 的过沙桥 5 座，让风沙从桥下穿过，大幅降低风沙对线路的侵害威胁；按照"沙漠修铁路，治沙要先行"的建设理念，同步推进风沙防护工程建设，共修建草方格 5000 万 m²，种植梭梭、红柳、沙棘等灌木和乔木 1300 万株，形成防沙护路的绿色屏障。另外，和若铁路也是中国国内首次在铁路建设及维护上采用人工智能自动化控制的沙漠滴灌管网系统的铁路。

和若铁路是南疆通往内地便捷通道的重要组成部分，铁路建成后，不仅可改善地方运输条件，加快沿线地区经济发展、对外开放的步伐，也为中国西部的青海、西藏、甘肃、四川开辟一条面向中亚、南亚的陆路通道，有力推动丝绸之路经济带建设。

1.3.2.4 郑渝高速铁路

郑渝高速铁路，简称郑渝高铁，又名郑渝客运专线。郑渝高铁北起河南省郑州市，南至重庆市，途经河南、湖北、重庆 3 省份，全长 1068km，是我国"八纵八横"高速铁路主通道的重要组成部分。2012 年 12 月，郑渝高铁万渝段开工建设。2016 年 11 月 28 日，郑渝高铁万渝段开通运营。2019 年 12 月 1 日，郑渝高铁郑襄段开通运营。2022 年 6 月 20 日，郑渝高铁全线开通运营。参见图 1–37。

郑渝高铁线路地质情况特殊，全线跨越中国二三级阶梯，重点工程包括全国首创的小半径、大坡度、远球铰偏心跨徐兰高铁斜拉桥，堪称"地质博物馆"一级高风险的小三峡隧道，大桥主墩桩基在水面下最深达 60 多米的彭溪河多线特大桥，穿越 4 个断层的高风险七峰山隧道。徐兰高铁斜拉桥建设过程中，技术员研发智能控制系统，在桥身关键位置加装 GPS 转角传感器、倾角传感器、静力水准仪、电子千分表、拉绳位移计等 6 类智能监测设备，以确保工程安全实施；小三峡隧道建设中，其地质条件极其复杂，软弱围岩占全隧道长度 70%，施工风险极高，隧道沿线多为岩溶、滑坡、危岩落石、崩塌、岩堆、顺层等不良地质和特殊岩土。隧道全长 18.95km，最大埋深达 675m，施工方研究后创新设计了机械化配套施工作业线，分别由三臂凿岩台车、湿喷机械手及自行移动栈桥等为主，还自主设计了台车喷雾养护台架、钢构件加工车间桁吊检修平台，开启了使用国

图 1-37　郑渝高速铁路

内混凝土分层逐窗浇筑的新型模板台车的先河。

郑渝高铁全线建成通车后，京郑渝昆高速铁路通道将实现全线贯通，并与京广、陇海、兰渝等铁路大通道联网，极大缩短重庆及三峡库区与西南、西北、华中、华北等地的时空距离，重庆到北京只需 8h。而河南米字形快速铁路网全面建成后将高效连接武汉、西安、合肥、济南等周边省市，形成中部两小时经济圈，对一带一路、中部崛起和黄河流域生态保护和高质量发展等起到重要促进作用。

1.3.2.5　合杭高铁湖杭段

2022 年 9 月 22 日，合杭高铁湖州至杭州段（简称合杭高铁湖杭段）开通运营，沿线杭州西站同步投入使用。合杭高铁湖杭段位于浙江省，是第 19 届杭州亚运会重要交通保障项目，从既有湖州站引出，经湖州市南太湖新区、吴兴区、德清县，杭州市余杭区、西湖区、富阳区和桐庐县，跨富春江后引入杭黄高铁桐庐站，线路全长 129km，按速度 350km/h 设计。

跨江河、越湖海、穿峡谷，合杭高铁湖杭段在国内实现了多项"首创"。富春江特大桥，是湖杭铁路全线控制性工程之一，是国内外最大跨度四线无砟轨道

图 1-38 合杭高铁湖杭段

桥梁。富春江特大桥，设计为混合梁斜拉桥，采用高、低塔非对称边跨布置。主墩索塔设计均为 H 形桥塔，主梁采用钢 - 混组合结构，全长 535.4m。大桥建设过程中结合海上节段梁技术提升改造，确保 220 榀节段梁实现毫米级精准控制。同时，建设单位改造节段梁吊装设备，创新量测方法，先后攻克深水承台钢吊箱施工技术、大跨径节段悬拼安装施工技术等一系列关键技术难题，确保了节段梁顺利运输，安全、高效、精准地安装。参见图 1-38。

合杭高铁湖杭段全线设湖州、德清、杭州西、富阳西、桐庐东、桐庐 6 座车站，其中杭州西、富阳西、桐庐东为新建车站，德清站在原有基础上进行了扩建，由原先的 2 站台增加到 4 站台，股道由 4 股增加到 8 股。合杭高铁湖杭段是优化杭州铁路枢纽客站与过江通道布局，提升枢纽地位与能力的重要基础设施。

图 1-39 北京丰台站和丰台特大桥

1.3.2.6 北京丰台站

2022 年 6 月 20 日，目前亚洲最大综合铁路客运枢纽——北京丰台站正式开通运营。参见图 1-39。

丰台站位于北京丰台区西三环路与西四环路之间，站房工程建筑面积 40 万 m²，站场规模为 17 台 32 线，承担了京广高铁、京港高铁以及京广、京九、京沪、丰沙、京原普速线和北京市郊铁路等多条线路始发终到作业。为节省土地资源和城市空间，丰台站被设计成为我国首座高普重叠双层车场铁路站房，被大众称为"空中高铁站"。该工程地处北京闹市区，周边居民区环绕，施工难度较大。施工单位精密演算，反复研究论证，制定出"三步过渡"施工方案，即在保证京广、京沪、丰沙铁路线正常运营的情况下，通过三次铁路正线拨线过渡施工，腾移既有线位，为丰台站站房、丰台特大桥、普速场施工提供场地条件。施工中，丰台站改建工程共计完成Ⅰ级封锁 15 次、Ⅱ级封锁 120 余次、Ⅲ级封锁 1500 余次，均安全正点完成。

丰台特大桥是丰台站改建工程的重要节点，也是全线贯通的控制性工程。该桥全长 1.5km，创新采用了"桥建合一"结构，形成实现了高速、普速重叠的双层高架车场，具有空间分隔灵活、节约材料和土地资源，容易配合建筑平面布置等优点。

"顶层跑高铁、地面跑普速、地下通地铁"，创新的背后是对站房结构承载力的极高要求。丰台站采用了以劲钢结构为主的主体结构，承托普速车场的九宫格箱型钢管混凝土柱最大截面尺寸 4.55m×2m，承托高速车场的劲性钢骨梁最大截面尺寸 5.6m×1.4m，支撑跨度 21.5m，单一根超大梁施工就要密集绑扎 252 根纵向钢筋和近 2000 根箍筋。施工单位自主研发并应用"钢结构全生命周期管理平台"，对 1 万多根主要构件、7 万多条焊缝进行了分别编号，让它们都拥有了可追溯的"身份证号"，保证了施工质量。高铁在"空中走"，而候车大厅里的人不会感到多少振感。建设者在高速车场结构部分梁柱之间局部安装阻尼器和球形支座，犹如在高架候车层顶板上装置了缓冲气囊。

丰台火车站始建于 1895 年，2010 年 6 月 20 日停止客运服务，2018 年 9 月实施改扩建工程。改建后的北京丰台站，最高可容纳 14000 人同时候车，其开通运营，进一步完善了北京地区路网结构、改善提升旅客运输能力，助力首都现代化城市建设，对于促进雄安新区建设，为京津冀协同发展提供运输保障具有重要意义。

1.4 公路工程建设情况分析

1.4.1 公路工程建设的总体情况

公路工程指公路构造物的勘察、测量、设计、施工、养护、管理等工作。公路工程构造物包括：路基、路面、桥梁、涵洞、隧道、排水系统、安全防护设施、绿化和交通监控设施，以及施工、养护和监控使用的房屋、车间和其他服务性设施。

图 1-40 示出了 2013~2022 年我国公路固定资产投资情况。2022 年，全国公路固定资产投资达到 28527.00 亿元，比上年增长 9.74%。其中，高速公路固定资产投资达到 16262.00 亿元，比上年增长 7.33%。高速公路固定资产投资占公路固定资产投资的 57.01%，比上年降低 1.17 个百分点。

图 1-41、图 1-42 分别示出了 2013~2022 年我国公路总里程、高速公路里程情况。2022 年，我国公路总里程达到 535.48 万 km，比上年增长 1.40%。其中，高速公路里程达到 17.73 万 km，比上年增长 4.85%。

图 1-43、图 1-44 分别示出了 2013~2022 年我国公路桥梁和公路桥梁长度情况。2022 年，我国公路桥梁达到 103.32 万座、8576.49 万延米，分别比上年增长 7.50%、16.21%。其中，特大桥梁达到 8816 座、1621.44 万延米，分别比

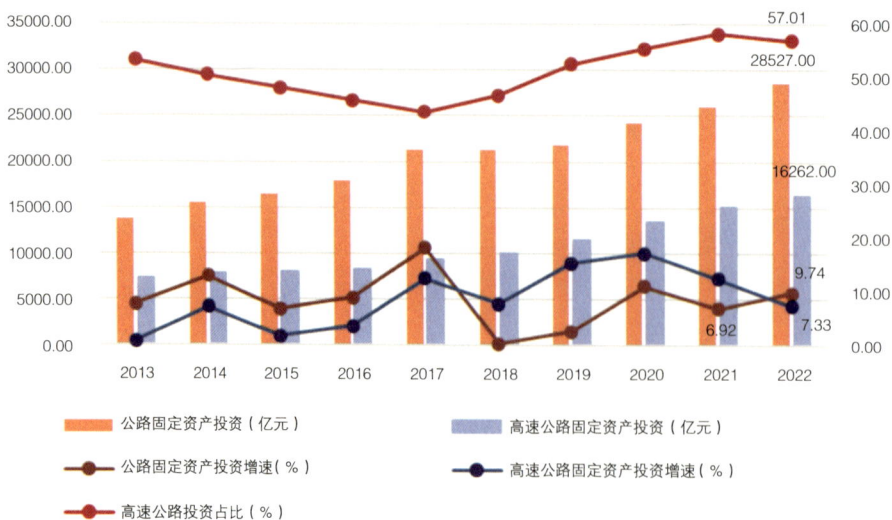

图 1-40 2013~2022 年我国公路固定资产投资情况
数据来源：交通运输部《交通运输行业发展统计公报》

图 1-41　2013~2022 年我国公路总里程情况
数据来源：交通运输部《交通运输行业发展统计公报》

图 1-42　2013~2022 年我国高速公路里程情况
数据来源：交通运输部《交通运输行业发展统计公报》

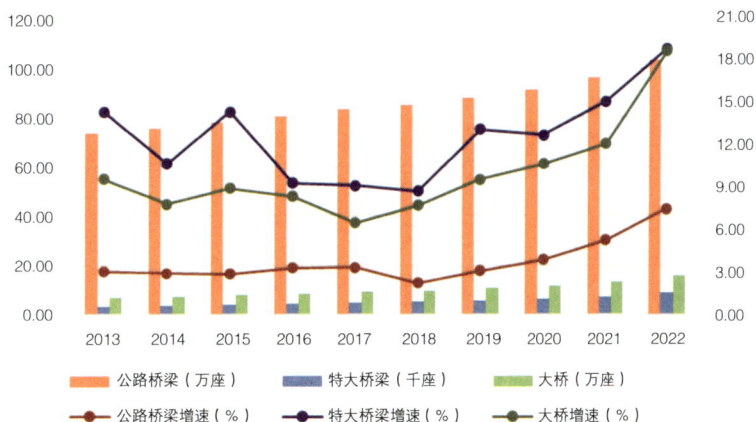

图 1-43　2013~2022 年我国公路桥梁情况
数据来源：交通运输部《交通运输行业发展统计公报》

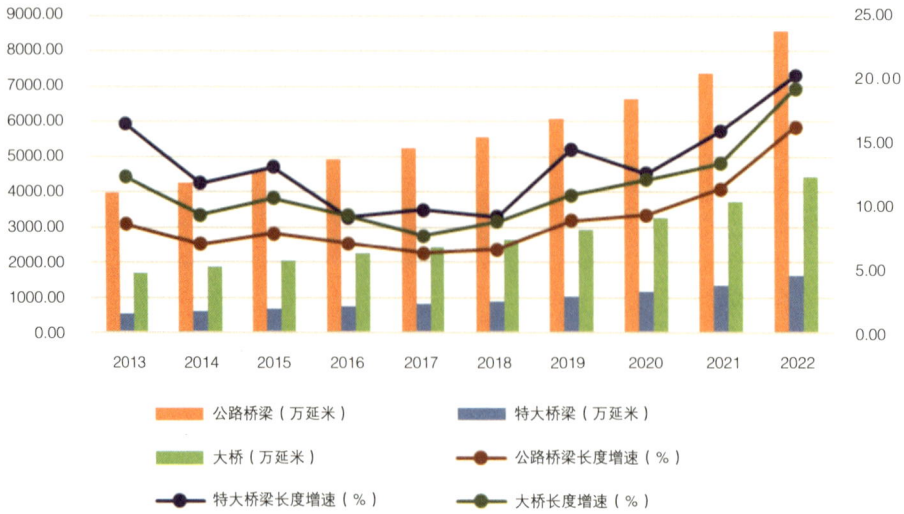

图 1-44　2013~2022 年我国公路桥梁长度情况
数据来源：交通运输部《交通运输行业发展统计公报》

上年增长 18.86%、20.03%。大桥达到 15.96 万座、4431.93 万延米，分别比上年增长 18.66%、19.27%。

　　图 1-45、图 1-46 分别示出了 2013~2022 年我国公路隧道和公路隧道长度情况。2022 年，我国公路隧道达到 24850 处、2678.43 万延米，分别比上年增长 6.80%、8.44%。其中，特长隧道达到 1752 处、795.11 万延米，分别比上年

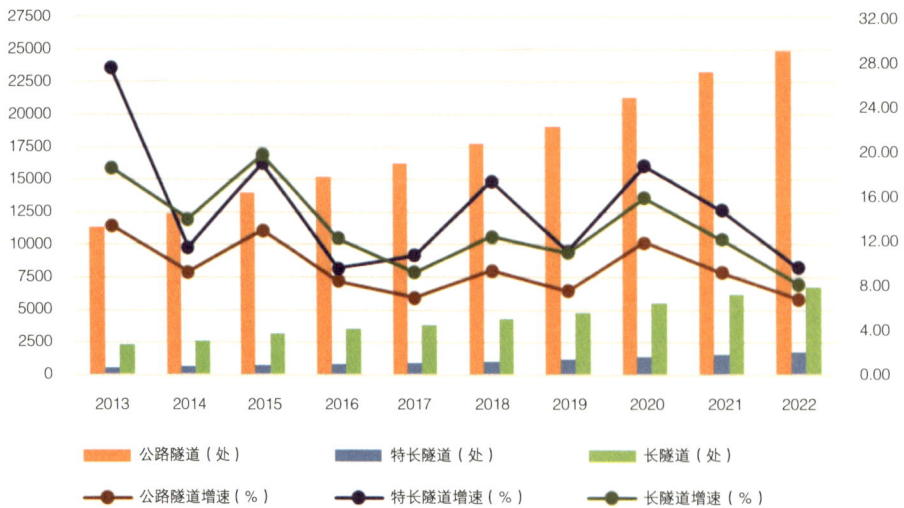

图 1-45　2013~2022 年我国公路隧道情况
数据来源：交通运输部《交通运输行业发展统计公报》

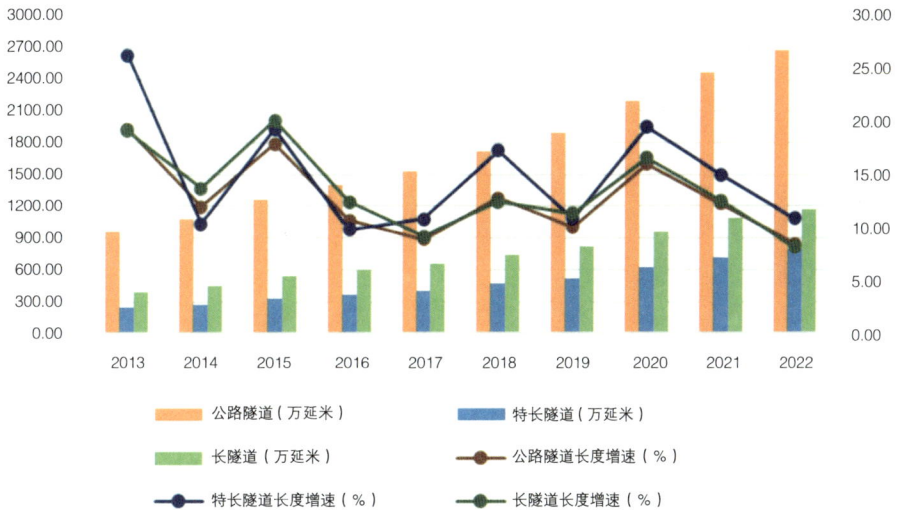

图 1-46　2013~2022 年我国公路隧道长度情况
数据来源：交通运输部《交通运输行业发展统计公报》

增长 9.57%、10.88%。长隧道达到 6715 处、1172.82 万延米，分别比上年增长 8.11%、8.15%。

1.4.2　典型的公路工程建设项目

1.4.2.1　大漾云高速公路

2022 年 12 月 30 日，大理至漾濞至云龙高速公路（大漾云高速公路）全线建成通车，大漾云高速公路是云南省高速公路网重要组成部分，其建成通车使云龙县结束了不通高速公路的历史，大理白族自治州全面实现县县通高速公路。

大漾云高速公路起于大理市太邑乡桃花村红岩箐，路线伴随漾濞江、黑惠江、平头河一路沿河谷分布，全线穿越滇西红层地质及较多古滑坡体，沿线地形狭窄、陡峻，工程十分艰巨，设平坡枢纽立交与 G56 杭瑞高速公路相接，经过漾濞县平坡镇、苍山西镇、漾江镇、洱源县炼铁乡、西山乡，止于云龙县关坪乡西侧云龙东互通，与云龙连接线及省道 S227 线相连接，主线全长 90.466km，同步建成云龙连接线 22.14km。项目采用双向四车道高速公路标准建设，设计速度 80km/h，路基宽度 25.5m，汽车荷载等级采用公路－Ⅰ级，概算总投资 142.0983 亿元。全线共设置互通式立交 8 处，设置了 1 处服务区、2 对停车区、7 个收费站。参见图 1-47。

图 1-47 大漾云高速公路

　　大漾云高速公路施工线路长、点位多、涉及面广，工程地质条件复杂多变，穿越滇西红层、漾濞地震带，施工环境恶劣，2021年5月21日漾濞县发生6.4级地震，大漾云高速公路项目全线处于地震影响范围。震后，项目路基边坡工程大面积坍塌损坏，部分路基甚至因为地震需进行改线，给项目推进带来了巨大困难。西罗坪特长隧道左幅4580m，右幅4600m，最大埋深606m，是大漾云高速公路控制性工程之一。隧道共穿越3个大断层，节理裂隙发育，空隙水、裂隙水渗水现象严重，围岩级别为Ⅴ、Ⅳ级围岩，是典型的山区公路隧道。为了应对这一问题，施工项目及时调整施工方案，严格按照超前地质预报参数，强化过程控制和各循环工序的衔接，提前实施超前注浆加固后再开挖，施工方案的有效制定，保障了作业的安全和施工进度。全线大中桥梁151座，其中甸心2号特大桥为避让古滑坡体绕行对岸，跨越陡峭的Ⅴ形山谷，主桥双幅桥跨布置均为双曲线钢箱组合梁，下设四柱空心薄壁墩，墩柱高达89m，墩柱形式极为罕见，桥面为左右幅分离钢混组合梁，下部结构用系梁、盖梁连为整体，施工难度极大、安全风险极高。面对困难，大漾云高速公路第3合同段施工总承包部提出四柱薄壁空心高墩，采用墩梁异步法解决了墩柱和系梁施工互相制约的难题，采用双幅同步步履式顶推施工工艺解决小半径S曲线分离式钢箱梁施工，这一方法目前为云南内首创，通过科技创新和全体参建者的不懈努力，节约工期4个月，圆满完成施工任务。

　　大漾云高速公路通车后，实现漾濞—大理半小时经济圈和云龙—大理一小时经济圈，对实施兴边富民工程和乡村振兴战略，建设全国性综合交通枢纽、拓展区域经济及旅游发展，促进边疆繁荣稳定，促进经济融合发展、高质量发展具有十分重要的意义。

1.4.2.2　建水（个旧）至元阳高速公路

建水（个旧）至元阳高速公路项目位于建水县、元阳县、个旧市，是红河哈尼族彝族自治州南部高速公路网中的重要组成部分，项目由建水至元阳段和个旧至元阳段两部分组成，2022年6月建水（个旧）至元阳高速公路通车。参见图1-48。

建水（个旧）至元阳高速公路全长124.53km，采用双向四车道高速公路标准，设计速度为110km/h。全线桥梁共计100座，其中特大桥6座；隧道共计29座，其中特长隧道6座，螺旋隧道1座，连拱隧道4座。包括世界第一降高差、云南省首座特长螺旋隧道、我国首座跨越红河的高速公路悬索特大桥等高难度工程，桥隧比高达72%，是云南省目前在建高速公路难度最大的项目之一。

建水（个旧）至元阳高速公路控制性工程之一的五老峰隧道施工过程中遇到了突泥涌水、软岩变形、岩溶、断层破碎带、高地应力、岩性接触破碎带、浅埋偏压等不良地质因素，给施工带来较大挑战。针对五老峰隧道围岩条件差，地质条件复杂，存在"三高三活跃"的问题，项目运用最新湿喷机械车、液压自行式仰拱栈桥、全自动防水板台车、带模注浆二衬钢模台车等先进施工设备，采用防排水施工、仰拱轻便模板与分层浇筑施工、衬砌变强滑槽逐窗入模浇筑、拱顶带模注浆施工等施工技术，不同种类的全自动机械轮番上阵。同时，超前预报采用地质雷达、TGP 206长距离探测等为主，超前水平地质钻为辅的方式进行，为施工方案提供了强有力的技术支持，与传统隧道施工相比，五老峰隧道的掘进更安

图1-48　建水（个旧）至元阳高速公路

全、更智能、更规范、更高效。

建水（个旧）至元阳高速公路红河特大桥是中国首座跨越红河的高速公路悬索特大桥，大桥由索塔、锚碇、悬索、吊索、桥面系组成，全长 1366m，其中，建水岸引桥长 580m，元阳岸引桥长 80m，主跨长 700m。库区水面距桥面高达184m，建水侧主塔高 181.29m，元阳侧主塔高 122.5m。大桥在建设过程中，面对高温，项目部团队通过精准排班，在不影响现场工作面、不打乱节奏的前提下，将班组的调配发挥到极致；面对大风，通过引入可视化安全监控系统实时监测预警，制定相应应急预案，做好预控措施；面对大体积混凝土浇筑，使用水电站大坝施工技术，在路桥项目首创采用 4℃冷却水拌和，采用 30cm 高的薄层台阶式浇筑法，并采用雾炮机对浇筑仓面喷洒降温，在仓面埋设水管输送常温水等手段，各种方案共同发力有效保障了混凝土不开裂；面对主跨钢箱梁施工，提前做好监控量测，与同济大学监测团队紧密合作，做实高精度施工，确保钢箱梁吊装到位。

建水（个旧）至元阳高速公路为云南省"十三五"期间新开工重点项目，属省、州"五网"建设和综合交通建设五年大会战的重点项目，是红河州全面落实省"融入滇中、联动南北、开放发展"三大战略，实现全州县县通高速，致力成为云南面向东盟开放的重要交通枢纽的具体体现。

1.4.2.3　云南玉溪至楚雄高速公路

2022 年 8 月 26 日，云南玉溪至楚雄高速公路（简称玉楚高速）全线通车运营。玉楚高速是国家公路网规划和云南省道网规划中广昆高速联络线 G8012 弥勒至楚雄高速公路的重要组成部分，玉楚高速起于玉溪市研和镇多依树村，止于楚雄市大坝村，全长 190.597km，设计速度 100km/h，是云南省实施里程最长、投资规模最大的高速公路之一。参见图 1-49。

玉楚高速建设过程中面临诸多困难。首先是地质复杂。项目多处隧道围岩较差，裂隙水丰富，极易造成塌方。自建设以来，双柏隧道先后诱发突泥、涌水、溜坍 30 余次，大栗树隧道 3 次边仰坡滑坡开裂、350 余次各类大小溜塌、600余米初支侵限换拱。然后是大山拦路，超过 60% 的桥隧比就意味着，大山将成为项目中最主要的攻克对象之一。而且很多大桥位于两座大山之间，要穿过两座山腹，相当于建设一条空中走廊。更加困难的是，道路无法到达现场，物资运送、设备进场无路可走。最后是高陡边坡。在普通的公路施工中，边坡防护不是很大的难点，但对又高又陡的山体边坡就不那么简单了。不仅材料运输困难，还要对

图 1-49　云南玉溪至楚雄高速公路

危岩体加强防护。绿汁江大桥两岸地形陡峭，坡面防护最高点与桥面的垂直距离超过 300m，楚雄岸有的坡度可达 85°，几乎相当于直角。

为了打通摆衣寨隧道进口以及摆衣箐大桥墩身的施工通道，项目耗时 2 个月，不惜开山修路，在施工现场和山体上修建了近 7000m 便道。绿汁江大桥楚雄岸下穿县道，为了增加安全性，原定的"125m 隧道 + 混凝土桥梁"方案，改为了195m 通长隧道。建设过程中，根据工程的具体特点，总结经验，在技术上不断钻研，创新了软弱围岩隧道涌水处理、大直径桩基钢筋笼安装、大倾角隧道锚快速开挖、狭小空间索鞍安装、高陡边坡防护施工等技术，为后续西南地区桥隧建设提供了宝贵的技术经验。此外，项目部以项目管理为核心，通过路面施工管理一体化系统、智能温控系统等信息化手段保障工程品质；通过安全管理制度、隐患排查系统、文件二维码扫描牌等途径确保工程安全；通过踏勘调研、编制方案，统筹做好项目管理工作，抢抓工期，最终项目提前 8 个月完工。

建成通车后的玉楚高速与 G85 昆明至磨憨高速公路、G56 杭州至瑞丽高速公路相连，同时顺接武定至易门、楚雄至大姚高速公路，对完善滇中路网，促进云南生产要素流动，大大推进滇中城市经济圈的发展速度，实现区域一体化发展具有重要意义。

1.4.2.4　贵州仁怀至遵义高速公路

2022 年 12 月 15 日贵州仁怀至遵义高速公路建成通车。贵州仁怀至遵义高速公路，全长 52.45km，双向六车道，总体为西北东南走向，起自仁怀市苍龙磨刀溪，与仁赤高速公路相接。向东南经仁怀市苍龙、中元，播州区平正，汇川区松林，红花岗区金鼎、巷口，止于红花岗区忠庄桃溪，与兰海高速相接。主线采用双向六车道高速公路标准建设，设计速度100km/h，桥隧比68.83%，设置互通立交6处、服务区1处、停车区1处。项目建设过程中，各方克服了工程建设难度大等多重困难，打造出了大发渠特大桥、石笋沟特长隧道等精品工程。参见图1-50。

大发渠特大桥位于遵义市播州区平正仡佬族乡团结村。大桥全长1427m、主跨410m、桥宽33m，是预应力混凝土先简支后结构连续T形梁及上承式钢管混凝土拱桥，整座桥重量超过当前"世界最大跨径上承式钢管混凝土拱桥"的大小井特大桥。大发渠特大桥因地势险峻，缆索吊装系统首次采用单塔形式，大桥56个拱肋中最大节段重240t。项目技术团队在传统缆索吊装施工方法上开展技术攻关，通过自主设计的大吨位无塔缆索横移装置，顺利解决了山区特殊地形地貌大跨度大吨位缆索吊装施工，也为今后类似的峡谷桥梁建设提供了重要参考。

石笋沟特长隧道位于遵义仁怀市喜头镇奶子山下，左线长度5364m，右线长度5339m，是仁怀至遵义高速全线重点控制性工程之一。在施工过程中，项目根据隧道各阶段地质变化实际，充分运用新技术、新工艺、新设备管理施工，不断提升隧道施工中的安全质量。以微创新"锚杆露头预留套管工艺"，成功解决"锚杆露头率低"的传统质量通病问题；以小机具微创新"隧道初支工字钢连接板保护盒"解决喷射混凝土会造成工字钢连接板螺栓孔堵塞、连接钢板污染的质量通病问题；通过"安全逃生通道定型架"解决逃生通道质量通病问题，且逃生管道移动方便，损坏小，节约成本，安全更有保障。

图1-50 贵州仁怀至遵义高速公路

仁怀至遵义高速公路通车后，将有力助推黔北地区经济社会发展，提升遵义地区交通运输能力，促进旅游产业发展和农土特产外销，实现当地经济社会高质量发展具有重大意义。同时，将进一步优化和完善国家高速公路网、贵州省以及遵义市路网结构。

1.4.2.5　云南新楚大高速公路

2022年3月31日云南楚雄（广通）至大理高速公路（简称新楚大高速）全线正式通车。楚雄到大理的高速公路于2019年正式开工建设，总投资429.05亿元，项目路线全长200.5km，是国家高速公路网G56杭州-瑞丽高速公路云南段的重要组成部分，是云南省会昆明通往滇西、滇西北、滇西南及藏区的主要经济干线。参见图1-51。

新楚大高速公路在建设过程中，始终践行"创新、协调、绿色、开放、共享"发展理念。在九顶山隧道建设中，面对岩溶发育规模、多样性、突水突泥频发等国内外罕见风险，成功应对了频繁坍塌、涌水、突水突泥等不良自然灾害，研究并采用"T形"门架系统、吊顶锚杆系统、力学体系转化系统等技术，解决了国内最大跨度公路隧道挑顶施工难题，建成了长7597m的全国最大跨度双向6车道公路隧道。在广通枢纽连接线跨成昆铁路特大转体桥建设中，充分利用铁路运输列车运行间隙，采取技术成熟、安全风险可控且对铁路行车安全影响较小的墩底平面转体法施工，把总重2.36万t的悬浇T形刚构桥转体72°，成功跨越成昆铁路，刷新了全国悬浇法施工、跨铁路T形刚构转体桥的新纪录，标志着我国地

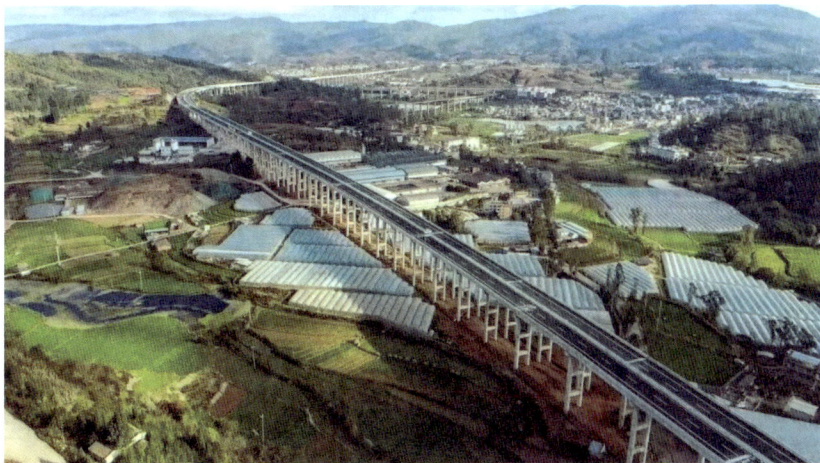

图1-51　云南新楚大高速公路

质复杂地区桥梁建设再次取得新突破。在金山隧道建设中，始终坚持"绿水青山就是金山银山"的理念，将金山路段由高边坡调整为隧道，降低新路施工及老路运营风险，从而减少了44万多立方米的土石方开挖，保护了近4万 m^2 的植被，留下了金山美景。同时，按照"上锚下支"方法加固地表，解决了偏压大、埋深浅、跨度大、地质差、进洞难、施工工艺控制严、桥隧衔接困难、环保要求高等10余项突出技术难题，消除病害和隐患，建成了全国最大跨径的无中导（洞）连拱隧道，造就了山区高速公路局限地质环境下建设连拱隧道的经典案例。

新楚大高速公路建成通车后，将与老楚大高速公路并存并行，共同承担起该区段的国家高速公路功能作用，自东向西串联起了新昆楚、楚姚、大南、大丽、大保等高速公路，加密加宽了云南高速公路网。

1.4.2.6　徐州国省道206.426项目

2022年6月20日徐州市重点民生工程——206国道徐州改线段工程与426省道京台高速贾汪互通连接线工程（简称徐州国省道206.426项目）全线建成通车，标志着徐州市第五环城交通干线建设取得历史性突破，全市路网进一步完善。徐州国省道206.426项目全长约80.1km，按一级公路技术标准建设，设计速度100km/h。徐州国省道206.426项目起点位于铜山区利国镇南，先后上跨京台高速公路、连徐高速公路、京沪铁路、陇海铁路及104国道，下穿京沪高铁、连徐高铁及阚山电厂专用铁路，平交104国道、310国道、311国道及多条省道和县道，同时还跨越京杭运河、不老河、故黄河、房亭河及奎河等多条河道。参见图1-52。

面对施工环境复杂，交通组织及安全管理难度大的问题，项目积极进行技术创新。作为徐州域内第一高峰，横亘贾汪区的大洞山，从地理上分割出多个区块，

图1-52　徐州国省道206.426项目

各区块之间交通不畅，往往需要绕行，打通大洞山，建成对穿的两条隧道，将极大改善交通条件。然而，大洞山隧道隧址区工程地质条件复杂，均为Ⅳ、Ⅴ级围岩，主要为膨胀性泥页岩、中风化灰岩、破碎中风化灰岩，节理裂隙发育，存在崩塌、构造断裂、危岩、不稳定斜坡、岩溶及膨胀性软岩等不良地质。面对如此复杂的地质条件，项目进场后组织专家召开多次工法论证会及现场研讨会，最终确定了开挖方案：隧道出口主要为泥页岩，采用双侧壁导坑法进洞，结合监控量测及超前地质预报情况，适时调整工法为三台阶法施工，隧道进口主要为破碎中风化岩，采用CD法进洞，结合监控量测及超前地质预报情况，适时调整工法为二台阶法施工。

跨104大桥现浇箱梁是项目全线唯一一联现浇箱梁，是全线重要施工节点，且104国道为徐州市进出城的重要通道之一，交通流量大、疏解难度大、交通导改复杂。项目团队利用BIM建模技术对104国道交通导改进行模拟，通过道路模型与场景地形创建、方案布设、仿真模拟、三维交底等手段，顺利解决了建设中"信息杂、部署繁、讲解难"的交通导改难题，同时运用BIM技术科学便捷地优化了施工部署，提高施工效率，使得项目提前15d进入箱梁混凝土浇筑阶段。

徐州国省道206.426项目的建成将极大加强徐州市东部各片区之间的联系，推动徐州市旅游经济发展和产业集聚，推动都市区外围城镇化，也将进一步优化徐州市区域路网布局，巩固徐州市交通枢纽与淮海经济区中心城市地位，更好更快地引导和支撑徐州区域经济社会的统筹协调发展，增强徐州作为省域副中心城市的经济辐射能力。

1.4.2.7　京台高速公路济南至泰安段改扩建项目

2022年10月12日京台高速公路济南至泰安段改扩建项目（简称京台高速公路济泰段改扩建项目）正式建成通车。京台高速公路济泰段改扩建项目是交通运输部2020~2021年公路水路重点项目、山东省补短板强弱项培育新的经济增长点重点工程项目、交通运输部首批"平安百年品质工程"创建示范项目。项目起自济南市市中区京台高速与济广高速交叉的殷家林枢纽，止于京台高速与青兰高速相接的泰山枢纽，全长53.26km。参见图1-53。

京台高速公路济泰段改扩建项目坚持创新要素驱动，将科技、绿色的基因融入项目建设全过程，将创新示范与工程建设同步开展，在引进、消化、吸收行业先进技术成果的同时，进行二次创新，推广"研以致用、用以促研、研用相长"

图 1-53　京台高速公路济南至泰安段改扩建项目

的技术创新理念。在建设中，参建各方联合创立科技创新管理制度，坚持需求导向、问题导向，积极开展技术攻关，创新应用成果显著。项目在山东省首次将泡沫轻质土、桩板式结构用于路基拼宽施工，有效解决了土地资源紧张，施工作业面受限，高挡墙、临水与防洪要求较高路段的拼宽难题，减少占地 30 余亩，缩短工期 60d，集约增效成果显著；为充分利用现有桥梁、节约投资、减少资源浪费，项目在山东省首次推广使用多方式桥梁整体顶升施工；为减少对砂石料的开采，达到资源循环利用、低碳环保的绿色公路建设目标，项目积极探索固体废弃物高值化利用，推广应用了沥青路面冷再生及高性能钢渣磨耗层技术，实现了旧路沥青铣刨料 100% 再生高值化利用，仅此一项便节省沥青用量 800 余吨、减少二氧化碳排放 40t；在路面摊铺过程中，充分汲取济青改扩建老路肩反开挖实践经验，将侧向僚机喂料施工工艺推广应用至本项目窄拼施工中，解决了运输车辆只能单进单出、无法实现梯队连续作业等问题，提高了摊铺效率、保障了施工质量与安全。

与此同时，项目高度重视数字化建设，构建了包含质量云、安全云、环境云和综合管理平台四大模块的数字化管理系统，实现了试验数据自动采集、路面智能压实、拌合站数据自动采集上传、施工现场实时监测等功能，项目管理实现从"管事"向"管数据"成功转变。结合改扩建的实施，项目推广应用智能融冰雪系统，实现小雪可融、大雪易清，极大保障了冬季道路通行安全，同时对沿线收费站进行智慧化改造，高质量建设了崮山智慧示范站，大幅提高了通行效率，丰富了智慧高速建设内涵。一系列信息化技术手段在京台高速公路济泰改扩建项目进行重点攻关研究并成功示范应用，进一步优化了工地环境，有效提高了监管效率，保障项目安全生产质量。

1.5　水利与水路工程建设情况分析

1.5.1　水利与水路工程建设的总体情况

1.5.1.1　水利工程建设的总体情况

水利工程是用于控制和调配自然界的地表水和地下水，达到除害兴利目的而修建的工程。水利工程需要修建坝、堤、溢洪道、水闸、进水口、渠道、渡槽、筏道、鱼道等不同类型的水工建筑物，以实现其目标。因水利工程的相关统计数据发布滞后，本报告对 2012 ~ 2021 年水利工程建设的总体情况进行分析。

2012 ~ 2020 年，我国水利建设投资总体保持增长态势，但 2021 年出现较大幅度的下降。图 1-54、图 1-55 分别示出了 2012~2021 年我国水利建设投资和投资构成情况。2021 年，我国水利建设投资为 7576.0 亿元，比上年下降 7.4%。其中，建筑工程完成投资 5851.3 亿元，较上年降低 2.7%；安装工程完成投资 330.1 亿元，较上年增加 3.3%；机电设备及工器具购置完成投资 203.6 亿元，较上年降低 18.6%；其他完成投资 1191.0 亿元，较上年降低 25.4%。

图 1-56 示出了 2012~2021 年我国水利建设投资按用途的构成情况。2021 年完成投资中，防洪工程建设完成投资 2497.0 亿元，较上年降低 10.9%；水资源工程建设完成投资 2866.4 亿元，较上年降低 6.8%；水土保持及生态工程完成投资 1123.6 亿元，较上年降低 8.0%；水电、机构能力建设等专项工程完成投资 1088.9 亿元，较上年增加 0.6%。

图 1-57 示出了 2012~2021 年我国江河堤防建设情况。截至 2021 年年底，全国已建成 5 级及以上江河堤防 33.1 万 km，累计达标堤防 24.8 万 km，堤防达标率为 74.9%。其中，一二级达标堤防 3.8 万 km，堤防达标率为 84.3%。

图 1-58、图 1-59 分别示出了 2012~2021 年我国水闸的建设情况和不同类型水闸的分布情况。截至 2021 年年底，全国已建成流量为 5 m^3/s 及以上水闸 100321 座，其中，大型水闸 923 座。按水闸类型分，分洪闸 8193 座、排涝闸 17808 座、挡潮闸 4955 座、引水闸 13798 座、节制闸 55569 座。

图 1-60~ 图 1-62 分别示出了 2012 ~ 2021 年我国水库以及大型水库、中型水库的建设情况。截至 2021 年年底，全国已建成各类水库 97036 座，水库总

图1-54　2012~2021年我国水利建设投资情况
数据来源：水利部《全国水利发展统计公报》

图1-55　2012~2021年我国水利建设投资构成情况
数据来源：水利部《全国水利发展统计公报》

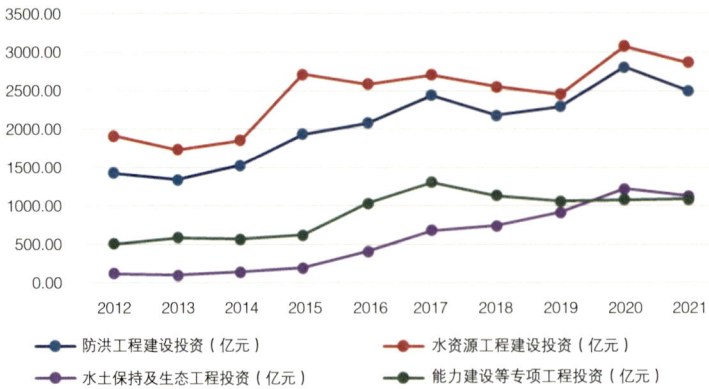

图1-56　2012~2021年我国水利建设投资按用途的构成情况
数据来源：水利部《全国水利发展统计公报》

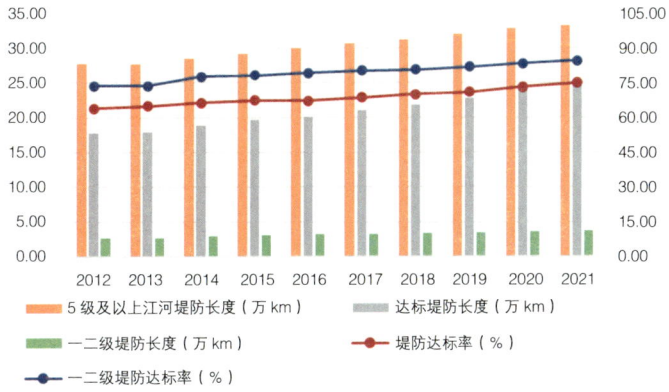

图 1-57　2012~2021 年我国江河堤防建设情况
数据来源：水利部《全国水利发展统计公报》

图 1-58　2012~2021 年我国水闸的建设情况
数据来源：水利部《全国水利发展统计公报》

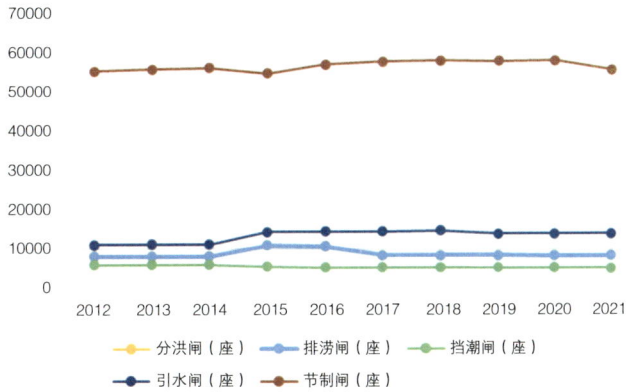

图 1-59　2012~2021 年我国不同类型水闸的分布情况
数据来源：水利部《全国水利发展统计公报》

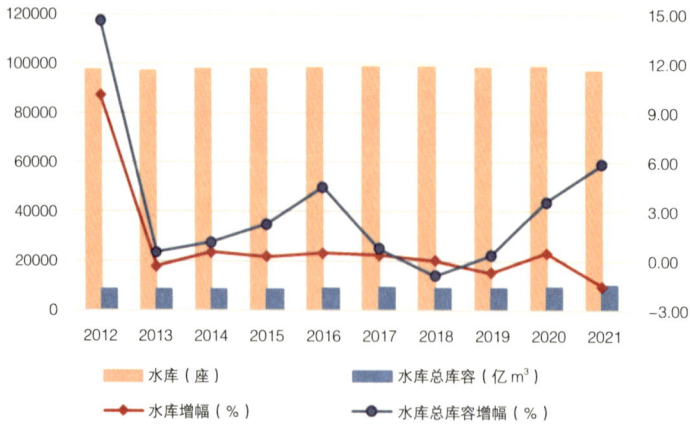

图 1-60　2012~2021 年我国水库建设情况
数据来源：水利部《全国水利发展统计公报》

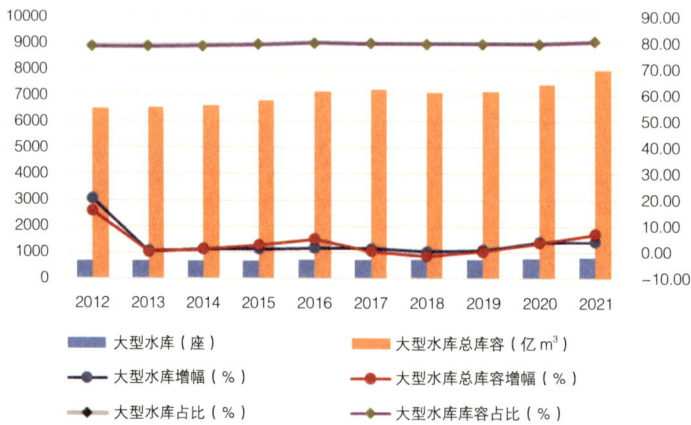

图 1-61　2012~2021 年我国大型水库建设情况
数据来源：水利部《全国水利发展统计公报》

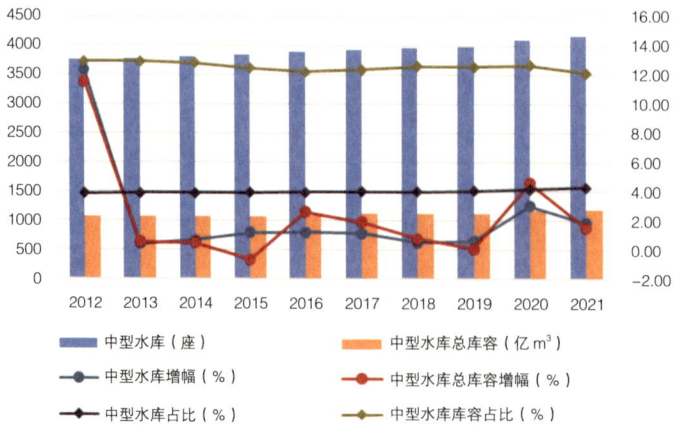

图 1-62　2012~2021 年我国中型水库建设情况
数据来源：水利部《全国水利发展统计公报》

库容 9853 亿 m³。其中，大型水库 805 座，水库总库容 7944 亿 m³；中型水库 4174 座，水库总库容 1197 亿 m³。

1.5.1.2 水路工程建设的总体情况

水路工程指为保证内河运输和海上运输所实施的建设工程。

图 1-63 示出了 2013~2022 年我国水路固定资产投资情况。2022 年，我国水路固定资产投资为 1679 亿元，比上年增长 10.97%，实现三连增。其中，内河固定资产投资为 867 亿元，比上年增长 16.69%；沿海固定资产投资为 794 亿元，比上年增长 9.82%。

图 1-64 示出了 2013~2022 年我国生产用码头情况。2022 年，我国生产用码头泊位数量终止了连续下降态势，达到 21323 个，比上年增长 2.19%。其中，沿海港口生产用码头泊位数量为 5441 个，比上年增长 0.41%；内河港口生产用码头泊位数量为 15882 个，比上年增长 2.81%。

图 1-65 示出了 2013~2022 年我国港口万吨级及以上泊位情况。港口万吨级及以上泊位数量近年来一直保持正增长态势。2022 年，我国港口万吨级及以上泊位数量为 2751 个，比上年增加 3.46%。其中，沿海港口万吨级及以上泊位数量为 2300 个，比上年增长 4.21%；内河港口万吨级及以上泊位数量为 451 个，比上年减少 0.22%。

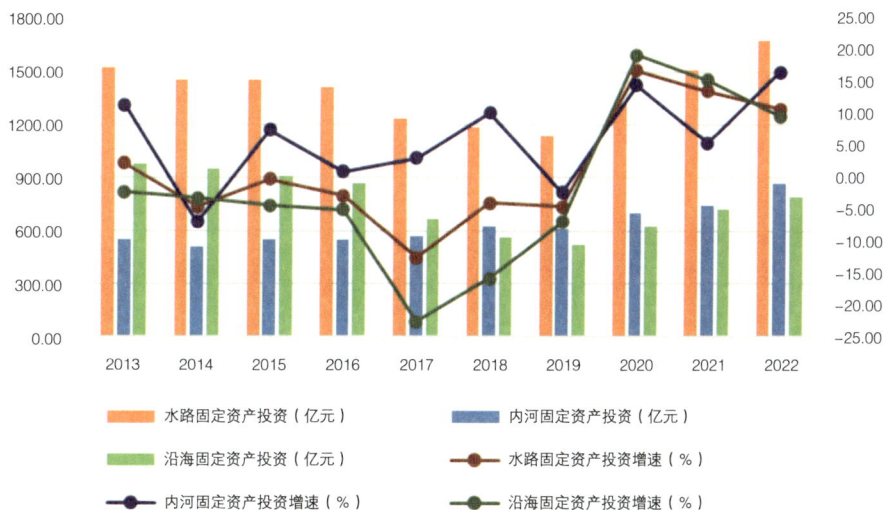

图 1-63　2013~2022 年我国水路固定资产投资情况
数据来源：交通运输部《交通运输行业发展统计公报》

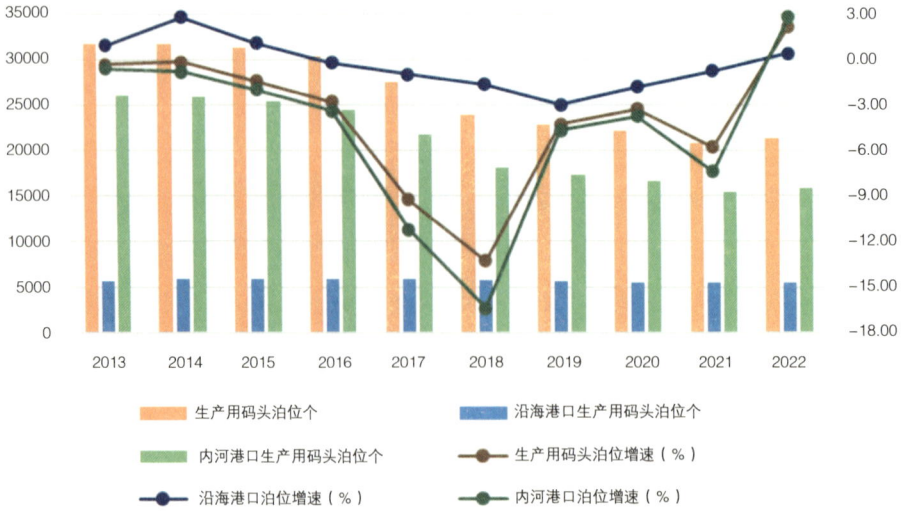

图 1-64　2013~2022 年我国生产用码头情况
数据来源：交通运输部《交通运输行业发展统计公报》

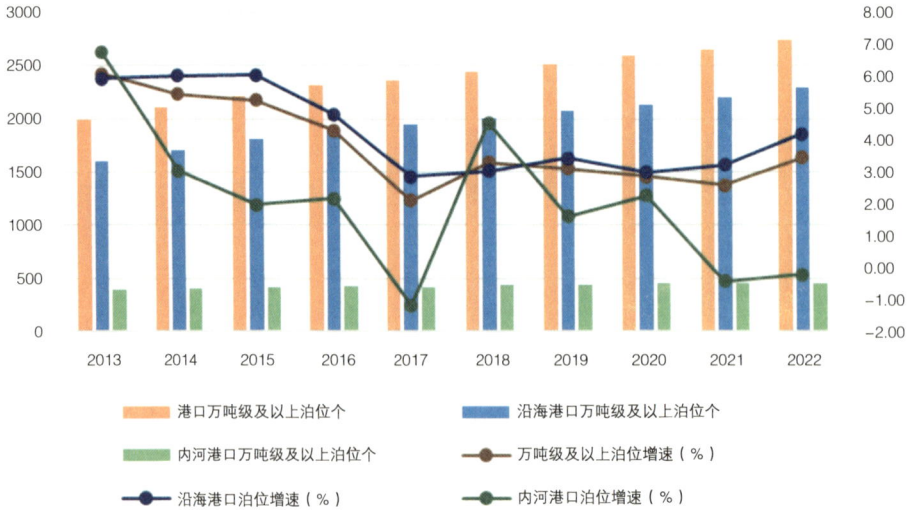

图 1-65　2013~2022 年我国港口万吨级及以上泊位情况
数据来源：交通运输部《交通运输行业发展统计公报》

1.5.2　典型的水利与水路工程建设项目

1.5.2.1　重庆市观景口水利枢纽工程

重庆市观景口水利枢纽工程位于重庆市巴南区东温泉镇上游双胜场，是国务院确定的 172 项节水供水重大水利工程之一，是重庆市主城重点水源工程之一，建设任务以城市供水为主，兼顾输水干渠沿线小城镇供水、农业灌溉及农村饮水，

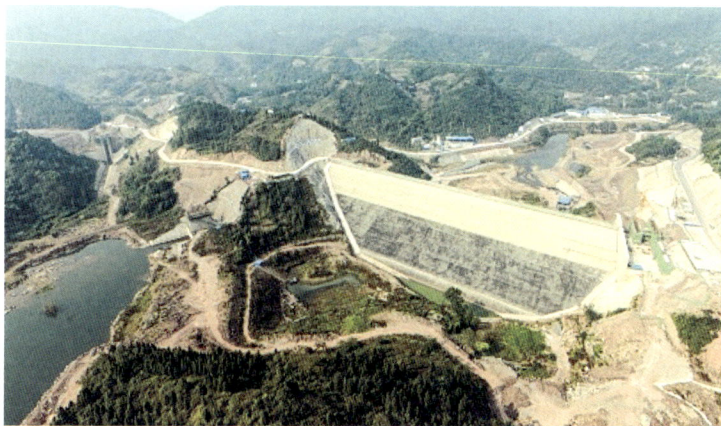

图 1-66　重庆市观景口水利枢纽工程

为大（二）型 II 等水利枢纽工程，主要解决南岸区江南新城 69 万人供水、沿线 12 万人饮水及 5 万亩农田灌溉，同时承担重庆市中心城区 380 万人的生活应急供水任务。2022 年 7 月重庆市观景口水利枢纽工程通过竣工验收，正式开始运行。参见图 1-66。

重庆市观景口水利枢纽工程由水库枢纽工程和输水工程两部分组成，枢纽工程主坝坝型为混凝土面板堆石坝，最大坝高 58.9m，输水工程线路总长 25.03km。正常蓄水位 281.0m，水库总库容为 1.52 亿 m^3，灌区设计灌溉面积为 5.014 万亩，水库多年平均可供水量为 10380 万 m^3。

重庆市观景口水利枢纽工程在国内水利行业率先采用微盾构顶管施工技术对输水线路进行施工，被水利部列为"示范推广项目"和"创新性施工研究与实施项目"。微盾构顶管施工技术是一项新型地下穿越技术，其原理是在隧道硬岩施工时，在前端用微盾构机破碎开路，再用液压千斤顶将钢筋混凝土管压入地层中，并在地层中加压顶进。当第一节管全部顶入土层后，接着将第二节管接在后面继续顶进，这样将一节节管道顶入，一次性建成涵管。该技术减少了传统钻爆法征地成本高、施工进展慢、安全隐患多、环境影响大等问题，其可回退技术填补了行业空白。在整个输水线路建设工程中，全长 3224m 的 3 号无压隧洞创造了顶管施工单洞最长世界纪录。

此外工程主要取水和泄水建筑物应用了清水混凝土技术；边坡采用了 CBS 植被混凝土边坡绿化技术；在重庆水利行业首次使用附加质量法进行质量检测等新技术，工程质量和外观均得到极大改善。

1.5.2.2　河南省赵口引黄灌区二期工程

河南省赵口引黄灌区二期工程位于河南省黄河南岸豫东平原，为国家 172 项重大水利建设项目之一，是纳入《全国新增 1000 亿斤粮食生产能力规划》和《河南粮食生产核心区建设规划》的重点水利项目，是河南省实施"四水同治"的标志性工程之一，也是河南省正在加快构建 "八横六纵、四域贯通"现代水网的重要组成部分。2022 年 12 月 16 日赵口引黄灌区二期工程试通水成功。

工程位于河南省粮食核心区黄淮海平原，涉及郑州、开封、周口、商丘 4 市的 5 县 3 区。赵口引黄灌区设计灌溉面积 587 万亩，其中二期工程设计年平均引黄水量 2.4 亿 m³，发展灌溉面积 220.5 万亩，可年新增粮食 4 亿斤以上，主要建设内容包括渠道 31 条、总长 373.98km，河（沟）道 28 条、总长 262.57km，各类建筑物 1035 座。参见图 1-67。

为了保证施工建设顺利进行，项目团队利用 BIM、人工智能、大数据等技术，研制启用了工程信息化综合管理系统，开创线上线下全过程管理。与此同时，工程在建设阶段采用长螺旋钻孔压浆技术、抗硫酸盐混凝土、混凝土裂缝控制、机械切缝机等新技术、新设备、新产品施工。绿色施工、质量安全预警、抗液化抗冻胀研究，在"三控制三管理"中，均发挥着重要技术支撑和指导作用。

工程顺利实现试通水，标志着赵口引黄灌区二期工程由建设阶段逐渐转向运行管理阶段，也标志着工程开始全线发挥综合效益、陆续惠及豫东大地和沿线人民。工程全部建成完工后，可全面提高粮食综合生产能力，形成以引黄渠道和河流水系为骨架的输水网络，有效改善区域水生态环境。

图 1-67　河南省赵口引黄灌区二期工程

1.5.2.3 涔天河水库扩建工程

　　涔天河水库扩建工程为国务院确定的 172 项重大节水供水工程之一，湖南省"十二五"期间水利建设"一号工程"，对湖南省湘江流域水资源综合利用、促进永州市乃至湘江中下游地区经济社会可持续发展意义十分重大，被誉为新的"潇水第一坝"。涔天河水库扩建工程于 2021 年 12 月 23 日通过竣工验收，2022 年 11 月 28 日水库扩建灌区主体工程完工。参见图 1-68。

　　该工程是一座具有灌溉、防洪、下游补水和发电，兼顾航运等综合利用效益的 I 等大（I）型综合性水利枢纽工程。水库控制流域面积 2466km², 正常蓄水位为 313m，总库容 15.1 亿 m³，设计灌溉面积 111.46 万亩，电站装机容量 200MW。主要挡泄水建筑物为 1 级建筑物，大坝、泄洪洞设计洪水标准 500 年一遇，校核洪水标准 10000 年一遇。

　　涔天河水库扩建工程地质条件复杂，技术难度非常大。坝址存在各类软弱夹层近百条，坝前有 1300 余万 m³ 的古滑坡体；泄洪隧洞为省内下泄流量最大、流速最高、洞径最大，深孔弧门为省内最大，引水压力钢管为省内直径最大。针对这些重大技术难题，项目团队开展了大量科研攻关和技术创新工作。通过高速水流泄洪洞掺气减蚀技术研究减少了掺气减蚀设施的数量，选定适合"龙

图 1-68　涔天河水库扩建工程

抬头"和"龙落尾"两种布置形式泄洪洞的掺气坎体型,解决了工程建设中的难题,加快了施工进度;隧洞进出口"零明挖、大管棚"进洞技术的运用,减少了工程施工对周边环境的扰动,降低了顺层边坡处理难度;大坝填筑智能连续压实技术在湖南省水利工程中第一次运用,该新技术的运用有效保证了大坝填筑施工质量。

1.5.2.4 通州湾新出海口吕四起步港区集装箱码头

2022 年 10 月 26 日,通州湾新出海口吕四起步港区 2 个 10 万吨级集装箱码头正式启用,标志着通州湾吕四起步港区"2+2"码头全面开港运营,"通州湾长江集装箱运输新出海口"正式起航。参见图 1-69。

吕四起步港区"2+2"码头工程位于吕四作业区西港池南侧,建设内容包括 2 个 10 万吨级集装箱泊位和 2 个 10 万吨级通用泊位及后方陆域配套工程,其中 8 号、9 号为集装箱泊位,10 号、11 号为通用泊位。8 号、9 号集装箱泊位岸线长度为 812m,水深 14.8m,码头堆场 31 万 m²,设计年通过能力 140 万标箱。

吕四起步港区集装箱码头是南通港首批建成的两个 10 万吨级集装箱码头,也是江苏首个采用 5G 技术实现港区全自动化作业的港区。码头采用 5G 专网、卫星北斗定位、智能视觉识别等多种先进技术,实现无人智能驾驶和远程实时操控。自动集卡在港区行驶,与轨道吊、岸桥精准对位,并完成自主充电和倒车。作为国内少有的公铁水、江海河多式联运港区,吕四港采用与上海洋山港相同的

图 1-69 通州湾新出海口吕四起步港区集装箱码头

最先进的自动化码头技术，依托数字化、信息化技术，配套建设功能完备、高度网络化、技术先进、高效联动的一体化协同管控平台，实现信息共享，支撑其成为全球一流港口战略发展目标。高起点、高标准、高水平，是吕四起步港区的建设标准。设备控制管理平台（IECS）是码头的"神经系统"，它将"智慧大脑"ITOS 的指令有序地传达给港区各个作业设备，并把设备的状态实时反馈给ITOS。全场覆盖的 5G 专网让自动集卡具备了"顺风耳"和"千里传音"能力，在港内任何位置都可以实时和岸桥、轨道吊等隔空对话。具有线控底盘的自动集卡除了上述超能力，借助于高精度地图、高精度北斗定位系统和车载智能系统，不论是自动完成的直行、转弯还是倒车，都能达到厘米级的精度，看到前面作业车道堵车了还能自动完成超车。全场的摄像机、雷达传感器、激光传感器等感知设备是码头的"千里眼"，全天候监视着码头、堆场的一举一动。

1.5.2.5　江西万安枢纽二线船闸工程

2022 年 12 月 14 日，江西万安枢纽二线船闸工程通过交工验收。

万安枢纽二线船闸工程是江西省"十三五"重点交通建设项目，也是赣江高等级航道建设的重要组成部分。船闸设计最大工作水头 32.5m，船闸等级为Ⅲ级，有效尺度（长 × 宽 × 门槛水深）为 180m×23m×4.5m，设计年单向通过能力为 988 万 t，是世界第八、国内第四的超高水头单级船闸，闸墙修建高度为江西省之最，有着"千里赣江第一闸"之誉，项目于 2019 年 6 月 6 日开工建设，总投资约 29.2 亿元。参见图 1–70。

图 1–70　江西万安枢纽二线船闸工程

建设者们攻克了山区限制因素多、平面布置难度大、金属结构及启闭机械复杂、下游引航道水流条件超标等突出难题，为船闸的建成通航做出了突出贡献，赢得了业主和参建单位的高度肯定。

万安枢纽二线船闸的建成，将有效提高赣江通航能力，补齐江西水运发展短板，对进一步带动赣江腹地相关产业和物流业发展，促进当地经济和社会可持续发展具有重要意义。

1.6　机场工程建设情况分析

1.6.1　机场工程建设的总体情况

图 1-71 示出了 2013~2022 年我国民航固定资产投资情况。2022 年，全国民航完成固定资产投资 1906.09 亿元，比上年增长 1.36%，连续两年增长。其中，民航基本建设和技术改造投资达到 1231.38 亿元，比上年增长 0.73%。

图 1-72 示出了 2013~2022 年我国机场和通航城市的情况。2022 年，我国有颁证民用航空机场 254 个，比上年增加了 6 个，增长了 2.42%。其中，定期航

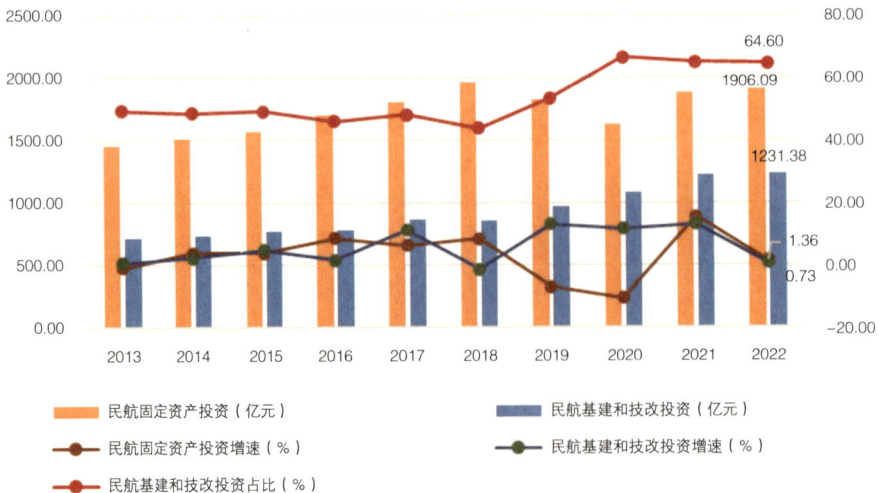

图 1-71　2013~2022 年我国民航固定资产投资情况
数据来源：中国民用航空局《民航行业发展统计公报》

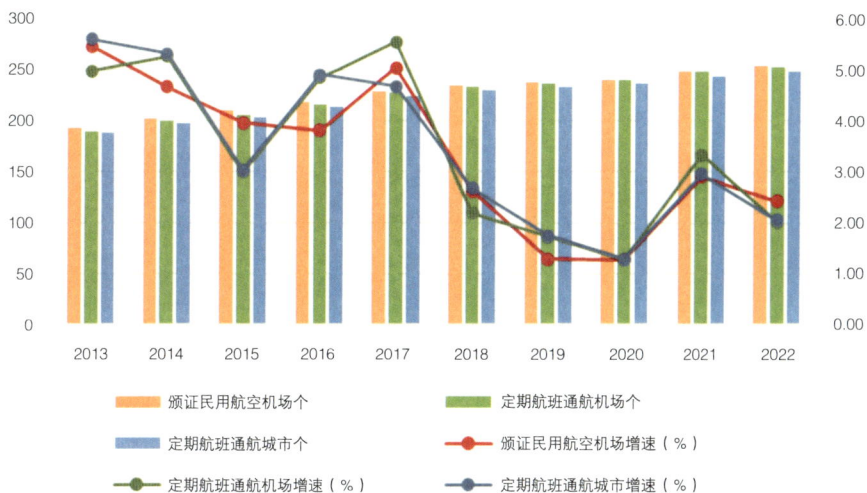

图 1-72　2013~2022 年我国机场和通航城市的情况
数据来源：中国民用航空局《民航行业发展统计公报》

班通航机场 253 个，比上年增加了 5 个，增长了 2.02%。2022 年，我国定期航班通航城市 249 个，比上年增加了 5 个，增长了 2.05%。

1.6.2　典型的机场工程建设项目

1.6.2.1　鄂州花湖机场

鄂州花湖机场，位于中国湖北省鄂州市鄂城区燕矶镇、沙窝乡、花湖镇交界处，西北距鄂州市中心约 16km、南距黄石市中心约 15km，为 4E 级国际机场、航空物流国际口岸、亚洲第一座专业性货运枢纽机场。2017 年 12 月 20 日，鄂州民用机场项目正式开工，2022 年 7 月 17 日，机场正式通航。参见图 1-73。

作为中国民航局首批"四型机场"示范项目，住房和城乡建设部信息化改革试点项目，"智慧"始终贯穿机场建设全过程。在机场塔台、航站楼、货运站建设中，项目坚持全阶段、全专业、全业务、全参与核心原则，先建模后开工，通过一套模型实现项目全生命周期管理和数字孪生交付目标。在走马湖水系治理、航站楼及货运站施工过程中，项目团队搭设专业化的智慧工地平台包括数字工地管理系统，数字化监控管理系统、数字精确测量等，并通过安装定位装置和传感器大胆探索，"无人驾驶""无人监控""智能抽水"等实现对现场 600 余台作业设备数字化监管。

图 1-73 鄂州花湖机场

项目采用全过程 BIM 建模，技术人员、施工人员可以通过手机或平板电脑指导，施工模型中每一根钢筋的绑扎，每一道工序都一目了然，实现建筑、机电、钢构等专业全覆盖。89m 高的梅花造型塔台是机场最高建筑，也是指挥调度飞机的大脑，其整体外形呈六个对称形花瓣，为保证"花茎"与"花瓣"吊装、安装平整度，项目团队通过 BIM 技术对 6 块巨型钢模板的预埋件实施精准定位和模拟预演，不断优化设计，并采用多点吊装法，实现"花茎"与"花瓣"在空中顺利转体和就位。该项成果还应用至质量验评系统，将 BIM 模型构件包挂接到相应检验批内，通过拍下实景照片对照做到了何时、何地、何人、何种工序的全流程追溯。

鄂州花湖机场是湖北贯彻落实国家重大战略和重大基础设施布局的标志性工程。投运后将加快湖北补齐综合交通发展短板，提升交通运输效率，促进湖北转型发展、开放发展、高质量发展，必将加快建设全国构建新发展格局先行区。

1.6.2.2　新疆吐鲁番机场改扩建项目

2022 年 11 月 25 日，新疆"十四五"重点建设项目吐鲁番机场改扩建项目全面竣工，即将全面交付使用。吐鲁番机场改扩建项目建设内容包括将原 2800m 跑道延长至 3200m、新建垂直联络滑行道、停机坪改扩建、航站楼新建项目、空铁连廊工程、室外管网、配套建设站前道路及中心广场等。改扩建后，新老航站楼面积将达到 2.25 万 m^2，可满足 2025 年旅客吞吐量 100 万人次，货邮吞吐量 1.2 万 t，飞机起降量 1.05 万架次保障要求。将进一步打通高铁、机场之间的空铁换乘通道，为"乌—吐区域经济一体化"提供更可靠的保障，对共建"一带一路"、促进吐鲁番市社会经济可持续发展、保障当地群众出行起到重要作用。参

图 1-74　新疆吐鲁番机场改扩建项目

见图 1-74。

吐鲁番机场地处中国最低内陆盆地全年日照时间长、夏季温度高，如何建造一座舒适宜人的机场，既能遮阳隔热又能保证通风，是项目团队首要考虑的问题。新建航站楼仿照当地民居风格，南北两侧设置拱形透光石材幕墙外廊，外玻璃幕墙开敞通透，营造舒适宜人的庭院微气候环境。外连廊可以遮挡沙尘、大风的侵袭，也可以抵御夏季高温和冬季严寒。为达到隔热要求，航站楼屋面采用 30cm 厚泡沫保温板，同时屋面顶部加设了一层预制钢筋混凝土架空板，形成双层隔热通风屋顶，起到了屋顶隔热和保温效果。外墙则沿用吐鲁番当地葡萄干晾房风格，采用了长宽 0.2m 的方形孔洞造型，同时在连廊部位及部分玻璃幕墙部位，增设了金属遮阳格栅结构，有效削弱太阳辐射对室内环境的影响并起到节能降耗的作用。

吐鲁番机场与火车站高差约 27m，旅客从机场到高铁换乘十分不便。在改扩建过程中，为给旅客提供便捷、快速换乘通道，航站楼南侧设计全长 648m 下穿式连廊。旅客可从吐鲁番机场进入空铁连廊，并通过自动步道进入旅游综合服务中心，再经地下隧道进入吐鲁番火车站，实现机场、旅游综合服务中心、火车站无缝衔接、一站换乘。在航站楼整体建设过程中，项目还采用无人验收物资系统、塔式起重机可视化及监测、土方回填智能压实监测等，全面建立数字化施工和智慧工地平台智慧管控体系，打造西北一流的智慧机场。

吐鲁番机场改扩建项目建成后对有效疏解乌鲁木齐机场航线网络和人流密度承载压力，提升在亚欧大陆区域的国际枢纽地位，全面构建新时代新疆对外开放新格局具有重要意义。

1.6.2.3 湛江吴川机场

湛江吴川机场，位于中国广东省湛江市吴川市塘㙍镇合山村，西南距湛江市中心约35km，为4E级干线机场，是粤西地区最大的民用机场。机场航站楼面积6.18万㎡，设有30个停机位和19条登机通道，建成后可满足旅客年吞吐量510万人次，货运年吞吐量3.1万t，客机年起降4.74万架次的需求，相当于两座老湛江机场的运力。机场辐射湛江、茂名、阳江等粤西地区，北海、玉林等桂东地区，覆盖人口逾2000万，将为整个粤西地区带来更加优质便捷的交通服务，成为粤西重要的空中交通枢纽。参见图1-75。

项目在建设过程中创新采用"双曲面大吨位双层焊接球网架"结构，外形酷似"化学分子式"，在同等钢筋用量下，能够承受住更大的负荷，网架总面积达到3.4万㎡，共有焊接球6507个，项目建设团队在安全、质量、测量上精益求精，实现1个"标准化"+4个"百分百"，打造的AAA级工地，获评"国家级安全生产标准化工地"，实现焊工月度培训考试100%，焊缝质量自检合格率100%，焊缝第三方检测合格率100%，所有球节点定位误差控制至2mm内，无切割钢管合龙成功率100%，成型网架造型优美，稳重大气。场屋面采用世界首例66H形不锈钢直立锁边金属屋面，5.8万m长的金属屋面板，全程采用BIM建模+数控滚压定型，解决双曲面建造困难问题，22万个固定座，精装定位控制误差在1mm内，实现板材无返工对接，屋面整体抗风性能优于其他类型屋面，屋面

图1-75 湛江吴川机场

大面负风荷载达到 11.625kN，可抵抗 17 级台风风压，特别适合用于海边台风多发段工程屋面，过程验收严格，真正实现了 3.5 万 m² 屋面整体完成后无一漏点。除了高精密的焊接建设，复杂高大空间弧形钢网架内，机电管线施工同样面临跨度大、坡度大、稳定性不可控等问题的挑战，特别是高空网架内，消防水管安装尤为困难，建设团队经过多次研究和反复探讨，突破技术瓶颈，挑战极限，研究出一种针对大空间，双曲形网架结构弧形管道安装工艺，60d 时间顺利完成大空间 2 万余米管道，3000 多个喷淋点位的管线施工。

项目全程践行环保节能理念，工程雨污分离率、垃圾无害化处理率均达到 100%，航站楼玻璃幕墙及屋面天窗，可满足机场主要公共区域自然光照明，并能有效补充室内大进深区域的采光，项目制冷系统为国内首个高温高湿地区超远输送距离的航站楼高效制冷机房，通过选择行业内最为高效节能的冷源设备，以及机房管道降水阻等技术手段，将制冷机房全年平均能效比提升至 5.0 以上，实现整体 20% 的节能率，以更加高效智慧的节能方式引领现代化新型工程建设。

1.6.2.4　昭苏天马机场

2022 年 4 月 22 日，南航乌鲁木齐—昭苏 CZ6681 航班平稳降落昭苏天马机场（以下简称"昭苏机场"），这标志着位于天马之乡的昭苏机场正式投入运营。参见图 1-76。

昭苏机场是"十四五"时期新疆首个开航投运的民用运输机场，也是新疆首个

图 1-76　昭苏天马机场

高原机场。乌鲁木齐—昭苏往返航线开通后，之前两地最快九个多小时的地面路程时间将缩短为一个多小时。机场的通航将有力促进昭苏对外交流交融，对做大做强特色旅游产业搭建更快捷顺畅的空中通道，促进"丝绸之路经济带"核心区建设，"旅游兴疆"、乡村振兴战略的实施和改善当地各族群众民生等具有重要意义。

昭苏机场于 2018 年 2 月经国务院、中央军委批复立项，2019 年 7 月民航新疆管理局批复机场建设总体规划，2019 年 9 月机场正式开工建设。工程建设以来，民航局高度重视，加强工作指导，优先安排资金；各方参建单位和人员战胜多雨气候对施工带来的严峻挑战，克服多轮疫情对工程进度的不利影响，科学组织、统筹协同、攻坚克难，按期完成了机场项目建设，并于 2021 年 12 月顺利通过行业验收。

昭苏机场飞行区等级指标为 4C，跑道长 2800m，有 5 个 C 类机位，航站区按满足 2025 年旅客吞吐量 20 万人次、货邮吞吐量 600t 的目标设计，航站楼面积 3140m²。

1.7 市政工程建设情况分析

1.7.1 市政工程建设的总体情况

市政基础设施是指在城市区、镇（乡）规划建设范围内设置、基于政府责任和义务为居民提供有偿或无偿公共产品和服务的各种建筑物、构筑物、设备等。城市生活配套的各种公共基础设施建设都属于市政工程范畴，比如常见的城市道路、桥梁、地铁、地下管线、隧道、河道、轨道交通、污水处理、垃圾处理处置等工程，又比如与生活紧密相关的各种管线：雨水、污水、给水、中水、电力（红线以外部分）、电信、热力、燃气等，还有广场、城市绿化等的建设，都属于市政工程范畴。

图 1-77 示出了 2013~2022 年我国城市市政设施固定资产投资情况。2022 年，我国城市市政设施固定资产投资 2.23 万亿元，同比降低 4.54%。其中，道路桥梁占城市市政设施固定资产投资的比重最大，为 39.03%；轨道交通、排水和园林绿化投资分别占 27.07%、8.54% 和 6.04%；供水、市容环境卫生、集中供热、

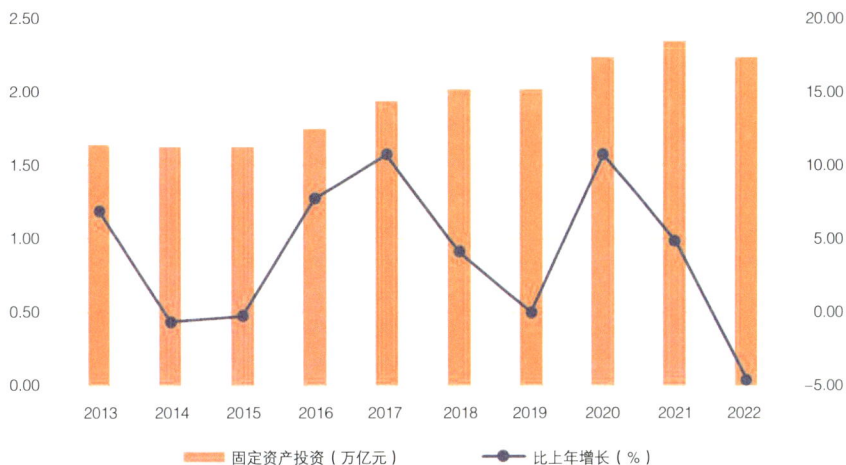

图 1-77　2013~2022 年我国城市市政设施固定资产投资情况
数据来源：住房和城乡建设部《中国城市建设统计年鉴》

地下综合管廊、燃气占比均低于 5%，分别为 3.20%、2.17%、1.52%、1.38%、1.28%。其他投资占比 9.77%。

图 1-78 示出了 2013~2022 年我国城市实有道路长度和城市桥梁建设的相关情况。2022 年，我国城市实有道路长度为 55.22 万 km，比上年增加 3.70%。城市桥梁 86.26 千座，比上年增加 3.09%。

图 1-78　2013~2022 年我国城市实有道路长度和城市桥梁建设的相关情况
数据来源：国家统计局《中国统计年鉴》

图 1-79 示出了 2013~2022 年我国城市轨道交通运营线路情况。2022 年，我国有地铁运营线路 240 条，比上年增长 7.62%；城市轨道交通（非地铁）运营线路 52 条，与上年持平。

图 1-80 示出了 2013~2022 年我国城市轨道交通运营里程情况。2022 年，我国地铁运营里程 8448.1km，比上年增长 10.23%；城市轨道交通（非地铁）运营里程 1106.5km，比上年增长 3.26%。

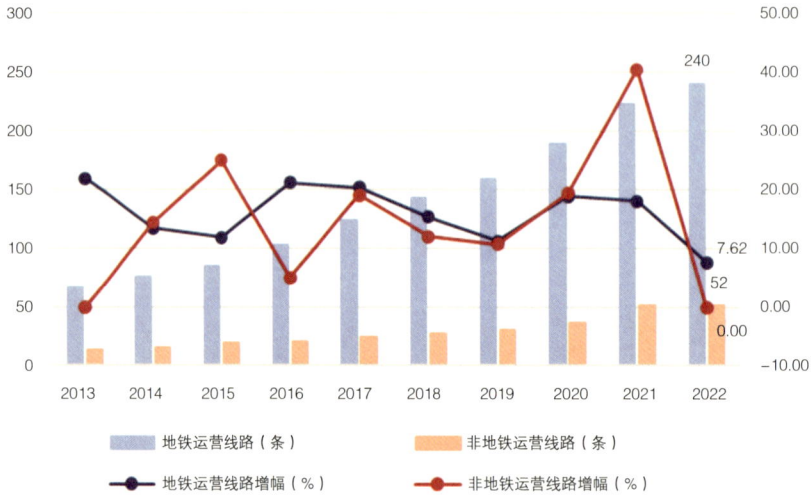

图 1-79　2013~2022 年我国城市轨道交通运营线路情况
数据来源：交通运输部《交通运输行业发展统计公报》

图 1-80　2013~2022 年我国城市轨道交通运营里程情况
数据来源：交通运输部《交通运输行业发展统计公报》

图 1–81 示出了 2013~2022 年我国供气管道（含天然气管道、人工煤气管道、液化石油气管道）、供水管道建设的相关情况。2022 年，我国年末供气管道长度为 99.97 万 km，比上年增加 6.22%。年末供水管道长度为 110.30 万 km，比上年增加 4.07%。

　　图 1–82 示出了 2013~2022 年我国城市排水管道建设的相关情况。2022 年，我国城市排水管道长度为 91.35 万 km，比上年增加 4.73%。

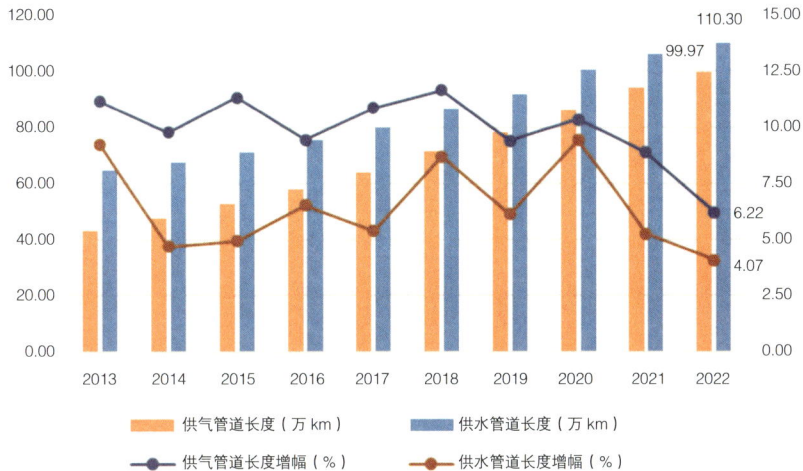

图 1-81　2013~2022 年我国供气、供水管道建设的相关情况
数据来源：国家统计局《国家数据》《2023 中国统计年鉴》

图 1-82　2013~2022 年我国城市排水管道建设的相关情况
数据来源：国家统计局《国家数据》《2023 中国统计年鉴》

1.7.2 典型的市政工程建设项目

1.7.2.1 深圳地铁"两线三枢纽"

2022 年 10 月 28 日，深圳轨道交通 14 号线、11 号线福岗段以及 14 号线串联的岗厦北枢纽、黄木岗枢纽、大运枢纽（简称"两线三枢纽"）开通运营，率先拉开了当年深圳地铁里程"大跃升"的精彩序幕。这也是党的二十大胜利召开后，深圳交通建设正式落地投运的第一个重点工程。首条"东轴快线"穿越城市，三大国际化枢纽"点亮"鹏城，精品轨道工程开启"双区"建设新里程，塑造了深圳地铁建设"又好又快"的新典范，助力"轨道上的大湾区"建设实现新突破、迈上新台阶。"两线三枢纽"投运后，将进一步畅通深圳东部交通走廊。由此，龙岗进入 30 分钟核心交通圈、坪山进入 40 分钟核心交通圈，与深圳市中心的交通联系日趋紧密，东部城区崛起提速，为推动深圳"双区"建设、打造国际标杆城市提供新动力源。参见图 1–83。

图 1-83 深圳地铁"两线三枢纽"

2018年，深圳地铁14号线正式开工，是深圳落实"东进"战略的一条快速地铁线路，也是首条通往坪山区的"东轴快线"。四年多建设，栉风沐雨，攻坚克难。"两线三枢纽"工程高标准建设，高质量推进，高水平管理，引领深圳地铁高质量发展迈入新纪元。

位于深圳龙岗中心的大运枢纽可谓是深圳地铁14号线施工难度之最。该项目工程体量大、技术难度高、周边环境复杂，加上地上钢结构雨篷"湾区之舞"造型复杂、精度控制高，被业内称为"珠峰"项目，工程建设也创下了一个个纪录。大运枢纽总建筑面积17.32万 m^2，混凝土总量50万 m^3，土石方量142万 m^3，相当于17个标准车站，上盖钢结构10550t。其中，超大基坑实现6个月出土86万 m^3，5个月完成6个标准站主体结构施工，同时在既有运营地铁车站上方一次性成功吊装重达144t主梁。

由于地质条件复杂、长大区间多、工期紧……深圳地铁14号线盾构施工面临极大挑战。建设者们克服大量难题，开工两年后在新增的嶂背站创造性地设计并运用了大盾构扩挖小盾构成站技术，确保工程盾构按时始发、安全掘进、顺利贯通。这一技术是在国内首次应用于地铁施工，填补了国内盾构施工领域的空白。

如何在确保地铁建设进度的情况下，把对群众生活的影响降到最小，在黄木岗枢纽建设中，建设者创新采用地面减载、地下既有结构加固与主动转换系统成套技术，在既有站不停运情况下，对枢纽成功地进行增层及贯通改造。

1.7.2.2 长沙地铁6号线

长沙地铁6号线，是湖南省长沙市第6条建成运营的地铁线路，于2022年6月28日开通运营。长沙地铁6号线，西起梅溪湖，东至黄花机场，线路全长48.11km，设车站34座，是目前长沙轨道交通线网中线路最长、跨越区县最多、换乘站最多、下穿江河最多的线路。参见图1-84。

长沙地铁6号线在建设过程中，5次穿越江河，即下穿湘江、圭塘河、浏阳河、石坝河、老屋坝河等高富水风险区；20余次下穿市政桥梁与地下隧道等，如西二环高架桥、人民路—车站路立交桥、万家丽高架桥、人民东路圭塘河高架桥、绕城高速桥、磁浮高架桥、机场高架桥等；8次穿越铁路干线及高速公路，如京广铁路、长株潭城际铁路、京港澳高速公路、长株高速公路、京广高速铁路等；5次穿越既有运营地铁线；先后穿越西气东输潜湘支线和湘投燃气等高压油气管道以及200余处房屋等建筑物。

图 1-84　长沙地铁 6 号线

长沙地铁 6 号线在建设过程中，下穿湘江段的六沟垅站至文昌阁站区间克服河床岩层风险，引入克泥效工法，更换刀具达 114 把，实现既有地铁线隧道和地表路面及管线"零沉降"；烈士公园南站为了最大程度保护园内生态绿化，在长沙轨道交通建设中首次采取双侧壁导坑暗挖工法用于车站主体结构施工，开挖断面面积约 418m²，最浅处覆土仅约 8m，地表沉降控制在 1cm 以内；韶光站、朝阳村站等附属通道在长沙轨道交通建设中首次采用矩形顶管机施工，减少对交通、地下管线及道路环境的影响，大大压缩人民路主干道交通疏解、管线改迁的施工工期；湘雅三医院站至六沟垅站区间在长沙轨道交通建设中首次引入机器人，360° 全方位多功能高精度作业，进一步提升开挖安全系数；为最大限度保障沿线环境不受影响，建设者在特殊路段道床内增加一块钢弹簧浮置板，列车从轨道上高速驶过，通过弹簧的压缩，减小振动幅度，起到缓冲隔声的作用；首次采用跨区间无缝线路，引入广泛应用于高铁系统的 CPIII 测量铺轨施工工艺，测量精度从 1 毫米级提到 0.1 毫米级，轨道线路更平顺，列车行驶更平稳。

长沙地铁 6 号线的建成通车将加大空港组团和长沙黄花国际机场的辐射，缓解机场地面交通压力，同时也加强长沙河西副中心与城市主中心的联系，为构建长沙市轨道交通"米"字形构架、双"十"字拓展线网格贡献力量。

1.7.2.3　南通地铁 1 号线

南通地铁 1 号线是南通轨道交通第一条开通的地铁线路，于 2022 年 11 月 10 日正式运营。南通地铁 1 号线全长 39km，共设 28 座车站，均为地下车站，总投资 272 亿元。线路起始于平潮站，穿过南通主城中心，沿通盛大道向南至能达商务区，一路到达终点站振兴路站，是江苏省各市首条地铁建设里程中最长的

图 1-85　南通地铁 1 号线

线路。参见图 1-85。

南通地铁 1 号线是南通城市建设史上规模最大、投资最多、施工管理运营最复杂的基础设施工程。在机电安装施工中，面对疫情防控压力大、交叉作业多等诸多挑战，项目建设者优化施工方案、强化现场指导，深入推进标准化、精细化管理。施工中积极采用 BIM 技术，将图纸从传统的平面二维 CAD 模式转化为三维可视化模型，通过 BIM 模型优化电缆敷设路径，对综合管线进行碰撞检查，解决了管线冲突的问题，避免了人工和材料浪费，在提升效率方面发挥了巨大作用。

在盾构施工中，其中三个站点均位于南通市市中心繁华地段，周边环境复杂，施工标准化要求高，综合协调难度大，而且盾构区间土层含水量丰富，渗透性强，盾构掘进过程中土体在动水压力作用下易产生流砂、管涌现象，面对重重困难，项目建设者狠抓安全管理，严控施工质量和标准化落实，始终确保施工处于平稳可控状态。

南通地铁 1 号线的开通，不仅缓解了城市交通压力，还拓展了南通市民的生活空间，为市民出行提供了更多选择。特别是对于跨区域上班，或者居住在城市交通"末梢"的市民来说，南通地铁的正式运营将极大降低他们的通勤时间和经济成本。

1.7.2.4　重庆御临停车楼项目

2022 年 7 月重庆御临停车楼项目建成交付，投入使用。重庆御临停车楼项目总建筑面积 9.25 万 m^2，建筑高度 34.7m，地上共计 9 层，提供总停车位约 2700 个，采用"梯田"式造型盘山而下，一站式解决景区停车问题。参见图 1-86。

重庆御临停车楼项目是亚洲最大 AGV（智能搬运机器人）智慧车库。项目采

图 1-86 重庆御临停车楼项目

用代表当前全球停车技术最高水平的 AGV 智能搬运机器人技术，设置规划 7 个车道出入口，7 套汽车专用升降机、16 台泊车机器人，可根据车流量情况手动设置潮汐车道，保障车辆快速通行。

停车时，用户车辆进入升降机后，系统自动指派泊车机器人运往停车位，完成升举、搬运、旋转、入库，内部配置感应装置可智能避障，自动调节运行速度，避免车辆剐蹭，平均存取车时间小于 3min，最大存取车时间不超过 5min。还支持手机 APP 预约取车功能，节约繁忙时段排队取车时间。

项目采用层层退台的结构形式，完美契合原始地形地貌，呈现"梯田"的独特造型，建成后建筑绿化率达 45%，每层都有植被覆盖，复原原始山林的绿色形态。项目团队从施工便利、用户体验等角度，对智能停车系统进行持续优化设计，全过程综合运用 BIM 技术，对不同施工阶段的场地进行精细化建模，保障施工品质及建设速度，直观、实时显示场地布置计划和实际状况，大幅提高场地利用率。

1.7.2.5 齐齐哈尔市民航桥

2022 年 10 月 30 日，齐齐哈尔市民航桥正式建成通车。齐齐哈尔民航路跨线桥工程是齐齐哈尔市"双向双轴、一环九射"主干路网布局的重要组成部分。总投资 5.74 亿元，全长 2.793km，主路双向六车道，设计速度 60km/h。其中主桥长 352m、宽 34.4m，跨越哈齐高铁等 21 股铁路，双侧转体总重量 55000t，创造了高寒地区同类结构桥梁跨度最大、吨位最重的两项中国之最。参见图 1-87。

自 2020 年 8 月开工建设以来，面对大桥科技含量高、高寒地区冬夏温差大、

图 1-87 齐齐哈尔市民航桥

跨铁施工安全风险叠加等挑战,项目团队精心组织,明确任务图、时间表,先后攻克了临近既有铁路深基坑、大体积混凝土浇筑,高精度转体支座安装、主桥双侧平面转体等诸多制约环节。施工过程中,采用了我国北方严寒地区超大吨位桥梁转体的支座,确保了转体毫米级精度;采用结构应力分析及线形、稳定性等数据信息化远程实时监测,确保了桥梁施工安全;在城区采用 SMA 沥青玛蹄脂路面技术,通过配合比的不断优化设计,确保了行车舒适度和路面耐用度明显改善。

齐齐哈尔市民航桥核心工程需跨越运营中的哈齐高铁、平齐铁路、货场线等21 股道,以及各类城市管线等受控风险点。为此,设计团队围绕高寒地区冬夏温差大,高寒地区大跨度、大吨位桥梁平面转体,以及跨铁施工安全风险高等挑战进行专题研究,通过增加主桥跨越高度、抗冻混凝土设计、高精度转体支座安装及耐久性设计等工艺,确保了双侧总重量55000t的主桥成功实施毫米级精度转体,一举刷新了我国高寒地区同类结构桥梁跨度最大、吨位最重两项施工纪录。

齐齐哈尔市民航桥的正式通车,有效缓解了中心城区与铁东地区交通拥堵状况,为城市向东跨越发展、拉伸城市骨框架、改善城市格局奠定了基础。同时,也实现了城市机场、南北火车站和中心城区快速串联,全方位提升了城市的"空、铁、公"立体路网功能,促进城市战略性新兴产业园区与城市中心区域产城融合,助力中国东北老工业基地振兴发展。

1.7.2.6　山东聊城市兴华路跨徒骇河大桥

2022 年 5 月国内首座碳纤维索公路斜拉桥——山东聊城市兴华路跨徒骇河

大桥建成通车。项目位于聊城市中心城区兴华路跨徒骇河处，以"莲湖清韵"主题进行规划设计。整个桥梁分为东引桥、主桥和西引桥，引桥、主桥桥面全宽40m，全长388.285m，设计速度50km/h，大桥采用双向六车道设计，是"江北水城"聊城市重点民生工程。参见图1-88。

聊城市兴华路跨徒骇河大桥最大亮点在于斜拉索中应用了碳纤维材料。2020年以来，项目科研团队持续开展碳纤维在土木工程领域的应用研究，攻克了大吨位国产碳纤维索的加工、锚固和工程应用难题，形成了千吨级碳纤维索应用技术与产品，并在桥梁领域创造了多项"第一"：世界最大跨度、国内首座使用碳纤维斜拉索的车行桥；国内工程应用的首个千吨级碳纤维索锚体系；国产碳纤维首次应用于桥梁主索，实现了国产碳纤维应用技术的重大突破。大桥应用四根碳纤维索，由碳纤维、树脂基体及纤维/树脂界面三部分组成，轻质高强，可减轻结构自重，拥有优异的耐久性与抗疲劳性能。斜拉索为扇形布置的空间双索面，采用标准强度1770MPa平行钢丝斜拉索，全桥共72根斜拉索，最短11.2m，最长73.9m，单根最大重量达3.12t。大桥采用2×100m双索面钢拱塔独塔斜拉桥，主梁采用双箱单室钢梁，大桥顶宽40m，采用顶推滑移建设方案，桥塔为三个空间椭圆钢拱塔，中塔竖直，塔高52.07m，边塔与水平向呈60°倾角，边塔塔高56.07m，采用悬拼建设方案，两侧对称设置两幅预应力混凝土连续梁，采用支架现浇工艺，主桥机动车桥面铺装，采用UHPC高强混凝土属国内先进建造工艺。

此外，大桥还运用了超韧性混凝土技术，可与钢梁表面很好地结合，减少刚性冲击，延长桥梁的使用时间，超韧性混凝土的抗拉强度是传统混凝土的10倍，其断裂韧性是传统混凝土的200倍，钢箱梁与超高韧性混凝土组合成一个整体后，桥面局部刚度提高了40倍，钢桥面疲劳开裂的风险大大降低。在下穿通道位置，项目团队应用波纹钢结构形式，代替传统的混凝土结构形式，在国内城市地下通

图1-88　山东聊城市兴华路跨徒骇河大桥

道中为首次使用，波纹钢结构可以实现工厂化制造、现场装配，提高了建设效率并减轻了对环境和交通的影响，耐久性得到大大提高。

大桥通车后，将有效缓解聊城市东昌路和光岳路的交通压力，完善城市交通网络体系，提升群众出行效率，优化城市空间布局，进一步打通主城区与开发区之间的渠道，对推动聊城市经济社会高质量发展具有重要意义。

1.7.2.7　汕头市汕北大道

汕北大道位于广东省汕头市，2022 年 5 月 7 日，汕北大道龙湖段 PPP 项目正式通车，至此，汕北大道全线通车，成为贯穿广东省汕头市中心城区至澄海区，连接潮州市饶平县的粤东交通"大动脉"。汕北大道全长约 31.1km，全线采用双向六车道一级公路标准建设，设计速度 80km/h。汕北大道全线建成后，将成为汕头中心城区连接澄海区的快速通道，有效缓解国道 324 线和金鸿公路的交通压力，有效加快澄海区城市化步伐，促进澄海区与中心城区一体化发展。参见图 1-89。

汕北大道龙湖段起于澄海区莱美路北侧，终点位于黄河路与泰山路相交的 T 形平交口，全长约 7.8km，按一级公路兼城市主干道标准建设，主车道设计速度 80km/h，辅道速度 40km/h，主线双向六车道，辅道双向四车道。龙湖段共设特大桥 3 座，其中，外砂河特大桥全长 1.94km，上跨外砂河和莱美路，连接龙湖和澄海两区。另外，跨越新津河和汕汾高速公路的新津河特大桥长约 2.23km。汕北大道（凤东路）澄海段途经澄海区五镇一街道，全长 23.3km，按一级公路兼城市主干道标准建设，双向十车道。澄海段共设两座特大桥，即东里河特大桥和莲阳河特大桥。其中，东里河特大桥长 1.2km，莲阳河特大桥长 1.45km。

新津河特大桥全长 2260m，为全线的控制性工程，专家评价为"国内罕见、粤东首座"五塔宽幅单索面矮塔斜拉桥。大桥主梁采用单箱三室超长翼板，三向

图 1-89　汕头市汕北大道

预应力混凝土连续箱梁，桥面宽度38m，翼缘板两侧下方设钢结构人行通道，采用挂篮悬臂法建设，整套挂篮更是达41m之宽，项目团队与多所高校合作，多次模拟合龙施工，优化建设工序，最终实现了"毫米级"精准合龙。为解决在滨海地区深软地质条件下不均匀沉降的难题，项目团队打破常规，在现有路基上建设梁场，通过软基处理提高土层承载力，项目团队充分应用BIM等信息化技术，高效完成各项建设任务。

为破解跨高速建设难题，项目提前6个月、历经3次方案优化，定制了41m宽、150t重的专用挂篮，并在跨高速梁段加装全封闭防抛网及兜底平台，像"金钟罩"一样包裹建设场所，防止杂物飞出，保障人员与道路安全。

1.7.2.8 凤凰磁浮观光快线

2022年7月30日，位于湖南湘西的全球首个"磁浮＋文化＋旅游"项目——凤凰磁浮观光快线开通运营。参见图1-90。

该项目是一条旅游观光专线，连接凤凰高铁站、城北游客中心、民俗园等游客集散点和主要景点，线路全长9.121km，采用3辆编组磁浮列车，最高运行速度100km/h。

凤凰磁浮观光快线现有4座主题车站，融合凤凰美景、湘西文化、工艺特产等元素。凤凰磁浮观光快线运营后，实现了车站与景区的无缝连接，同时将现代轨道旅游装备和凤凰人文自然底蕴完美融合，在全球首创了"磁浮＋文化＋旅游"新业态、新模式、新体验。

图1-90 凤凰磁浮观光快线

1.7.2.9 广东肇庆新区城市地下综合管廊

2022 年 4 月 22 日，广东肇庆新区城市地下综合管廊及同步建设工程成功通过竣工验收。肇庆新区城市地下综合管廊及同步建设工程位于肇庆新区核心区约 65km^2 的规划区域内，建设内容包括总长度约 31.4km 的 13 条市政道路，跨河涌桥梁 15 座，地下综合管廊 41.3km，是中国建筑首个城市综合管廊与市政道路同步建设 EPC 项目，也是 2016~2020 年广东省重点工程项目，更是目前全国立项的单体规模最大的综合管廊项目。参见图 1-91。

综合管廊是新兴工程，软基处理、管廊防水、过河施工、桩基溶洞处理是工程的重点难点，为此项目团队通过论证分析、专家评审与实地调研，多管齐下力求最好的方案。在施工期间，项目遇到的最大难题就是 390m 的过河段管廊施工，为此项目团队分析对比多项技术，最终采取"围堰造廊"的方式清淤换填，即先用沙袋"围堰引流"，将河水引至河涌两侧，做好河堤防护措施，清淤换填，管桩施工，再进行坑底高压旋喷桩固化，打好钢板桩后进行开挖，最后进入管廊施工。

另外，项目建设过程中还利用 BIM 技术、GIS 技术、云技术、网络通信技术、定位技术、物联网等科技手段，在对信息全面感知和互联互通的基础上，将分散的火灾自动报警系统、入侵报警系统、视频监控系统、环境与设备监控系统、分布式光纤测温系统等设备数据汇总整合，打造了基于 GIS 地理信息系统的可视化综合管理平台。该平台能及时对管廊内环境及各种主管线运行的数据进行显示、分析、更新、维护、统计。

地下综合管廊不仅是重要的发展工程，更是社会效益巨大的民生工程，对提升城市综合承载能力和运行质量具有重要支撑作用。

图 1-91 广东肇庆新区城市地下综合管廊

Civil Engineering

第 2 章

土木工程
建设企业
竞争力分析

本章从土木工程建设企业的经营规模、盈利能
力两个侧面,对土木工程建设企业的竞争力进
行了分析,并通过构建综合实力分析模型,对
土木工程建设企业进行了综合实力排序。

2.1 分析企业的选择

2.1.1 名单初选

本报告选择若干具有代表性的土木工程建设企业，对土木工程建设企业的发展状况进行分析。入选的土木工程建设企业，主要从入选 2023 年福布斯 2000 强、财富 500 强、中国企业 500 强、财富中国企业 500 强、财富中国上市企业 500 强以及拥有特级资质的土木工程建设企业中进行选择。具体应满足以下条件：

（1）非建筑业央企。由于中国建筑股份有限公司、中国中铁股份有限公司、中国铁建股份有限公司、中国交通建设股份有限公司、中国电力建设股份有限公司、中国能源建设股份有限公司、中国冶金科工股份有限公司等建筑业央企与其下属子公司有包含关系，不纳入对比分析的范畴。

（2）如果备选企业属于建筑业央企子公司，则只选择一级子公司，一级子公司下属的各层级子公司不纳入对比分析的范畴。

（3）各省级建设（建工）集团，其下属的各层级子公司不纳入对比分析的范畴。

（4）企业经营状况正常。企业在上一年度未发生较大以上安全、质量责任事故和有重大社会影响的企业失信事件、违规招标投标事件、违法施工事件、企业主要领导贪腐案件等。

2.1.2 数据收集与处理

为了保证分析企业排名的公正性，本报告的分析数据全部采用企业公开披露的数据。具体如下：

（1）按照初选的企业名单，从企业公开披露的 2022 年年报中，获取营业收入、利润总额、净利润、资产总额、负债总额、所有者权益等数据。

（2）若企业在公开披露的年报上选择不公开上述的一项或多项数据，但该企业已进入中国企业 500 强排行榜，则使用《2023 中国企业 500 强发展报告》公开发布的数据。

2.1.3 最终入选名单的确定

对初选名单中获得必要分析数据的企业，设定年度营业收入 100 亿元作为入围门槛，最终确定 200 家企业作为入选企业。

从入选《中国土木工程建设发展报告 2022》的土木工程建设企业地理位置分布来看（图 2-1），入选企业分布在 27 个地区。入选企业数量排在前 5 位的地区分别是：北京（27 家）、江苏（27 家）、广东（17 家）、湖北（17 家）、浙江（16 家），这 5 个地区入选企业的数量占所有入选企业的 52.00%。

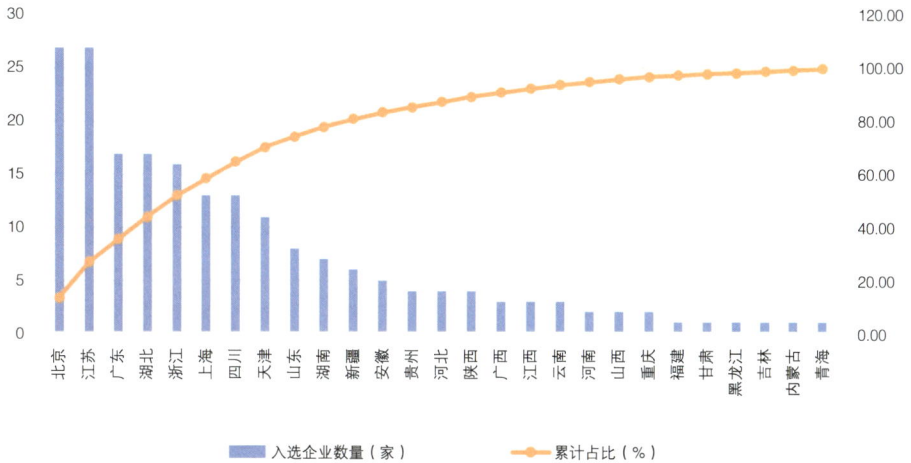

图 2-1 入选《中国土木工程建设发展报告 2022》的土木工程建设企业地理位置分布

2.2 土木工程建设企业经营规模分析

2.2.1 土木工程建设企业营业收入分析

根据国家统计局的统计数据，我国土木工程建设企业 2022 年实现的营业收入为 27.31 万亿元。2022 年，我国有施工活动的土木工程建设企业有 143446 家。

本报告分析入选的土木工程建设企业共 200 家，仅占总数量的 0.14%。但这 200 家企业实现的营业收入总额为 11.43 万亿元，占土木工程建设企业 2022 年实现营业收入的 41.85%。

从 200 家土木工程建设企业的营业收入构成看，不同营业收入水平企业的数量分布及其营业收入占入选企业总营业收入的比重情况，如图 2-2 所示。

由图 2-2 可以看出，入选企业中 2022 年营业收入超过 2000 亿元的土木工程建设企业只有 8 家，占入选企业总数的 4.00%，但其营业收入占到了入选企业总营业收入的 22.47%；2022 年营业收入超过 1000 亿元的企业有 25 家，占入选企业的 12.50%，其营业收入占入选企业的 43.32%；年营业收入超过 500 亿元的企业有 73 家，占入选企业的 36.50%，其营业收入占入选企业的 72.36%。由此可见，从营业收入角度分析，2022 年土木工程建设企业的集中度非常明显。

2022 年入选的 200 家土木工程建设企业的营业收入排名如表 2-1 所示。

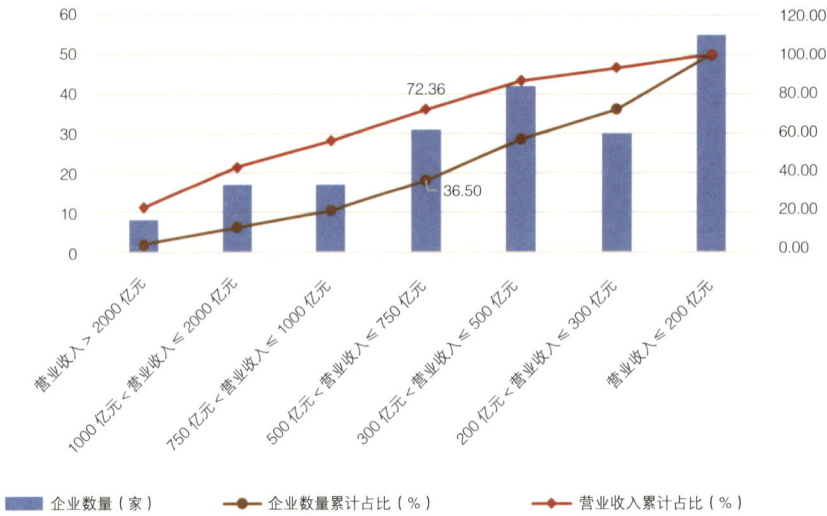

图 2-2　不同营业收入水平的企业数量分布及其营业收入占比

序号	企业名称	营业收入（亿元）	序号	企业名称	营业收入（亿元）
1	太平洋建设集团有限公司	5346.35	31	成都建工集团有限公司	901.30
2	中国建筑第八工程局有限公司	4188.17	32	广东省建筑工程集团控股有限公司	901.30
3	中建三局集团有限公司	3182.32	33	中交第二航务工程局有限公司	882.84
4	苏商建设集团有限公司	3103.60	34	甘肃省建设投资（控股）集团有限公司	873.35
5	上海建工集团股份有限公司	2860.37	35	安徽建工集团控股有限公司	850.53
6	蜀道投资集团有限责任公司	2557.48	36	中铁十四局集团有限公司	847.83
7	陕西建工控股集团有限公司	2336.56	37	中国石油集团工程股份有限公司	835.90
8	成都兴城投资集团有限公司	2100.36	38	四川公路桥梁建设集团有限公司	828.08
9	中国建筑第二工程局有限公司	1973.54	39	上海城建（集团）有限公司	813.08
10	中国建筑第五工程局有限公司	1855.42	40	云南省交通投资建设集团有限公司	801.24
11	广州市建筑集团有限公司	1807.26	41	中国五冶集团有限公司	800.90
12	云南省建设投资控股集团有限公司	1715.93	42	广西北部湾投资集团有限公司	788.11
13	中国建筑一局（集团）有限公司	1490.58	43	江苏南通二建集团股份有限公司	749.16
14	北京城建集团有限责任公司	1481.14	44	中石化石油工程技术服务股份有限公司	737.73
15	湖南建工集团有限公司	1376.74	45	青建集团股份公司	687.77
16	山西建设投资集团有限公司	1360.39	46	中交第二公路工程局有限公司	675.63
17	中国建筑第七工程局有限公司	1346.39	47	中铁十八局集团有限公司	653.00
18	中国葛洲坝集团股份有限公司	1334.24	48	上海隧道工程股份有限公司	652.74
19	中交一公局集团有限公司	1314.99	49	山东高速路桥集团股份有限公司	650.19
20	北京建工集团有限责任公司	1296.12	50	上海宝冶集团有限公司	649.97
21	中天控股集团有限公司	1201.22	51	南通四建集团有限公司	634.58
22	中铁四局集团有限公司	1128.69	52	中铁五局集团有限公司	625.00
23	中国建筑第四工程局集团有限公司	1127.58	53	中铁十六局集团有限公司	615.36
24	广西建工集团有限责任公司	1021.31	54	中铁十局集团有限公司	615.26
25	四川华西集团有限公司	1005.70	55	浙江东南网架集团有限公司	581.72
26	中国核工业建设股份有限公司	991.38	56	武汉城市建设集团有限公司	580.81
27	浙江省建设投资集团股份有限公司	985.35	57	中铁隧道局集团有限公司	580.05
28	中铁十一局集团有限公司	968.70	58	天元建设集团有限公司	578.15
29	中铁一局集团有限公司	967.88	59	龙信建设集团有限公司	572.20
30	特变电工股份有限公司	960.03	60	中国建筑第六工程局有限公司	550.06

序号	企业名称	营业收入（亿元）	序号	企业名称	营业收入（亿元）
61	中交第一航务工程局有限公司	550.02	90	中建科工集团有限公司	416.02
62	中国电建集团华东勘测设计研究院有限公司	541.72	91	贵州建工集团有限公司	402.67
63	中建新疆建工（集团）有限公司	538.64	92	河北建设集团股份有限公司	400.06
64	中交路桥建设有限公司	532.44	93	北京市政路桥股份有限公司	399.45
65	中石化炼化工程（集团）股份有限公司	530.28	94	广厦控股集团有限公司	388.96
66	浙江中成控股集团有限公司	525.22	95	中国中材国际工程股份有限公司	388.19
67	中交疏浚（集团）股份有限公司	523.29	96	腾越建筑科技集团有限公司	379.83
68	通州建总集团有限公司	521.76	97	中铁二十四局集团有限公司	371.92
69	中国铁建投资集团有限公司	515.15	98	新疆生产建设兵团建设工程（集团）有限责任公司	369.18
70	中铁上海工程局集团有限公司	514.05	99	江苏江都建设集团有限公司	365.49
71	江苏省苏中建设集团股份有限公司	506.23	100	中海油田服务股份有限公司	356.59
72	山东省路桥集团有限公司	502.36	101	中国水利水电第七工程局有限公司	354.77
73	中国一冶集团有限公司	500.30	102	深圳市特区建工集团有限公司	351.82
74	山东科达集团有限公司	499.76	103	江苏省建筑工程集团有限公司	342.77
75	重庆建工集团股份有限公司	493.30	104	浙江中南建设集团有限公司	342.28
76	中交建筑集团有限公司	487.40	105	天颂建设集团有限公司	336.61
77	中国十七冶集团有限公司	483.31	106	江苏江中集团有限公司	335.45
78	中交第三航务工程局有限公司	481.93	107	四川交投建设工程股份有限公司	324.35
79	中电建路桥集团有限公司	471.01	108	新七建设集团有限公司	322.50
80	河北建工集团有限责任公司	470.62	109	新八建设集团有限公司	320.69
81	中铁十九局集团有限公司	467.50	110	南通建工集团股份有限公司	320.33
82	江苏省华建建设股份有限公司	465.80	111	福建建工集团有限责任公司	314.27
83	浙江交通科技股份有限公司	464.70	112	中国核工业华兴建设有限公司	312.48
84	浙江交工集团股份有限公司	460.42	113	南通五建控股集团有限公司	311.42
85	中交第四航务工程局有限公司	460.04	114	中铁北京工程局集团有限公司	310.25
86	中国二十冶集团有限公司	458.97	115	中国二十二冶集团有限公司	305.32
87	北京住总集团有限责任公司	455.33	116	海洋石油工程股份有限公司	293.58
88	中国铁建大桥工程局集团有限公司	440.26	117	中国水利水电第四工程局有限公司	291.79
89	江西省建工集团有限责任公司	431.38	118	中国二冶集团有限公司	290.03

序号	企业名称	营业收入（亿元）	序号	企业名称	营业收入（亿元）
119	浙江国泰建设集团有限公司	289.17	147	中国江苏国际经济技术合作集团有限公司	193.29
120	中冶天工集团有限公司	280.97	148	中国建设基础设施有限公司	192.19
121	中国水利水电第八工程局有限公司	275.91	149	中国铁建电气化局集团有限公司	187.19
122	深圳市天健（集团）股份有限公司	264.64	150	中钢国际工程技术股份有限公司	187.18
123	五矿二十三冶建设集团有限公司	260.80	151	中国天辰工程有限公司	185.01
124	宝业湖北建工集团有限公司	260.73	152	中国华西企业有限公司	184.04
125	中冶建工集团有限公司	259.86	153	江河创建集团股份有限公司	180.56
126	中国水利水电第五工程局有限公司	257.96	154	广东电白二建集团有限公司	173.03
127	山西路桥建设集团有限公司	254.44	155	中国水电第三工程局集团有限公司	170.90
128	中交第三公路工程局有限公司	251.24	156	龙建路桥股份有限公司	169.59
129	宝业集团股份有限公司	244.25	157	广东水电二局股份有限公司	169.04
130	中国水利水电第十一工程局有限公司	242.66	158	大元建业集团股份有限公司	168.62
131	中国水利水电第十四工程局有限公司	241.82	159	安徽水利开发有限公司	167.57
132	华新建工集团有限公司	241.34	160	南通市达欣工程股份有限公司	159.03
133	中铝国际工程股份有限公司	236.97	161	江苏信拓建设（集团）股份有限公司	153.58
134	中铁城建集团有限公司	236.45	162	中国能源建设集团天津电力建设有限公司	146.02
135	山东电力建设第三工程有限公司	229.33	163	中建交通建设集团有限公司	145.08
136	中国化学工程第七建设有限公司	224.54	164	江苏通州四建集团有限公司	145.03
137	南通新华建筑集团有限公司	221.17	165	中联建设集团股份有限公司	143.11
138	苏州金螳螂建筑装饰股份有限公司	218.13	166	中国能源建设集团广东火电工程有限公司	142.75
139	启东建筑集团有限公司	215.00	167	江苏新龙兴建设集团有限公司	142.59
140	中国十九冶集团有限公司	211.75	168	龙元建设集团股份有限公司	142.46
141	中国电建市政建设集团有限公司	208.06	169	上海浦东建设股份有限公司	140.84
142	佛山市建设发展集团有限公司	206.19	170	武汉东湖高新集团股份有限公司	139.86
143	中交上海航道局有限公司	201.49	171	中建科技集团有限公司	137.06
144	中交天津航道局有限公司	200.55	172	贵州省公路工程集团有限公司	137.00
145	武汉市市政建设集团有限公司	200.26	173	中冶交通建设集团有限公司	136.08
146	北京市政建设集团有限责任公司	197.96	174	广东电白建设集团有限公司	135.65

序号	企业名称	营业收入（亿元）	序号	企业名称	营业收入（亿元）
175	北方国际合作股份有限公司	134.33	188	湖北长安建设集团股份有限公司	109.86
176	中国电建集团中南勘测设计研究院有限公司	131.53	189	锦宸集团有限公司	108.46
177	武汉市汉阳市政建设集团有限公司	131.18	190	安徽水安建设集团股份有限公司	108.45
178	中国化学工程第六建设有限公司	130.97	191	湖北省路桥集团有限公司	106.86
179	苏华建设集团有限公司	125.07	192	中铁武汉电气化局集团有限公司	106.27
180	海力控股集团有限公司	124.79	193	南京宏亚建设集团有限公司	105.12
181	四川川交路桥有限责任公司	124.14	194	贵州桥梁建设集团有限责任公司	104.00
182	十一冶建设集团有限责任公司	121.92	195	歌山建设集团有限公司	103.28
183	浙江亚厦装饰股份有限公司	121.16	196	湖南省沙坪建设有限公司	102.91
184	浙江东南网架股份有限公司	120.64	197	中国核工业二四建设有限公司	102.43
185	新疆北新路桥集团股份有限公司	116.58	198	中国水利水电第十工程局有限公司	102.01
186	江苏省江建集团有限公司	111.23	199	中国化学工程第十四建设有限公司	101.57
187	江苏邗建集团有限公司	111.19	200	中国化学工程第十六建设有限公司	100.67

2.2.2　土木工程建设企业资产总额分析

根据国家统计局的统计数据，我国土木工程建设企业 2022 年的资产总额为 34.82 万亿元。本报告分析入选的 200 家土木工程建设企业中，披露资产总额数据的有 157 家，占土木工程建设企业总数量的 0.14%。2022 年这 157 家企业的资产总额为 16.73 万亿元，占全国土木工程建设企业资产总额的 48.05%。

从入选土木工程建设企业资产总额的构成看，不同资产总额水平企业的数量分布及其资产总额占入选企业资产总额总和的比重情况，如图 2-3 所示。

由图 2-3 可以看出，入选企业中，2022 年资产总额超过 5000 亿元的土木工程建设企业有 4 家，仅占入选企业总数的 2.55%，但其资产总额占到了入选企业资产总额的 22.89%；2022 年资产总额超过 1000 亿元的企业有 48 家，占入选企业的 30.57%，其资产总额占入选企业资产总额的 72.67%；资产总额超过 500 亿元的企业有 87 家，占入选企业的 55.41%，其资产总额占入选企业的 88.42%。由此可见，从资产总额角度分析，2022 年土木工程建设企业的集中度非常明显。

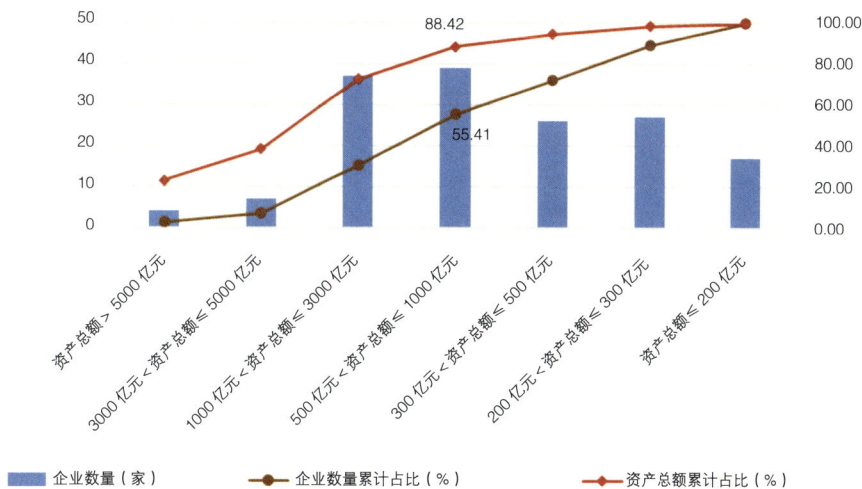

图 2-3 不同资产总额水平的企业数量分布及其资产总额占比

披露数据的 157 家土木工程建设企业 2022 年资产总额排名如表 2-2 所示。

2022 年入选土木工程建设企业资产总额排名   表 2-2

序号	企业名称	资产总额（亿元）	序号	企业名称	资产总额（亿元）
1	蜀道投资集团有限公司	11880.84	16	中建三局集团有限公司	2174.52
2	成都兴城投资集团有限公司	10700.00	17	中国核工业建设股份有限公司	1974.99
3	云南省交通投资建设集团有限公司	7884.54	18	中交一公局集团有限公司	1968.10
4	云南省建设投资控股集团有限公司	7843.71	19	上海城建（集团）有限公司	1894.14
5	陕西建工控股集团有限公司	3872.53	20	中国建筑第五工程局有限公司	1735.40
6	太平洋建设集团有限公司	3804.10	21	广西建工集团有限责任公司	1717.27
7	上海建工集团股份有限公司	3668.04	22	特变电工股份有限公司	1703.34
8	武汉城市建设集团有限公司	3645.88	23	山西建设投资集团有限公司	1700.62
9	广西北部湾投资集团有限公司	3589.33	24	中国建筑第七工程局有限公司	1665.18
10	中国葛洲坝集团股份有限公司	3567.45	25	中天控股集团有限公司	1650.87
11	北京城建集团有限责任公司	3497.40	26	中国建筑第二工程局有限公司	1646.92
12	中国建筑第八工程局有限公司	2859.64	27	安徽建工集团控股有限公司	1595.10
13	苏商建设集团有限公司	2275.66	28	中国铁建投资集团有限公司	1583.67
14	中电建路桥集团有限公司	2236.06	29	四川公路桥梁建设集团有限公司	1567.00
15	北京建工集团有限责任公司	2181.25	30	上海隧道工程股份有限公司	1528.21

序号	企业名称	资产总额（亿元）	序号	企业名称	资产总额（亿元）
31	中国建筑第四工程局集团有限公司	1492.50	61	中交第三航务工程局有限公司	744.60
32	广东省建筑工程集团控股有限公司	1489.86	62	中交第四航务工程局有限公司	736.36
33	甘肃省建设投资（控股）集团有限公司	1425.95	63	山东省路桥集团有限公司	717.43
34	中交第二航务工程局有限公司	1374.33	64	中铁十六局集团有限公司	715.51
35	中交疏浚（集团）股份有限公司	1316.76	65	中石化石油工程技术服务股份有限公司	712.08
36	成都建工集团有限公司	1275.00	66	中国核工业华兴建设有限公司	694.90
37	贵州建工集团有限公司	1271.67	67	深圳市天健（集团）股份有限公司	692.06
38	山西路桥建设集团有限公司	1237.56	68	中铁十一局集团有限公司	680.19
39	四川华西集团有限公司	1233.57	69	河北建设集团股份有限公司	676.32
40	广州市建筑集团有限公司	1221.93	70	龙元建设集团股份有限公司	666.52
41	北京住总集团有限责任公司	1119.19	71	中铁一局集团有限公司	665.38
42	浙江省建设投资集团股份有限公司	1111.20	72	中国水利水电第十四工程局有限公司	660.59
43	山东高速路桥集团股份有限公司	1101.50	73	中国建筑第六工程局有限公司	620.92
44	广东水电二局股份有限公司	1078.24	74	北京市政路桥股份有限公司	615.97
45	湖南建工集团有限公司	1076.12	75	中建新疆建工（集团）有限公司	612.79
46	中国石油集团工程股份有限公司	1070.59	76	福建建工集团有限责任公司	594.09
47	中铁四局集团有限公司	1060.06	77	浙江交通科技股份有限公司	583.79
48	中国建筑一局（集团）有限公司	1040.59	78	武汉市市政建设集团有限公司	569.68
49	天元建设集团有限公司	956.05	79	中铁五局集团有限公司	568.31
50	深圳市特区建工集团有限公司	825.55	80	浙江交工集团股份有限公司	559.17
51	重庆建工集团股份有限公司	820.68	81	中国水利水电第八工程局有限公司	536.91
52	中交第二公路工程局有限公司	816.18	82	中国铁建大桥工程局集团有限公司	534.51
53	中交第一航务工程局有限公司	809.17	83	青建集团股份公司	523.32
54	腾越建筑科技集团有限公司	794.36	84	上海宝冶集团有限公司	519.50
55	中石化炼化工程（集团）股份有限公司	785.82	85	中国水利水电第七工程局有限公司	517.53
56	中海油田服务股份有限公司	771.61	86	新疆北新路桥集团股份有限公司	511.56
57	新疆生产建设兵团建设工程（集团）有限责任公司	767.59	87	中国中材国际工程股份有限公司	500.54
58	江西省建工集团有限责任公司	764.73	88	宝业集团股份有限公司	488.20
59	中交路桥建设有限公司	762.36	89	中铁隧道局集团有限公司	480.51
60	中交建筑集团有限公司	749.43	90	中铝国际工程股份有限公司	473.91

序号	企业名称	资产总额（亿元）	序号	企业名称	资产总额（亿元）
91	中国五冶集团有限公司	471.76	122	江河创建集团股份有限公司	269.44
92	中交天津航道局有限公司	466.13	123	中钢国际工程技术股份有限公司	266.74
93	中交上海航道局有限公司	456.90	124	中铁北京工程局集团有限公司	266.07
94	中交第三公路工程局有限公司	438.18	125	江苏省苏中建设集团股份有限公司	257.44
95	中国电建集团华东勘测设计研究院有限公司	433.75	126	江苏省华建建设股份有限公司	255.94
96	海洋石油工程股份有限公司	426.39	127	中国天辰工程有限公司	248.58
97	江苏南通二建集团股份有限公司	418.58	128	安徽水安建设集团股份有限公司	247.98
98	广厦控股集团有限公司	410.53	129	五矿二十三冶建设集团有限公司	246.47
99	中铁十局集团有限公司	410.38	130	中国水利水电第五工程局有限公司	233.53
100	中铁上海工程局集团有限公司	407.65	131	四川交投建设工程股份有限公司	233.18
101	南通四建集团有限公司	394.60	132	浙江亚厦装饰股份有限公司	231.80
102	山东电力建设第三工程有限公司	393.03	133	中国十九冶集团有限公司	231.43
103	佛山市建设发展集团有限公司	376.84	134	北方国际合作股份有限公司	220.80
104	苏州金螳螂建筑装饰股份有限公司	370.36	135	河北建工集团有限责任公司	218.23
105	中国水利水电第四工程局有限公司	350.28	136	中冶建工集团有限公司	217.10
106	武汉东湖高新集团股份有限公司	349.70	137	湖北省路桥集团有限公司	215.26
107	中国建设基础设施有限公司	342.94	138	中国二冶集团有限公司	208.92
108	中国水利水电第十一工程局有限公司	330.14	139	中建交通建设集团有限公司	205.68
109	龙建路桥股份有限公司	324.85	140	中国华西企业有限公司	185.26
110	中国二十冶集团有限公司	324.09	141	中国水电第三工程局集团有限公司	184.90
111	中冶交通建设集团有限公司	317.26	142	中国核工业二四建设有限公司	180.91
112	安徽水利开发有限公司	317.03	143	浙江东南网架股份有限公司	175.24
113	中国二十二冶集团有限公司	310.28	144	山东科达集团有限公司	174.32
114	中建科工集团有限公司	292.31	145	四川川交路桥有限责任公司	159.36
115	中国铁建电气化局集团有限公司	284.63	146	浙江中成控股集团有限公司	157.86
116	上海浦东建设股份有限公司	280.10	147	龙信建设集团有限公司	154.08
117	中国十七冶集团有限公司	279.65	148	江苏邗建集团有限公司	153.52
118	中冶天工集团有限公司	275.93	149	中国电建集团中南勘测设计研究院有限公司	153.10
119	中国一冶集团有限公司	274.72	150	中国能源建设集团广东火电工程有限公司	141.41
120	中国电建市政建设集团有限公司	272.46	151	华新建工集团有限公司	135.88
121	北京市政建设集团有限责任公司	269.93	152	中国水利水电第十工程局有限公司	132.50

序号	企业名称	资产总额 （亿元）	序号	企业名称	资产总额 （亿元）
153	中建科技集团有限公司	129.49	156	中铁武汉电气化局集团有限公司	81.52
154	十一冶建设集团有限责任公司	114.77	157	通州建总集团有限公司	70.14
155	中国化学工程第十四建设有限公司	103.55			

2.3　土木工程建设企业盈利能力分析

2.3.1　土木工程建设企业利润总额分析

2022 年我国土木工程建设企业实现利润总额为 8381.46 亿元。本报告分析入选的 200 家土木工程建设企业，披露利润总额数据的有 128 家企业，虽然企业数量不足全国有施工活动的土木工程建设企业的 0.09%，却实现了利润总额 2358.57 亿元，占土木工程建设企业 2022 年实现利润总额的 28.14%。

从这 128 家土木工程建设企业实现利润总额构成看，不同利润总额水平企业的数量分布及其利润总额占入选企业利润总额总和的比重情况，如图 2-4 所示。

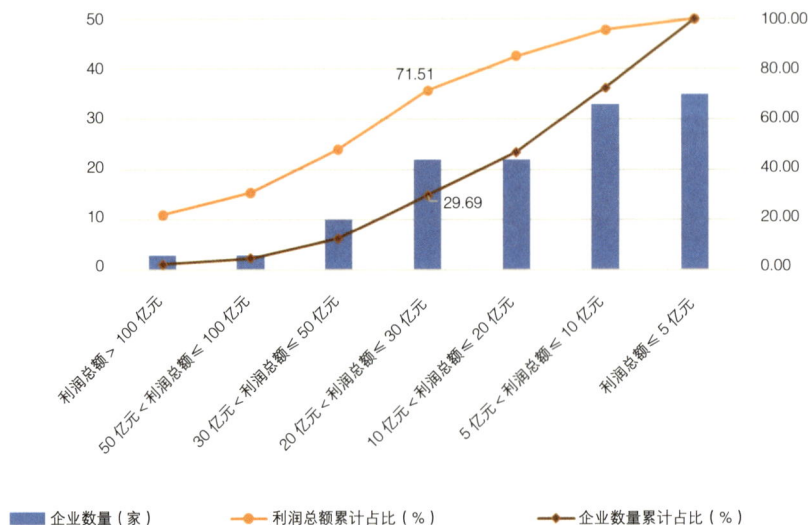

图 2-4　不同利润总额水平的企业数量分布及其利润总额占比

由图 2-4 可以看出，利润总额超过 100 亿元的土木工程建设企业有 3 家，仅占入选企业总数的 2.34%，但其利润总额占到了入选企业的 22.13%；超过 50 亿元的企业有 6 家，占入选企业的 4.69%，其利润总额占入选企业的 30.83%；超过 20 亿元的企业有 38 家，占入选企业的 29.69%，其利润总额占入选企业的 71.51%。由此可见，从实现利润角度分析，2022 年土木工程建设企业的集中度也比较明显。

2022 年入选的 128 家土木工程建设企业的利润总额排名如表 2-3 所示。

2022 年入选的土木工程建设企业利润总额排名　　　　　表 2-3

序号	企业名称	利润总额（亿元）	序号	企业名称	利润总额（亿元）
1	特变电工股份有限公司	265.45	25	深圳市特区建工集团有限公司	27.01
2	中国建筑第八工程局有限公司	149.97	26	中国中材国际工程股份有限公司	26.86
3	中建三局集团有限公司	106.43	27	湖南建工集团有限公司	26.84
4	中国葛洲坝集团股份有限公司	78.89	28	中交路桥建设有限公司	25.60
5	成都兴城投资集团有限公司	68.20	29	中交疏浚（集团）股份有限公司	25.17
6	陕西建工控股集团有限公司	58.14	30	中交第二航务工程局有限公司	23.12
7	云南省建设投资控股集团有限公司	46.74	31	上海建工集团股份有限公司	22.71
8	中国建筑一局（集团）有限公司	46.71	32	中铁一局集团有限公司	22.00
9	中国建筑第二工程局有限公司	46.26	33	中国铁建电气化局集团有限公司	21.81
10	中国建筑第五工程局有限公司	42.41	34	浙江交通科技股份有限公司	21.58
11	山西建设投资集团有限公司	39.16	35	中交第二公路工程局有限公司	21.41
12	山东高速路桥集团股份有限公司	38.89	36	中交建筑集团有限公司	20.97
13	上海隧道工程股份有限公司	38.26	37	四川华西集团有限公司	20.85
14	中国铁建投资集团有限公司	36.94	38	成都建工集团有限公司	20.66
15	北京城建集团有限责任公司	36.85	39	中建新疆建工（集团）有限公司	19.79
16	山东省路桥集团有限公司	32.91	40	深圳市天健（集团）股份有限公司	19.50
17	中海油田服务股份有限公司	29.81	41	北京建工集团有限责任公司	18.74
18	中国核工业建设股份有限公司	29.77	42	中国建设基础设施有限公司	18.06
19	中交第四航务工程局有限公司	29.58	43	中铁十一局集团有限公司	18.05
20	中铁四局集团有限公司	28.89	44	宝业集团股份有限公司	18.00
21	中交一公局集团有限公司	27.87	45	海洋石油工程股份有限公司	17.62
22	中石化炼化工程（集团）股份有限公司	27.62	46	广西建工集团有限责任公司	17.09
23	安徽建工集团控股有限公司	27.27	47	中国十七冶集团有限公司	15.58
24	中国五冶集团有限公司	27.04	48	中电建路桥集团有限公司	14.52

序号	企业名称	利润总额（亿元）	序号	企业名称	利润总额（亿元）
49	苏州金螳螂建筑装饰股份有限公司	14.20	79	中交第一航务工程局有限公司	7.14
50	山西路桥建设集团有限公司	14.03	80	安徽水利开发有限公司	6.85
51	华新建工集团有限公司	13.48	81	江河创建集团股份有限公司	6.74
52	中国一冶集团有限公司	12.78	82	中铁隧道局集团有限公司	6.63
53	中国石油集团工程股份有限公司	12.70	83	中国电建市政建设集团有限公司	6.47
54	广州市建筑集团有限公司	12.64	84	中交第三航务工程局有限公司	6.31
55	甘肃省建设投资（控股）集团有限公司	12.41	85	五矿二十三冶建设集团有限公司	6.25
56	中交上海航道局有限公司	11.73	86	武汉市市政建设集团有限公司	6.21
57	北京住总集团有限责任公司	11.50	87	上海浦东建设股份有限公司	5.95
58	上海宝冶集团有限公司	11.47	88	中国建筑第七工程局有限公司	5.90
59	中铁十局集团有限公司	10.83	89	中国建筑第六工程局有限公司	5.52
60	中国核工业华兴建设有限公司	10.34	90	江苏邗建集团有限公司	5.32
61	中国水利水电第十一工程局有限公司	9.87	91	龙元建设集团股份有限公司	5.19
62	浙江省建设投资集团股份有限公司	9.69	92	中国水利水电第五工程局有限公司	5.10
63	北方国际合作股份有限公司	9.66	93	中国电建集团中南勘测设计研究院有限公司	5.01
64	福建建工集团有限责任公司	9.49	94	龙建路桥股份有限公司	4.77
65	中建科工集团有限公司	9.39	95	广东水电二局股份有限公司	4.74
66	武汉东湖高新集团股份有限公司	9.24	96	中国铁建大桥工程局集团有限公司	4.71
67	中国电建集团华东勘测设计研究院有限公司	8.81	97	中国二十二冶集团有限公司	4.54
68	北京市政路桥股份有限公司	8.63	98	中国水利水电第十四工程局有限公司	4.49
69	中国水利水电第四工程局有限公司	8.56	99	佛山市建设发展集团有限公司	4.42
70	中钢国际工程技术股份有限公司	8.28	100	河北建设集团股份有限公司	4.29
71	中国水利水电第七工程局有限公司	8.23	101	中冶天工集团有限公司	4.17
72	中国化学工程第七建设有限公司	7.85	102	湖北省路桥集团有限公司	4.03
73	中国天辰工程有限公司	7.80	103	浙江东南网架股份有限公司	3.70
74	中冶建工集团有限公司	7.61	104	中铁十九局集团有限公司	3.66
75	新疆生产建设兵团建设工程（集团）有限责任公司	7.58	105	中国华西企业有限公司	3.65
76	中交天津航道局有限公司	7.55	106	中国水电第三工程局集团有限公司	3.61
77	中国建筑第四工程局集团有限公司	7.54	107	中国核工业二四建设有限公司	3.59
78	中石化石油工程技术服务股份有限公司	7.29	108	山东电力建设第三工程有限公司	3.45

序号	企业名称	利润总额（亿元）	序号	企业名称	利润总额（亿元）
109	江西省建工集团有限责任公司	3.40	119	中国水利水电第八工程局有限公司	2.01
110	中国水利水电第十工程局有限公司	3.31	120	中冶交通建设集团有限公司	1.90
111	北京市政建设集团有限责任公司	3.29	121	新疆北新路桥集团股份有限公司	1.67
112	中铝国际工程股份有限公司	2.85	122	中建科技集团有限公司	1.65
113	中铁上海工程局集团有限公司	2.79	123	中交第三公路工程局有限公司	1.46
114	中铁武汉电气化局集团有限公司	2.54	124	中国能源建设集团广东火电工程有限公司	1.25
115	浙江亚厦装饰股份有限公司	2.48	125	中铁北京工程局集团有限公司	1.13
116	安徽水安建设集团股份有限公司	2.35	126	中国十九冶集团有限公司	1.12
117	重庆建工集团股份有限公司	2.33	127	十一冶建设集团有限责任公司	1.01
118	中国二十冶集团有限公司	2.05	128	中建交通建设集团有限公司	0.79

2.3.2 土木工程建设企业净利润分析

本报告分析入选的200家土木工程建设企业中，披露净利润数据的有158家，占土木工程建设企业总数量的0.11%。这158家土木工程建设企业共实现净利润2818.32亿元。从158家土木工程建设企业净利润的构成看，不同净利润水平企业的数量分布及其净利润占入选企业净利润总和的比重情况，如图2-5所示。

由图2-5可以看出，净利润总额超过100亿元的土木工程建设企业有3家，

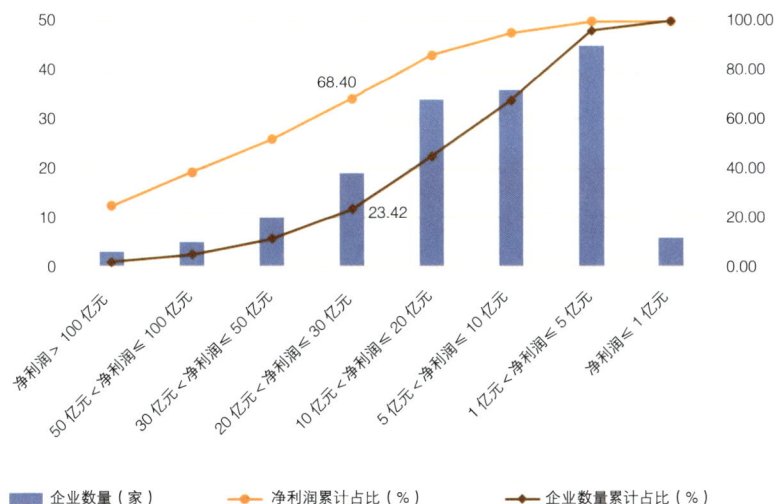

图2-5 不同净利润水平的企业数量分布及其净利润占比

仅占入选企业总数的 1.90%，但其净利润占到了入选企业的 24.84%；超过 30 亿元的企业有 18 家，占入选企业的 11.39%，其净利润占入选企业的 51.94%；超过 20 亿元的企业有 37 家，占入选企业的 23.42%，其净利润占入选企业的 68.40%。由此可见，从实现净利润角度分析，2022 年土木工程建设企业的集中度也比较明显。

2022 年入选的 158 家土木工程建设企业的净利润排名如表 2-4 所示。

2022 年入选的土木工程建设企业净利润排名   表 2-4

序号	企业名称	净利润（亿元）	序号	企业名称	净利润（亿元）
1	太平洋建设集团有限公司	349.01	23	广西北部湾投资集团有限公司	26.79
2	特变电工股份有限公司	228.53	24	北京城建集团有限责任公司	26.67
3	中国建筑第八工程局有限公司	122.54	25	中交第四航务工程局有限公司	26.58
4	中建三局集团有限公司	93.00	26	中海油田服务股份有限公司	24.93
5	苏商建设集团有限公司	91.31	27	中国核工业建设股份有限公司	24.55
6	四川公路桥梁建设集团有限公司	89.36	28	中铁四局集团有限公司	23.46
7	中国葛洲坝集团股份有限公司	58.47	29	中国中材国际工程股份有限公司	23.33
8	成都兴城投资集团有限公司	55.40	30	中国五冶集团有限公司	22.85
9	陕西建工控股集团有限公司	47.96	31	中石化炼化工程（集团）股份有限公司	22.82
10	蜀道投资集团有限责任公司	43.44	32	湖南建工集团有限公司	22.44
11	中国建筑一局（集团）有限公司	39.42	33	安徽建工集团控股有限公司	21.76
12	中国建筑第二工程局有限公司	39.31	34	中交疏浚（集团）股份有限公司	21.12
13	南通四建集团有限公司	39.00	35	中交一公局集团有限公司	20.80
14	中国建筑第五工程局有限公司	37.34	36	中交路桥建设有限公司	20.53
15	山西建设投资集团有限公司	34.24	37	中国铁建电气化局集团有限公司	20.14
16	江苏南通二建集团股份有限公司	32.52	38	中交第二航务工程局有限公司	19.39
17	山东高速路桥集团股份有限公司	31.73	39	深圳市天健（集团）股份有限公司	19.12
18	云南省建设投资控股集团有限公司	31.25	40	中铁一局集团有限公司	18.82
19	上海隧道工程股份有限公司	29.93	41	深圳市特区建工集团有限公司	18.64
20	中国铁建投资集团有限公司	29.44	42	武汉城市建设集团有限公司	18.41
21	中天控股集团有限公司	28.54	43	中交第二公路工程局有限公司	18.34
22	山东省路桥集团有限公司	27.09	44	浙江交通科技股份有限公司	17.50

序号	企业名称	净利润（亿元）	序号	企业名称	净利润（亿元）
45	中交建筑集团有限公司	17.49	73	浙江中成控股集团有限公司	9.75
46	中建新疆建工（集团）有限公司	17.00	74	上海城建（集团）有限公司	9.26
47	上海建工集团股份有限公司	16.80	75	中国水利水电第十一工程局有限公司	8.94
48	通州建总集团有限公司	16.40	76	龙信建设集团有限公司	8.86
49	中铁十一局集团有限公司	16.40	77	中建科工集团有限公司	8.48
50	广东省建筑工程集团控股有限公司	16.10	78	北方国际合作股份有限公司	8.03
51	成都建工集团有限公司	16.09	79	中国核工业华兴建设有限公司	7.96
52	四川交投建设工程股份有限公司	16.04	80	甘肃省建设投资（控股）集团有限公司	7.70
53	山东科达集团有限公司	16.01	81	北京市政路桥股份有限公司	7.63
54	浙江交工集团股份有限公司	15.52	82	中国电建集团华东勘测设计研究院有限公司	7.58
55	四川华西集团有限公司	15.45	83	北京住总集团有限责任公司	7.57
56	中国建设基础设施有限公司	14.88	84	中国建筑第四工程局集团有限公司	7.55
57	海洋石油工程股份有限公司	14.50	85	中国水利水电第四工程局有限公司	7.50
58	江苏省华建建设股份有限公司	14.28	86	中国天辰工程有限公司	7.44
59	中国十七冶集团有限公司	14.06	87	中国水利水电第七工程局有限公司	7.27
60	苏州金螳螂建筑装饰股份有限公司	13.03	88	宝业集团股份有限公司	7.21
61	云南省交通投资建设集团有限公司	12.61	89	中国石油集团工程股份有限公司	7.18
62	山西路桥建设集团有限公司	12.53	90	中交第一航务工程局有限公司	7.13
63	北京建工集团有限责任公司	12.26	91	武汉东湖高新集团股份有限公司	7.02
64	广西建工集团有限责任公司	11.62	92	江苏省苏中建设集团股份有限公司	6.99
65	中国一冶集团有限公司	11.32	93	中国化学工程第七建设有限公司	6.86
66	中电建路桥集团有限公司	10.79	94	中钢国际工程技术股份有限公司	6.64
67	广州市建筑集团有限公司	10.43	95	中冶建工集团有限公司	6.49
68	上海宝冶集团有限公司	10.37	96	中交天津航道局有限公司	6.41
69	华新建工集团有限公司	10.11	97	中铁五局集团有限公司	6.27
70	中交上海航道局有限公司	10.06	98	新疆生产建设兵团建设工程（集团）有限责任公司	6.12
71	中铁十局集团有限公司	10.05	99	浙江省建设投资集团股份有限公司	5.77
72	天元建设集团有限公司	9.82	100	上海浦东建设股份有限公司	5.74

序号	企业名称	净利润（亿元）	序号	企业名称	净利润（亿元）
101	安徽水利开发有限公司	5.70	130	中国水利水电第十工程局有限公司	2.87
102	中交第三航务工程局有限公司	5.60	131	中国化学工程第十六建设有限公司	2.87
103	江河创建集团股份有限公司	5.47	132	佛山市建设发展集团有限公司	2.86
104	中铁隧道局集团有限公司	5.41	133	中国核工业二四建设有限公司	2.84
105	福建建工集团有限责任公司	5.36	134	中冶天工集团有限公司	2.77
106	五矿二十三冶建设集团有限公司	5.15	135	中铁十六局集团有限公司	2.72
107	中国电建市政建设集团有限公司	5.05	136	中国华西企业有限公司	2.63
108	武汉市市政建设集团有限公司	4.81	137	中铁上海工程局集团有限公司	2.41
109	四川川交路桥有限责任公司	4.80	138	江西省建工集团有限责任公司	2.33
110	中国电建集团中南勘测设计研究院有限公司	4.79	139	中铁武汉电气化局集团有限公司	2.20
111	中国水利水电第五工程局有限公司	4.74	140	中国二十冶集团有限公司	2.08
112	中石化石油工程技术服务股份有限公司	4.64	141	浙江亚厦装饰股份有限公司	2.03
113	中国二冶集团有限公司	4.16	142	安徽水安建设集团股份有限公司	1.73
114	中国铁建大桥工程局集团有限公司	4.14	143	中冶交通建设集团有限公司	1.68
115	广东水电二局股份有限公司	4.12	144	河北建工集团有限责任公司	1.62
116	江苏邗建集团有限公司	4.11	145	青建集团股份公司	1.61
117	中国建筑第七工程局有限公司	4.05	146	重庆建工集团股份有限公司	1.60
118	龙建路桥股份有限公司	4.00	147	中建科技集团有限公司	1.55
119	中国建筑第六工程局有限公司	3.99	148	中交第三公路工程局有限公司	1.27
120	中国二十二冶集团有限公司	3.90	149	中国十九冶集团有限公司	1.17
121	龙元建设集团股份有限公司	3.76	150	中铝国际工程股份有限公司	1.13
122	中国水电第三工程局集团有限公司	3.48	151	中国能源建设集团广东火电工程有限公司	1.04
123	湖北省路桥集团有限公司	3.18	152	广厦控股集团有限公司	1.03
124	中国水利水电第十四工程局有限公司	3.17	153	中铁北京工程局集团有限公司	0.95
125	河北建设集团股份有限公司	3.15	154	新疆北新路桥集团股份有限公司	0.48
126	贵州建工集团有限公司	3.12	155	中国水利水电第八工程局有限公司	0.41
127	浙江东南网架股份有限公司	2.94	156	十一冶建设集团有限责任公司	0.34
128	中国化学工程第十四建设有限公司	2.92	157	中建交通建设集团有限公司	0.21
129	北京市政建设集团有限责任公司	2.89	158	山东电力建设第三工程有限公司	0.07

2.4 土木工程建设企业综合实力分析

2.4.1 综合实力分析模型

2.4.1.1 土木工程建设综合实力评价指标的确定

经过专家讨论，确立中国土木工程建设企业综合评价指标包含营业收入、净利润和资产总额3项指标，3项评价指标的权重分别为0.5、0.4和0.1。

（1）营业收入。指土木工程建设企业全年生产经营活动中通过销售或提供工程建设以及让渡资产取得的收入。营业收入分为主营业务收入和其他业务收入，各企业填报的营业收入数据以企业会计"利润表"中的"主营业务收入"的本年累计数与"其他业务收入"的本年累计数之和为填报依据。

（2）净利润。指土木工程建设企业当期利润总额减去所得税后的金额，即企业的税后利润。所得税是指企业将实现的利润总额按照所得税法规定的标准向国家计算缴纳的税金。各企业填报的净利润以企业会计"利润表"中的对应指标的本期累计数为填报依据。

（3）资产总额。指土木工程建设企业拥有或控制的能以货币计量的经济资源，包括各种财产、债权和其他权利。资产按其变现能力和支付能力划分为：流动资产、长期投资、固定资产、无形资产、递延资产和其他资产。各企业填报的资产总额以企业会计"资产负债表"中"资产总计"项的期末数为填报依据。

2.4.1.2 综合实力分析模型计算方法

课题组根据专家意见，并参考了国际国内著名企业排序计算方法，包括"美国《财富》世界500强""福布斯全球企业2000强""ENR国际承包商250强""ENR全球承包商250强""中国企业500强"等，提出了本发展报告的综合实力分析模型。

综合实力分析模型计算公式如下：

$$S_i = \sum_j S_i^j = S_i^{\text{income}} + S_i^{\text{profit}} + S_i^{\text{assets}}$$
$$S_i^j = w_j \times (R_{\text{total}}^j - R_i^j + 1) / R_{\text{total}}^j \times 100$$

式中　i——第i家企业；

j——第 j 项指标，分别对应于营业收入（用 income 表示）、净利润（用 profit 表示）和资产总额（用 assets 表示）3 项指标；

S_i——企业 i 的综合实力评价得分；

w_j——指标 j 的权重；

S_i^j——第 i 家企业在第 j 项指标的评价得分；

R_{total}^j——第 j 项指标排序企业数；

R_i^j——i 企业在第 j 项指标上的排名。

2.4.2 土木工程建设企业综合实力 150 强

本报告分析入选的 200 家土木工程建设企业中，同时披露营业收入、资产总额和净利润数据的有 156 家。按照上述计算方法，可以计算得到 156 家土木工程建设企业的综合实力排序结果。其中，前 150 家的排序情况如表 2-5 所示。

2022 年土木工程建设企业综合实力排序表（1 ~ 150）   表 2-5

名次	企业名称	营业收入加权得分	净利润加权得分	资产总额加权得分	综合实力得分
1	太平洋建设集团有限公司	50.00	40.00	9.68	99.68
2	中国建筑第八工程局有限公司	49.68	39.49	9.29	98.46
3	中建三局集团有限公司	49.36	39.23	9.04	97.63
4	苏商建设集团有限公司	49.04	38.97	9.23	97.24
5	蜀道投资集团有限责任公司	48.40	37.69	10.00	96.09
6	成都兴城投资集团有限公司	47.76	38.21	9.94	95.90
7	陕西建工控股集团有限公司	48.08	37.95	9.74	95.77
8	中国建筑第二工程局有限公司	47.44	37.18	8.40	93.01
9	中国建筑第五工程局有限公司	47.12	36.67	8.78	92.56
10	中国葛洲坝集团股份有限公司	44.55	38.46	9.42	92.44
11	云南省建设投资控股集团有限公司	46.47	35.64	9.81	91.92
12	中国建筑一局（集团）有限公司	46.15	37.44	6.99	90.58
13	山西建设投资集团有限公司	45.19	36.41	8.59	90.19
14	北京城建集团有限责任公司	45.83	34.10	9.36	89.29
15	特变电工股份有限公司	40.71	39.74	8.65	89.10
16	中天控股集团有限公司	43.59	34.87	8.46	86.92

名次	企业名称	营业收入加权得分	净利润加权得分	资产总额加权得分	综合实力得分
17	上海建工集团股份有限公司	48.72	28.21	9.62	86.54
18	四川公路桥梁建设集团有限公司	38.46	38.72	8.21	85.38
19	湖南建工集团有限公司	45.51	32.05	7.18	84.74
20	中交一公局集团有限公司	44.23	31.28	8.91	84.42
21	中国核工业建设股份有限公司	41.99	33.33	8.97	84.29
22	中铁四局集团有限公司	43.27	33.08	7.05	83.40
23	广西北部湾投资集团有限公司	37.18	34.36	9.49	81.03
24	安徽建工集团控股有限公司	39.10	31.79	8.33	79.23
25	上海隧道工程股份有限公司	35.58	35.38	8.14	79.10
26	山东高速路桥集团股份有限公司	35.26	35.90	7.31	78.46
27	中交第二航务工程局有限公司	39.74	30.51	7.88	78.14
28	广州市建筑集团有限公司	46.79	23.08	7.50	77.37
29	北京建工集团有限责任公司	43.91	24.10	9.10	77.12
30	江苏南通二建集团股份有限公司	36.86	36.15	3.91	76.92
31	中铁一局集团有限公司	41.03	30.00	5.58	76.60
32	四川华西集团有限公司	42.31	26.15	7.56	76.03
33	广东省建筑工程集团控股有限公司	40.06	27.44	8.01	75.51
34	成都建工集团有限公司	40.38	27.18	7.76	75.32
35	南通四建集团有限公司	34.62	36.92	3.65	75.19
36	广西建工集团有限责任公司	42.63	23.85	8.72	75.19
37	中铁十一局集团有限公司	41.35	27.69	5.77	74.81
38	中国五冶集团有限公司	37.50	32.56	4.29	74.36
39	中国铁建投资集团有限公司	29.17	35.13	8.27	72.56
40	武汉城市建设集团有限公司	33.33	29.49	9.55	72.37
41	云南省交通投资建设集团有限公司	37.82	24.62	9.87	72.31
42	中交第二公路工程局有限公司	35.90	29.23	6.73	71.86
43	中国建筑第四工程局集团有限公司	42.95	18.72	8.08	69.74
44	中石化炼化工程（集团）股份有限公司	30.45	32.31	6.60	69.36
45	中交疏浚（集团）股份有限公司	29.81	31.54	7.82	69.17
46	山东省路桥集团有限公司	28.21	34.62	6.09	68.91
47	上海城建（集团）有限公司	38.14	21.28	8.85	68.27

名次	企业名称	营业收入加权得分	净利润加权得分	资产总额加权得分	综合实力得分
48	中交路桥建设有限公司	30.77	31.03	6.35	68.14
49	甘肃省建设投资（控股）集团有限公司	39.42	19.74	7.95	67.12
50	中建新疆建工（集团）有限公司	31.09	28.46	5.32	64.87
51	中交第四航务工程局有限公司	24.36	33.85	6.15	64.36
52	浙江省建设投资集团股份有限公司	41.67	15.13	7.37	64.17
53	中国建筑第七工程局有限公司	44.87	10.51	8.53	63.91
54	中国石油集团工程股份有限公司	38.78	17.44	7.12	63.33
55	上海宝冶集团有限公司	34.94	22.82	4.74	62.50
56	中交建筑集团有限公司	26.92	28.72	6.28	61.92
57	天元建设集团有限公司	32.69	21.79	6.92	61.41
58	中海油田服务股份有限公司	20.51	33.59	6.54	60.64
59	中铁十局集团有限公司	33.65	22.05	3.78	59.49
60	浙江交通科技股份有限公司	25.00	28.97	5.19	59.17
61	中国中材国际工程股份有限公司	21.15	32.82	4.55	58.53
62	中电建路桥集团有限公司	25.96	23.33	9.17	58.46
63	通州建总集团有限公司	29.49	27.95	0.06	57.50
64	深圳市特区建工集团有限公司	19.87	29.74	6.86	56.47
65	浙江交工集团股份有限公司	24.68	26.41	5.00	56.09
66	中交第一航务工程局有限公司	31.73	17.18	6.67	55.58
67	山东科达集团有限公司	27.56	26.67	0.90	55.13
68	中铁五局集团有限公司	34.29	15.64	5.06	55.00
69	中国电建集团华东勘测设计研究院有限公司	31.41	19.23	4.04	54.68
70	中国十七冶集团有限公司	26.60	25.13	2.63	54.36
71	中石化石油工程技术服务股份有限公司	36.54	11.79	5.96	54.29
72	中国一冶集团有限公司	27.88	23.59	2.50	53.97
73	龙信建设集团有限公司	32.37	20.77	0.71	53.85
74	江苏省华建建设股份有限公司	25.32	25.38	2.05	52.76
75	深圳市天健（集团）股份有限公司	16.35	30.26	5.83	52.44
76	浙江中成控股集团有限公司	30.13	21.54	0.77	52.44
77	中铁隧道局集团有限公司	33.01	13.85	4.42	51.28
78	北京住总集团有限责任公司	23.72	18.97	7.44	50.13

名次	企业名称	营业收入加权得分	净利润加权得分	资产总额加权得分	综合实力得分
79	四川交投建设工程股份有限公司	19.55	26.92	1.73	48.21
80	海洋石油工程股份有限公司	17.95	25.64	3.97	47.56
81	中国建筑第六工程局有限公司	32.05	10.00	5.45	47.50
82	江苏省苏中建设集团股份有限公司	28.53	16.67	2.12	47.31
83	山西路桥建设集团有限公司	15.06	24.36	7.63	47.05
84	中交第三航务工程局有限公司	26.28	14.36	6.22	46.86
85	北京市政路桥股份有限公司	21.79	19.49	5.38	46.67
86	中铁十六局集团有限公司	33.97	6.15	6.03	46.15
87	中建科工集团有限公司	22.76	20.51	2.82	46.09
88	中国核工业华兴建设有限公司	18.91	20.00	5.90	44.81
89	青建集团股份公司	36.22	3.59	4.81	44.62
90	中国铁建电气化局集团有限公司	9.62	30.77	2.76	43.14
91	中国水利水电第七工程局有限公司	20.19	17.95	4.68	42.82
92	新疆生产建设兵团建设工程（集团）有限责任公司	20.83	15.38	6.47	42.69
93	苏州金螳螂建筑装饰股份有限公司	12.50	24.87	3.46	40.83
94	中国铁建大桥工程局集团有限公司	23.40	11.28	4.87	39.55
95	中国水利水电第四工程局有限公司	17.63	18.46	3.40	39.49
96	中国建设基础设施有限公司	9.94	25.90	3.27	39.10
97	贵州建工集团有限公司	22.44	8.21	7.69	38.33
98	中国水利水电第十一工程局有限公司	14.10	21.03	3.21	38.33
99	中铁上海工程局集团有限公司	28.85	5.64	3.72	38.21
100	福建建工集团有限责任公司	19.23	13.59	5.26	38.08
101	中交上海航道局有限公司	11.22	22.31	4.17	37.69
102	重庆建工集团股份有限公司	27.24	3.33	6.79	37.37
103	宝业集团股份有限公司	14.42	17.69	4.49	36.60
104	华新建工集团有限公司	13.46	22.56	0.45	36.47
105	河北建设集团股份有限公司	22.12	8.46	5.71	36.28
106	江西省建工集团有限责任公司	23.08	5.38	6.41	34.87
107	中冶建工集团有限公司	15.71	16.15	1.41	33.27
108	中国二十冶集团有限公司	24.04	4.87	3.08	31.99
109	五矿二十三冶建设集团有限公司	16.03	13.33	1.86	31.22

名次	企业名称	营业收入加权得分	净利润加权得分	资产总额加权得分	综合实力得分
110	中交天津航道局有限公司	10.90	15.90	4.23	31.03
111	河北建工集团有限责任公司	25.64	3.85	1.47	30.96
112	中国二十二冶集团有限公司	18.27	9.74	2.88	30.90
113	中国二冶集团有限公司	17.31	11.54	1.28	30.13
114	中国水利水电第五工程局有限公司	15.38	12.05	1.79	29.23
115	中国天辰工程有限公司	8.97	18.21	1.99	29.17
116	武汉市市政建设集团有限公司	10.58	12.82	5.13	28.53
117	中国水利水电第十四工程局有限公司	13.78	8.72	5.51	28.01
118	中钢国际工程技术股份有限公司	9.29	16.41	2.24	27.95
119	中国电建市政建设集团有限公司	11.86	13.08	2.44	27.37
120	广厦控股集团有限公司	21.47	1.79	3.85	27.12
121	北方国际合作股份有限公司	4.49	20.26	1.54	26.28
122	中冶天工集团有限公司	16.99	6.41	2.56	25.96
123	武汉东湖高新集团股份有限公司	5.45	16.92	3.33	25.71
124	广东水电二局股份有限公司	7.37	11.03	7.24	25.64
125	江河创建集团股份有限公司	8.33	14.10	2.31	24.74
126	安徽水利开发有限公司	7.05	14.62	2.95	24.62
127	上海浦东建设股份有限公司	5.77	14.87	2.69	23.33
128	中国水利水电第八工程局有限公司	16.67	1.03	4.94	22.63
129	中铁北京工程局集团有限公司	18.59	1.54	2.18	22.31
130	佛山市建设发展集团有限公司	11.54	6.92	3.53	21.99
131	中交第三公路工程局有限公司	14.74	2.82	4.10	21.67
132	龙元建设集团股份有限公司	6.09	9.49	5.64	21.22
133	龙建路桥股份有限公司	7.69	10.26	3.14	21.09
134	北京市政建设集团有限责任公司	10.26	7.44	2.37	20.06
135	中铝国际工程股份有限公司	13.14	2.31	4.36	19.81
136	中国水电第三工程局集团有限公司	8.01	9.23	1.09	18.33
137	四川川交路桥有限责任公司	3.85	12.56	0.83	17.24
138	中国电建集团中南勘测设计研究院有限公司	4.17	12.31	0.58	17.05
139	山东电力建设第三工程有限公司	12.82	0.26	3.59	16.67
140	中国十九冶集团有限公司	12.18	2.56	1.60	16.35

名次	企业名称	营业收入加权得分	净利润加权得分	资产总额加权得分	综合实力得分
141	中国华西企业有限公司	8.65	5.90	1.15	15.71
142	江苏邗建集团有限公司	2.24	10.77	0.64	13.65
143	湖北省路桥集团有限公司	1.60	8.97	1.35	11.92
144	中冶交通建设集团有限公司	4.81	4.10	3.01	11.92
145	浙江东南网架股份有限公司	2.88	7.95	0.96	11.79
146	浙江亚厦装饰股份有限公司	3.21	4.62	1.67	9.49
147	中国能源建设集团广东火电工程有限公司	6.41	2.05	0.51	8.97
148	中国核工业二四建设有限公司	0.96	6.67	1.03	8.65
149	中建科技集团有限公司	5.13	3.08	0.32	8.53
150	新疆北新路桥集团股份有限公司	2.56	1.28	4.62	8.46

Civil Engineering

第 3 章

土木工程
建设企业国际
影响力分析

本章通过对进入国际承包商250强、全球承包
商250强和财富世界500强中的土木工程建设
企业的分析，阐述了土木工程建设企业的国际
影响力状况。

3.1 进入国际承包商 250 强的土木工程建设企业

国际承包商 250 强是由美国《工程新闻记录》（ENR）杂志按年度发布的系列榜单之一。《工程新闻记录》（ENR）杂志主要关注建筑工程领域，其发布的国际承包商 250 强，依据各国承包商在本土以外的海外工程业务总收入进行排名，重在体现企业的国际业务拓展实力，是国际工程界公认的一项权威排名。

3.1.1 进入国际承包商 250 强的总体情况

近 5 年来，进入国际承包商 250 强的中国内地土木工程建设企业的数量及其海外市场份额情况如表 3-1 所示。5 年中，共有 98 家中国内地土木工程建设企业进入国际承包商 250 强，其中 5 年连续入榜的企业 59 家，入榜 4 次、3 次、2次、1 次的企业分别为 11 家、7 家、7 家和 14 家。

进入国际承包商 250 强的中国内地土木工程建设企业的数量及其海外市场份额情况　表 3-1

榜单年份	上榜企业数量	前 10 强企业数量	前 50 强企业数量	前 100 强企业数量	上年度海外市场营业收入合计（亿美元）	上年度海外市场营业收入合计占 250 强比重（%）
2019	76	3	10	27	1189.7	24.4
2020	74	3	10	25	1200.1	25.4
2021	78	3	9	27	1074.6	25.6
2022	79	4	12	26	1129.5	28.4
2023	81	4	11	27	1179.3	27.5

注：榜单年份 2019~2023 对应的是 2018~2022 年的数据。下同。

2023 年进入国际承包商 250 强的中国内地土木工程建设企业的名次变化及海外市场营业收入如表 3-2 所示。2023 年，进入国际承包商 250 强的中国内地企业共有 81 家，数量较上一年度增加 2 家，上榜企业数量继续蝉联各国榜首。81 家中国内地企业 2022 年共实现海外市场营业收入 1179.3 亿美元，同比增长4.4%，收入合计占国际承包商 250 强海外市场总营收的 27.5%，较上年降低 0.9个百分点。

表 3-2

序号	企业名称	国际承包商 250 强名次					2022 年海外市场营业收入（百万美元）
		2019	2020	2021	2022	2023	
1	中国交通建设集团有限公司	3	4	4	3	3	23526.5
2	中国建筑股份有限公司	9	8	9	7	6	14304.8
3	中国电力建设集团有限公司	7	7	7	6	6	11346.6
4	中国铁建股份有限公司	14	12	11	10	9	9761.0
5	中国中铁股份有限公司	18	13	13	11	13	6528.0
6	中国化学工程集团有限公司	29	22	19	20	16	5934.2
7	中国能源建设股份有限公司	23	15	21	17	17	5310.7
8	中国石油集团工程股份有限公司	43	34	33	30	31	3453.8
9	中国机械工业集团公司	19	25	35	28	33	3382.8
10	中国冶金科工集团有限公司	44	41	53	47	39	2762.2
11	中国中材国际工程股份有限公司	51	54	60	44	43	2473.3
12	上海电气集团股份有限公司	**	160	51	40	62	1236.3
13	山东高速集团有限公司	**	139	90	75	64	1170.2
14	海洋石油工程股份有限公司	**	**	**	**	68	1018.2
15	中国江西国际经济技术合作有限公司	93	81	72	67	71	1008.1
16	江西中煤建设集团有限公司	99	85	75	68	72	978.9
17	浙江省建设投资集团股份有限公司	89	82	84	69	73	967.2
18	中国东方电气集团有限公司	83	123	123	101	74	950.8
19	北方国际合作股份有限公司	97	90	81	72	75	944.4
20	中钢设备有限公司	107	145	148	152	78	868.8
21	特变电工股份有限公司	80	93	111	109	79	835.4
22	中信建设有限责任公司	54	62	63	80	84	792.3
23	北京城建集团有限责任公司	154	105	109	98	86	756.3
24	青建集团股份公司	56	58	94	87	87	756.1
25	中国电力技术装备有限公司	101	111	73	74	94	727.1
26	中国地质工程集团公司	108	96	100	97	97	674.2
27	中石化炼化工程（集团）股份有限公司	65	70	86	90	100	623.1
28	哈尔滨电气国际工程有限责任公司	81	95	78	85	101	617.2
29	中国航空技术国际工程有限公司	100	127	159	143	104	599.4

序号	企业名称	国际承包商250强名次					2022年海外市场营业收入（百万美元）
		2019	2020	2021	2022	2023	
30	中石化中原石油工程有限公司	117	110	105	106	105	586.4
31	新疆生产建设兵团建设工程（集团）有限公司	109	168	113	104	108	574.8
32	中国河南国际合作集团有限公司	116	107	121	119	109	574.1
33	中地海外集团有限公司	115	136	143	123	111	547.3
34	烟建集团有限公司	138	146	119	112	116	517.8
35	威海国际经济技术合作股份有限公司	90	**	**	**	122	496.4
36	上海建工集团股份有限公司	111	101	93	92	124	482.1
37	中国通用技术（集团）控股有限责任公司	74	73	67	105	125	480.2
38	中鼎国际工程有限责任公司	144	144	135	121	126	461.4
39	上海城建（集团）有限公司	155	185	147	139	128	454.1
40	山西建设投资集团有限公司	214	186	173	134	129	444.5
41	北京建工集团有限责任公司	120	117	117	116	131	428.7
42	江苏省建筑工程集团有限公司	122	99	107	107	132	425.6
43	中国核工业建设股份有限公司	**	**	**	**	134	410.1
44	江西省水利水电建设集团有限公司	158	143	132	131	135	401.8
45	中国江苏国际经济技术合作集团有限公司	130	120	124	137	143	346.9
46	中国武夷实业股份有限公司	132	138	129	142	146	328.5
47	云南省建设投资控股集团有限公司	121	106	106	122	149	306.2
48	龙信建设集团有限公司	202	194	176	166	150	296.6
49	中国水利电力对外有限公司	78	97	89	128	156	254.5
50	江西省建工集团有限责任公司	**	208	194	180	157	252.9
51	西安西电国际工程有限责任公司	**	**	167	189	158	251.8
52	湖南建工集团有限公司	**	191	180	182	162	239.2
53	湖南路桥建设集团有限责任公司	232	221	192	184	165	230.1
54	沈阳远大铝业工程有限公司	153	154	171	176	167	227.1
55	中国有色金属建设股份有限公司	86	133	155	173	168	226.8
56	山东淄建集团有限公司	200	187	177	170	169	225.7
57	陕西建工控股集团有限公司	**	**	**	179	172	214.4
58	山东高速德建集团有限公司	185	188	175	181	173	210.6
59	四川公路桥梁建设集团有限公司	246	210	213	212	174	208.8

序号	企业名称	国际承包商 250 强名次					2022 年海外市场营业收入（百万美元）
		2019	2020	2021	2022	2023	
60	山东电力工程咨询院有限公司	**	**	**	164	176	204.2
61	安徽建工集团股份有限公司	180	178	174	172	181	196.6
62	中国甘肃国际经济技术合作有限公司	213	204	202	199	184	189.8
63	中国建材国际工程集团有限公司	143	140	197	222	189	173.1
64	江苏通州四建集团有限公司	**	**	**	**	191	165.4
65	江苏中南建筑产业集团有限责任公司	212	240	193	211	195	147.8
66	重庆对外建设（集团）有限公司	196	207	200	197	197	141.3
67	南通建工集团股份有限公司	199	205	189	198	199	139.4
68	浙江交工集团股份有限公司	204	201	190	195	200	136.8
69	正太集团有限公司	**	**	210	193	202	132.3
70	中铝国际工程股份有限公司	209	233	221	**	203	129.0
71	中国瑞林工程技术股份有限公司	**	**	**	**	207	120.2
72	江苏南通二建集团有限公司	**	**	232	227	211	102.5
73	中亿丰建设集团股份有限公司	**	**	**	238	222	81.0
74	龙建路桥股份有限公司	**	150	**	229	224	76.3
75	浙江省东阳第三建筑工程有限公司	194	198	184	206	227	73.6
76	江联重工集团股份有限公司	198	177	242	237	228	72.1
77	天元建设集团有限公司	**	167	199	191	229	72.1
78	中天建设集团有限公司	**	**	**	217	230	67.8
79	蚌埠市国际经济技术合作有限公司	250	**	**	**	237	53.8
80	河北建工集团有限责任公司	**	241	186	249	241	48.5
81	绿地大基建集团有限公司	**	**	207	183	246	33.7

注：** 表示未进入该年度排行榜。下同。

从这 81 家内地企业的排名分布来看，进入前 10 强的有 4 家，分别是中国交通建设集团有限公司（第 3 位）、中国建筑股份有限公司（第 6 位）、中国电力建设集团有限公司（第 8 位）和中国铁建股份有限公司（第 9 位）。进入前 50 强的有 11 家企业，比上年度减少 1 家；进入百强的有 27 家企业，比上年度增加 1 家；从排名变化情况来看，81 家企业中，本年度新入榜企业 7 家，排名上升的有 36 家，排名保持不变的有 5 家，排名下降的有 34 家。排名升幅最大的是中钢设备有限公司，从 152 名跃升到 78 名。

3.1.2 进入国际承包商业务领域 10 强榜单情况

近 5 年来，中国内地工程建设企业在九大业务领域 10 强榜单中占有一定的席位。具体如表 3-3 所列。

各业务领域 10 强榜单中的中国内地工程建设企业 表 3-3

业务领域	企业名称	2018	2019	2020	2021	2022
交通运输	中国交通建设集团有限公司	1	1	1	1	1
	中国铁建股份有限公司		8	9	6	6
	中国中铁股份有限公司		10	8	8	8
	中国电力建设集团有限公司				10	
	中国建筑集团有限公司	8				
房屋建筑	中国建筑股份有限公司	3	3	3	2	2
	中国交通建设集团有限公司			9	6	7
石油化工	中国化学工程集团有限公司			5	2	1
	中国石油集团工程股份有限公司	9	5	4	3	4
电力	中国电力建设集团有限公司	1	1	1	1	1
	中国能源建设股份有限公司	3	3	3	3	3
	中国机械工业集团公司	5	5	5	5	4
	上海电气集团股份有限公司			6	4	8
	中国中原对外工程有限公司	9	6	7		
	哈尔滨电气国际工程有限公司					
工业	中国冶金科工集团有限公司	3	2	5	4	3
	中国化学工程集团有限公司	5	6			
	中国有色金属建设股份有限公司		10			
	中钢设备有限公司	9				5
	中国机械工业集团公司					
制造业	中国交通建设集团有限公司				2	2
	中国中材国际工程股份有限公司	3	1	2	3	3
	中国交通建设集团有限公司	1				
水利	中国电力建设集团有限公司	4	3	5	3	3
	江西中煤建设集团有限公司				5	
	中国能源建设集团股份有限公司	7	10	7	6	9
	中国交通建设集团有限公司	9	6			7
	中国机械工业集团公司	6				

业务领域	企业名称	2018	2019	2020	2021	2022
电信	浙江省建设投资集团股份有限公司	6			10	
排水/废弃物处理	中国电力建设集团有限公司					9
	中国建筑股份有限公司					10
	中国交通建设集团有限公司		3	4	5	
	中国能源建设集团有限公司	5		7		
	中国武夷实业股份有限公司		8			
	中国地质工程集团公司					

根据 ENR 对不同业务领域 10 强的统计,中国内地企业的身影都出现在了除电信领域之外的不同业务领域的 10 强榜单中。

从三大传统业务领域排名来看,在交通运输行业 10 强中,中国交通建设集团有限公司稳居冠军,中国铁建股份有限公司保持第 6 位,中国中铁股份有限公司仍排在第 8 位;在房屋建筑行业 10 强中,中国建筑股份有限公司摘得亚军,中国交通建设集团有限公司排名第 7 位;在石油化工行业 10 强中,中国化学工程集团有限公司再摘冠军,中国石油集团工程股份有限公司排在第 4 位。

在电力行业中,10 强中保持 4 家中国内地企业,中国电力建设集团有限公司位于冠军,中国能源建设股份有限公司保持季军,中国机械工业集团公司和上海电气集团股份有限公司分列第 4 位和第 8 位;在工业行业 10 强中,中国冶金科工集团有限公司,排名再进一位来到第 3 位,中钢设备有限公司新排入 10 强,排在第 5 位;在制造业 10 强中,中国交通建设集团有限公司保持亚军,中国中材国际工程股份有限公司排在第 3 位;在水利行业 10 强中,中国电力建设集团有限公司保持在第 3 位,中国交通建设集团有限公司新入榜排在第 7 位,中国能源建设集团股份有限公司排名第 9 位;在排水/废弃物处理行业 10 强中,中国电力建设集团有限公司和中国建筑股份有限公司新入榜分列第 9 位和第 10 位。

3.1.3 区域市场分析

3.1.3.1 区域市场 10 强中的中国内地工程建设企业分析

按照八大区域性细分市场表现进行 10 强排名,我国内地企业在除美国和加拿大两大区域市场之外的六大区域 10 强榜单中都有所收获。具体如表 3-4 所示。

区域市场 10 强榜单中的中国内地工程建设企业　　　　表 3-4

区域市场	企业名称	2018	2019	2020	2021	2022
亚洲	中国建筑股份有限公司	4	4	4	2	1
	中国交通建设集团有限公司	1	1	1	1	2
	中国电力建设集团有限公司	5	5	3	3	4
	中国中铁股份有限公司		8	5	4	6
	中国铁建股份有限公司					8
	中国能源建设股份有限公司				6	9
	中国冶金科工集团有限公司					10
	中国中原工程公司			10		
中东地区	中国电力建设集团有限公司	6	6	2	1	2
	中国能源建设集团有限公司		8	8	5	6
	中国机械工业集团公司					9
	上海电气集团股份有限公司			9	3	
	中国建筑股份有限公司	10	7	5	7	
	中国铁建股份有限公司				6	9
非洲地区	中国交通建设集团有限公司	1	1	1	1	1
	中国铁建股份有限公司	3	4	4		2
	中国电力建设集团有限公司	2	2	2	2	3
	中国中铁股份有限公司	4	3	3	7	5
	中国建筑股份有限公司	5	5	7	4	6
	中国中材国际工程股份有限公司	9			9	7
	中国江西国际经济合作有限公司			10		
	中国机械工业集团公司	8	8			
欧洲	中国化学工程集团有限公司					8
	中国铁建股份有限公司				10	
澳洲 / 大洋洲	中国交通建设集团有限公司			7	2	2
	中国铁建股份有限公司				5	
拉丁美洲 / 加勒比	中国交通建设集团有限公司	7	2	3	3	4
	中国铁建股份有限公司		6	7	6	8
	中国电力建设集团有限公司	9	9		9	9
	中国机械工业集团公司					
	中国能源建设集团有限公司					

在亚洲市场 10 强中，中国内地企业占到 7 家，强势地位更加凸显。中国建筑股份有限公司排名第一，中国交通建设集团有限公司取得亚军，中国电力建设集团有限公司排名第 4 位，中国中铁股份有限公司排在第 6 位，中国能源建设股

份有限公司排在第9位，中国铁建股份有限公司和中国冶金科工集团有限公司新入榜分别排在第8位和第10位。

在中东地区市场10强中，中国电力建设集团有限公司居于亚军，中国能源建设集团有限公司居于第6位，中国机械工业集团公司新入榜排在第9位。

在非洲地区市场10强中，中国内地工程承包企业保持了较强的竞争优势，在10席中占了6席。中国交通建设集团有限公司居首，亚军是中国铁建股份有限公司，中国电力建设集团有限公司取得季军，排名第5位的是中国中铁股份有限公司，排名第6位的是中国建筑股份有限公司，中国中材国际工程股份有限公司排在第7位。

在欧洲市场10强中，中国化学工程集团有限公司新入榜排在第8位。

在澳洲/大洋洲地区市场10强中，中国交通建设集团有限公司排名保持亚军。

在拉丁美洲/加勒比地区市场10强中，中国交通建设集团有限公司排在第4位，中国铁建股份有限公司后退到第8位，中国电力建设集团有限公司保持在第9位。

3.1.3.2　区域市场构成分析

近5年，国际承包商250强中的中国内地工程建设企业在区域性市场营业收入合计占进入榜单的中国内地企业海外市场收入总和的比重如表3-5所示。

近5年国际承包商250强中的中国内地工程建设企业总收入的市场构成（%）　表3-5

年份	区域市场						
	中东	亚洲/澳洲	非洲	欧洲	美国	加拿大	拉丁美洲/加勒比地区
2018	14.4	43.7	30.7	3.6	1.4	0.1	6.1
2019	14.6	45.2	28.5	4.1	1.9	0.2	5.3
2020	17.6	42.5	27.4	6.8	1.3	0.2	4.3
2021	17.2	41.8	24.6	10.2	1.5	0.3	4.5
2022	15.1	42.8	25.7	9.1	0.6	0.7	6.0

由表3-5可以看出，在中国内地工程建设企业实现的海外市场营业收入中，亚洲地区、非洲地区和中东地区是贡献占比最大的区域，这与中国内地工程建设企业一直深耕这三大区域市场的努力密切相关，而其他区域性市场的营业收入也有所增加。

3.1.4 近 5 年国际承包商 10 强分析

近 5 年，国际承包商 10 强榜单中的企业及其排名变化情况如表 3-6 所示。

近 5 年国际承包商 10 强榜单中的企业及其排名变化情况　　　　表 3-6

企业名称	2019	2020	2021	2022	2023
法国万喜公司 VINCI	4	3	3	2	1
西班牙 ACS 集团 / 霍克蒂夫	1	1	1	1	2
中国交通建设集团有限公司	3	4	4	3	3
法国布依格公司 BOUYGUES	6	5	5	4	4
奥地利斯特伯格公司 STRABAGSE	5	6	6	5	5
中国建筑股份有限公司	9	8	9	7	6
瑞典斯堪斯卡公司 SKANSKAAB	8	9	8	8	7
中国电力建设集团有限公司	7	7	7	6	8
中国铁建股份有限公司	14	12	11	10	9
西班牙法罗里奥集团公司 FERROVIAL	10	11	10	9	10
德国霍克蒂夫公司 HOCHTIEFAG	2	2	2	**	**
英国德希尼布美信达公司 TECHNIPFMC	11	10	**	**	**

2023 年，国际承包商 10 强排名最大的变化由法国万喜公司带来，该公司打破了西班牙 ACS 集团对冠军的多年蝉联。尽管如此，整个 10 强榜单排名次序仍然是第一梯队的内部调整，显示出头部企业竞争更加激烈。

3.2 进入全球承包商 250 强的土木工程建设企业

全球承包商 250 强也是由美国《工程新闻记录》（ENR）杂志按年度发布的系列榜单之一。全球承包商 250 强，以各国承包商的全球营业总收入为排名依据，重在体现企业的综合实力，是国际工程界公认的一项权威排名。

3.2.1 进入全球承包商 250 强的总体情况

近5年来，进入全球承包商250强的中国内地土木工程建设企业的数量及其营业收入等指标情况如表3-7所示。5年中，共有77家中国内地土木工程建设企业进入全球承包商250强，其中5年连续入榜的企业44家，入榜4次、3次、2次、1次的企业分别为7家、8家、8家和10家。

进入全球承包商250强的中国内地土木工程建设企业的数量及其营业收入情况　表3-7

榜单年份	上榜企业数量	前10强企业数量	上年营业收入合计（亿美元）	上年营业收入合计占250强比重（%）	上年国际营业收入合计（亿美元）	上年国际营业收入合计占250强比重（%）	上年新签合同额合计（亿美元）	上年新签合同额合计占250强比重（%）
2019	57	7	8834.33	50.20	1124.67	24.23	16655.80	65.22
2020	58	7	10151.80	53.55	1123.79	22.68	19043.87	69.07
2021	59	8	11386.71	58.06	1017.51	25.24	23117.88	75.99
2022	63	8	14176.37	64.20	1070.44	28.40	28094.69	78.00
2023	61	9	14588.94	62.85	1108.01	27.15	33635.99	77.95

2023年进入全球承包商250强的中国内地土木工程建设企业排名情况如表3-8所示。

2023年进入全球承包商250强的中国内地土木工程建设企业排名情况　表3-8

序号	上榜企业	全球承包商250强排名					2022年营业收入（百万美元）	2022年国际收入（百万美元）	2022年新签合同额（百万美元）
		2019	2020	2021	2022	2023			
1	中国建筑股份有限公司	1	1	1	1	1	2628.100	143.048	5205.850
2	中国中铁股份有限公司	2	2	2	2	2	1716.240	65.280	4508.39
3	中国铁建股份有限公司	3	3	3	3	3	1647.150	97.610	4817.78
4	中国交通建设集团有限公司	4	4	4	4	4	1307.650	235.265	3276.89
5	中国冶金科工集团有限公司	8	8	6	6	5	808.196	27.622	1918.55
6	中国电力建设集团有限公司	5	5	5	5	6	779.187	113.466	1670.54
7	上海建工集团股份有限公司	9	9	8	7	8	572.148	4.821	671.544
8	绿地大基建集团有限公司	**	**	9	9	9	368.297	0.337	723.005
9	中国能源建设股份有限公司	12	12	13	11	10	368.284	53.107	1560.890
10	陕西建工控股集团有限公司	**	**	**	14	13	347.388	2.144	682.423

序号	上榜企业	全球承包商250强排名					2022年营业收入（百万美元）	2022年国际收入（百万美元）	2022年新签合同额（百万美元）
		2019	2020	2021	2022	2023			
11	北京城建集团有限责任公司	30	13	14	13	14	305.984	7.563	3751.63
12	山西建设投资集团有限公司	36	32	19	15	15	295.461	4.445	501.078
13	中国化学工程集团有限公司	27	18	17	16	16	261.816	59.342	597.523
14	湖南建工集团有限责任公司	**	28	27	19	17	259.699	2.392	352.705
15	北京建工集团有限责任公司	45	27	20	29	20	181.456	4.287	287.766
16	安徽建工集团有限公司	37	36	34	20	21	180.668	1.966	197.345
17	四川路桥建设集团股份有限公司	101	65	55	32	24	167.161	2.088	208.655
18	浙江省建设投资集团有限公司	28	30	26	22	25	157.829	9.672	134.161
19	中国核工业建设股份有限公司	**	**	**	**	28	145.733	4.101	206.727
20	江苏南通二建集团有限公司	**	**	31	35	30	133.635	1.025	80.711
21	中国石油工程建设公司	46	42	39	31	33	119.325	34.538	142.291
22	上海城建（集团）公司	48	47	43	36	34	116.932	4.541	194.02
23	中天建设集团有限公司	**	**	**	27	36	115.608	0.678	97.152
24	山东高速集团有限公司	**	154	**	107	40	107.783	11.702	129.004
25	江苏中南建筑产业集团股份有限公司	38	33	15	28	41	106.293	1.478	117.116
26	中国机械工业集团有限公司	49	52	56	44	44	98.006	33.828	120.997
27	东方电气集团有限公司	77	83	72	55	48	88.212	9.508	104.072
28	河北建工集团有限责任公司	**	59	49	48	51	82.834	0.485	97.768
29	中石化炼化工程（集团）股份有限公司	50	51	44	47	55	78.839	6.231	107.826
30	江西建筑工程（集团）有限公司	**	46	53	51	59	71.907	2.529	74.476
31	浙江交通工程建设集团有限公司	100	102	78	64	60	69.470	1.368	92.847
32	江苏省建筑工程集团有限公司	64	53	38	37	62	67.634	4.256	81.713
33	特变电工股份有限公司	73	76	64	60	64	65.111	8.354	76.761
34	中国中材国际工程股份有限公司	109	118	125	73	74	57.338	24.733	76.589
35	龙信建设集团有限公司	97	98	89	72	76	55.089	2.966	32.640

序号	上榜企业	全球承包商 250 强排名					2022 年营业收入（百万美元）	2022 年国际收入（百万美元）	2022 年新签合同额（百万美元）
		2019	2020	2021	2022	2023			
36	新疆生产建设兵团建设工程（集团）有限责任公司	83	97	90	79	80	53.064	5.748	NA
37	中亿丰建设集团有限公司	**	**	**	89	88	48.07	0.81	62.264
38	中国铁路设计集团有限公司	172	129	111	97	90	46.974	0	74.664
39	海洋石油工程股份有限公司	**	**	**	**	98	43.179	10.182	30.672
40	中国武夷实业股份有限公司	110	109	97	92	99	41.542	3.285	63.359
41	中国通用技术（集团）控股有限责任公司	86	94	95	94	114	35.909	4.802	45.068
42	烟建集团有限公司	126	131	138	122	130	29.608	5.178	30.3
43	中信建设有限责任公司	123	130	122	110	135	27.906	7.923	15.509
44	中铝国际工程股份有限公司	74	88	108	119	136	27.818	1.29	56.009
45	湖南道桥建设集团有限责任公司	127	125	134	130	138	27.099	2.301	35.712
46	龙建路桥股份有限公司	**	147	**	135	141	25.977	0.763	50.47
47	中钢设备有限公司	170	165	146	133	144	25.013	8.688	NA
48	江苏通州四建集团有限公司	**	**	**	**	146	24.737	1.654	16.766
49	南通建工集团股份有限公司	135	140	137	129	155	22.132	1.394	19.446
50	山东淄建集团有限公司	155	169	148	158	157	21.585	2.257	19.212
51	山东电力工程咨询院有限公司	**	**	**	177	162	19.393	2.042	52.498
52	山东德建集团有限公司	203	178	153	163	165	19.189	2.106	29.089
53	中国江苏国际技术经济合作集团有限公司	140	153	147	153	169	17.964	3.469	22.376
54	中石化中原石油工程有限公司	161	160	154	164	180	16.333	5.864	15.861
55	凯盛集团	163	163	158	150	181	16.215	1.731	32.816
56	上海电气集团股份有限公司	**	209	124	136	213	12.363	12.363	2.85
57	正太集团有限公司	**	**	206	207	226	11.434	1.323	8.225
58	中国地质工程集团有限公司	227	217	203	206	228	11.386	6.742	13.459
59	中国江西国际经济技术合作公司	234	218	208	214	231	11.248	10.081	18.309
60	北方国际合作有限公司	152	173	201	227	240	10.551	9.444	13.215
61	中煤建设集团有限公司	**	241	226	226	249	9.789	9.789	8.399

注：NA 表示未提供该项数据。

3.2.2　业务领域分布情况分析

近 5 年上榜全球承包商 250 强的中国内地土木工程建设企业的业务领域分布情况如表 3-9 所示。

全球承包商 250 强中的中国内地土木工程建设企业业务领域分布情况　　　　表 3-9

年份	指标	房屋建筑	交通基础设施	电力	石油化工/工业	水利	排水/废弃物	制造业	有害废弃物	电信
2018	营业收入（亿美元）	3329.11	3271.97	606.13	487.71	250.33	203.86	146.00	9.49	4.97
	占中国内地公司百分比（%）	37.68	37.04	6.86	5.52	2.83	2.31	1.65	0.11	0.06
	占 250 强同类业务百分比（%）	62.68	50.21	47.99	26.68	40.22	50.99	42.65	16.59	2.38
2019	营业收入（亿美元）	4207.96	3582.84	639.02	580.30	240.61	211.37	210.15	11.08	8.64
	占中国内地公司百分比（%）	41.45	35.29	6.29	5.71	2.37	2.08	2.07	0.11	0.09
	占 250 强同类业务百分比（%）	55.34	64.73	46.81	30.61	54.95	51.98	38.36	21.76	3.17
2020	营业收入（亿美元）	5312.31	3672.70	759.04	633.81	257.61	203.61	346.55	21.67	9.66
	占中国内地公司百分比（%）	46.65	32.25	6.67	5.57	2.26	1.79	3.04	0.19	0.08
	占 250 强同类业务百分比（%）	62.96	66.97	54.24	37.22	62.11	54.83	56.79	31.00	3.62
2021	营业收入（亿美元）	6143.85	4443.47	949.42	804.13	334.55	345.49	410.86	21.11	13.42
	占中国内地公司百分比（%）	43.34	31.34	6.70	5.67	2.36	2.44	2.90	0.15	0.09
	占 250 强同类业务百分比（%）	66.37	70.81	62.28	45.78	67.03	67.87	56.17	35.18	4.76
2022	营业收入（亿美元）	6486.05	4546.42	988.92	901.26	363.44	294.52	327.50	20.74	15.51
	占中国内地公司百分比（%）	44.46	31.16	6.78	6.18	2.49	2.02	2.24	0.14	0.11
	占 250 强同类业务百分比（%）	66.26	70.63	58.37	47.04	66.27	63.59	37.61	34.71	3.95

由表 3-9 数据可知，2023 年中国内地上榜公司（对应 2022 年数据）的营业收入主要来自房屋建筑、交通基础设施、电力这三个领域，三者营业收入分别占中国内地营业收入总额的 44.46%、31.16%、6.78%，合计占比 82.40%；分析各业务领域的营业收入占 250 强同类业务营业收入比重，交通基础设施、水利、

房屋建筑、排水/废弃物、电力这5个领域占比均超过50%。2023年中国内地上榜公司中，主营业务为房屋建筑领域的公司有32家，以交通基础建设为主营业务的公司有13家，以石油化工/工业和电力为主营业务的公司分别有6家和5家。

3.2.3　近5年全球承包商10强分析

3.2.3.1　排名情况

近5年，全球承包商10强榜单中的企业及其排名情况如表3-10所示。

近5年全球承包商10强榜单中的企业及其排名变化情况　　　　表3-10

企业名称	2019	2020	2021	2022	2023
中国建筑股份有限公司	1	1	1	1	1
中国中铁股份有限公司	2	2	2	2	2
中国铁建股份有限公司	3	3	3	3	3
中国交通建设集团有限公司	4	4	4	4	4
中国冶金科工集团公司	8	8	6	6	5
中国电力建设集团有限公司	5	5	5	5	6
法国万喜公司 VINCI	6	6	7	8	7
上海建工集团股份有限公司	9	9	8	7	8
绿地大基建集团有限公司	**	**	9	9	9
中国能源建设股份有限公司	12	12	13	11	10
法国布依格公司 BOUYGUES	10	10	11	12	11
西班牙 ACS 集团	7	7	10	10	12

从表3-10可以看出，2019年至2023年连续5年占据全球承包商250强前4名位置的公司依然是中国建筑股份有限公司、中国中铁股份有限公司、中国铁建股份有限公司及中国交通建设集团有限公司，并且各自位次没有变化；中国冶金科工集团公司、中国电力建设集团有限公司、法国万喜公司、上海建工集团股份有限公司也连续5年进入排行榜前10名，但位次有一些变化；绿地大基建集团有限公司连续3年进入排行榜前10名，均排在第9位；中国能源建设股份有限公司首次进入排行榜前10名，排在第10位；西班牙ACS集团，连续4年进入排行榜前10名，但2023年退出了前10强，排在第12位。

3.2.3.2 营业收入构成

表 3-11 示出了近 5 年全球承包商 250 强前 10 强营业收入业务领域的分布情况。全球承包商 250 强的主要业务分布在交通基础设施和房屋建筑这两个领域，交通基础设施营业收入总体呈波动下降趋势，房屋建筑领域营业收入呈逐年上升态势，2022 年较上一年度提升了 2.97 个百分点。

近 5 年全球承包商 250 强前 10 强的营业收入百分比（%）　　　　表 3-11

业务领域	2018	2019	2020	2021	2022	平均
交通基础设施	44.21	39.2	33.7	39.7	37.92	38.95
房屋建筑	33.63	33.5	37.6	40.5	43.47	37.74
电力	5.23	7.7	4.5	5.5	0.91	4.77
石油化工 / 工业	2.40	4.1	2.0	3.1	3.04	2.93
水利	2.13	2.5	1.9	2.6	2.10	2.25
制造业	2.33	1.9	1.8	3.1	2.89	2.40
排水 / 废弃物	1.02	1.9	0.7	0.8	7.39	2.36
电信	1.06	1.5	1.3	2.4	2.05	1.66
有害废弃物	0.15	0.4	0.2	0.2	0.22	0.23

3.3 进入财富世界 500 强的土木工程建设企业

美国《财富》杂志以销售收入为主要标准，采用当地货币与美元的全年平均汇率，将企业的销售收入统一换算为美元再进行最终 500 强企业评选。以这种方式对美国企业排序始于 1955 年并一直延续至今。1995 年 8 月 7 日，《财富》杂志第一次发布了同时涵盖工业企业和服务型企业的《财富》世界 500 强排行榜，并在此后逐年发布各年度新的榜单，一直延续至今。

因入选财富世界 500 强的工程与建筑企业总量不多，本书对所有入选的工程与建筑企业一并进行分析。

3.3.1 进入财富世界 500 强的土木工程建设企业的总体情况

从 2006 年的首次入选的 3 家到 2022 年的 12 家企业入选财富世界 500 强，

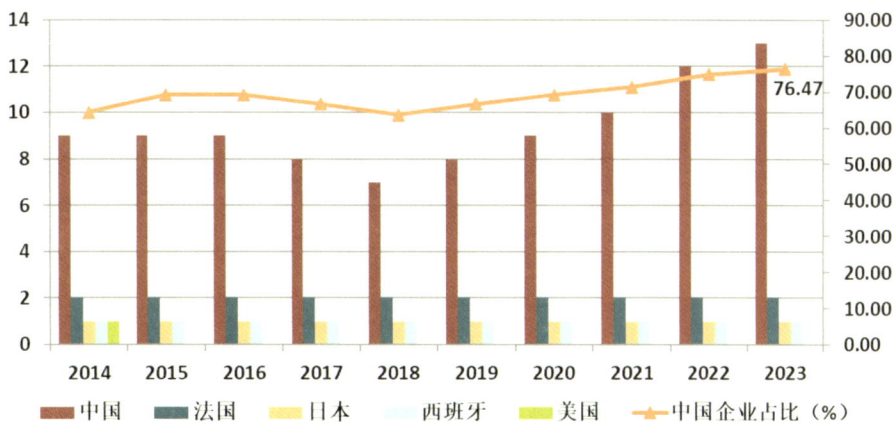

图 3-1 2014~2023 年土木工程建设企业入选财富世界 500 强的情况

中国土木工程建设企业数目不断增多，排名总体呈上升趋势。图 3-1 示出了
2014~2023 年土木工程建设企业入选财富世界 500 强的情况。

近 10 年土木工程建设企业入选财富世界 500 强的排名情况如表 3-12 所列。

土木工程建设企业入选财富世界 500 强的排名情况 表 3-12

序号	企业名称	财富世界 500 强位次									
		2014	2015	2016	2017	2018	2019	2020	2021	2022	2023
1	中国建筑集团股份有限公司	52	37	27	24	23	21	18	13	9	13
2	中国铁路工程集团有限公司	86	71	57	55	56	55	50	35	34	39
3	中国铁道建筑集团有限公司	80	79	62	58	58	59	54	42	39	43
4	中国交通建设集团有限公司	187	165	110	103	91	93	78	61	60	63
5	中国电力建设集团有限公司	313	253	200	190	182	161	157	107	100	105
6	太平洋建设集团	166	156	99	89	96	97	75	149	150	157
7	法国万喜集团 VINCI	188	200	210	227	226	206	195	214	218	202
8	中国能源建设集团	465	391	309	312	333	364	353	301	269	256
9	法国布依格集团 BOUYGUES	235	244	280	300	307	287	286	299	314	309
10	苏商建设集团有限公司	**	**	**	**	**	**	**	**	299	313
11	上海建工集团股份有限公司	**	**	**	**	**	**	423	363	321	351
12	广州市建筑集团有限公司	**	**	**	**	**	**	**	460	360	380
13	蜀道投资集团有限责任公司	**	**	**	**	**	**	**	**	413	389
14	日本大和房建	447	465	402	330	342	327	311	306	354	418
15	西班牙 ACS 集团	202	203	255	281	284	272	274	295	365	428

序号	企业名称	财富世界 500 强位次									
		2014	2015	2016	2017	2018	2019	2020	2021	2022	2023
16	陕西建工控股集团有限公司	**	**	**	**	**	**	**	**	**	432
17	成都兴城投资集团有限责任公司	**	**	**	**	**	**	**	**	466	493
18	中国通用技术（集团）控股有限责任公司	469	426	383	490	**	485	477	430	**	**
19	中国冶金科工集团有限公司	354	326	290	**	**	**	**	**	**	**
20	美国福陆公司 Fluor	438	**	**	**	**	**	**	**	**	**

注：2014~2023 财富世界 500 强位次是基于 2013~2022 年的营业收入数据排列。

从图 3-1 和表 3-12 可以看出，中国土木工程建设企业在财富世界 500 强排行榜中表现不俗，不仅在入选工程与基建子榜单的企业数量上位居各国之首，而且排名的位次也非常靠前。近 10 年来，全球先后有 20 家工程与基建类企业入选财富世界 500 强，其中中国 15 家，法国 2 家，日本、西班牙和美国各 1 家。从 2016 年开始，中国土木工程建设企业一直稳居财富世界 500 强工程与基建子榜单的前 6 位。从名次上看，中国建筑集团股份有限公司前 9 年排名年年提升，继连续两年进入前 20 强后，2022 年又挺进前 10 强，排在财富世界 500 强第 9 位，但 2023 年又退出了前 10 强，排在第 13 位；中国铁路工程集团有限公司、中国铁道建筑集团有限公司在 50 多位的位置上徘徊几年后，2021 年取得较大突破，2022 年又有所进步，但 2023 年又有所退步，分别排在财富世界 500 强的第 39、43 位；中国交通建设集团有限公司、中国电力建设集团有限公司前 9 年进步明显，分别从 2014 年的第 187 位、313 位上升到 2022 年的第 60 位、100 位，但 2023 年有所退步，分别排在财富世界 500 强的第 63 位、105 位；太平洋建设集团有限公司 2020 年获得第 75 位的最好排名，此后连续三年下降，2023 年排在第 157 位；中国能源建设集团从 2020 年开始遏制了排名连续下滑的势头，从 2019 年的第 364 位上升到 2023 年的第 256 位；苏商建设集团有限公司 2023 年第二次上榜，名次比上年下降 14 位，排在第 313 位；上海建工集团股份有限公司 2020 年首次上榜后保持了两年的上升势头，2023 年出现下降，排在第 351 位；广州市建筑集团有限公司继 2021 年首次上榜，2022 年跃升 100 位后，2023 年出现下降，排在第 380 位；蜀道投资集团有限责任公司第二次上榜，位次上升了 24 位，排在第 389 位；陕西建工控股集团有限公司 2023 年首次进入财富世界 500 强榜单，排在第 432 位；成都兴城投资集团有限责任公司第二次进入榜单，位次比上年下降了 27 位，排在第 493 位；中国通用技术（集团）控股有限责任公司继 2018 年未入榜后，2022 年再次退出了财富世界 500 强榜单，2023 年仍未进入榜单；中国冶金科工集团有限公司则从 2017 年开始就退出了财富世界 500 强榜单。

相对于中国企业总体上的显著进步，法国万喜集团排名小幅变化，10 年中有 2 年进入前 200 强，其余年份都在 200 开外；法国布依格集团的排名 10 年中都在 300 左右徘徊；日本大和房建排名前 8 年在波动中提升，从第 447 位上升到第 306 位，此后连续两年下跌，2023 年降到了第 418 位；西班牙 ACS 集团前 6 年都排在 300 位以内，但 2022 年大跌 70 位，降到了第 365 位，2023 年又跌至第 428 位；美国福陆公司则从 2015 年开始，就退出了财富世界 500 强榜单。

3.3.2 进入财富世界 500 强的土木工程建设企业主要指标分析

为便于比较，选取近 10 年连续入选财富世界 500 强的 10 家土木工程建设企业进行分析。

3.3.2.1 营业收入情况

近 10 年连续入选财富世界 500 强的 10 家土木工程建设企业的营业收入情况如图 3-2 所示。从图 3-2 中可以看出，中国建筑、中国中铁、中国铁建、中国交建、

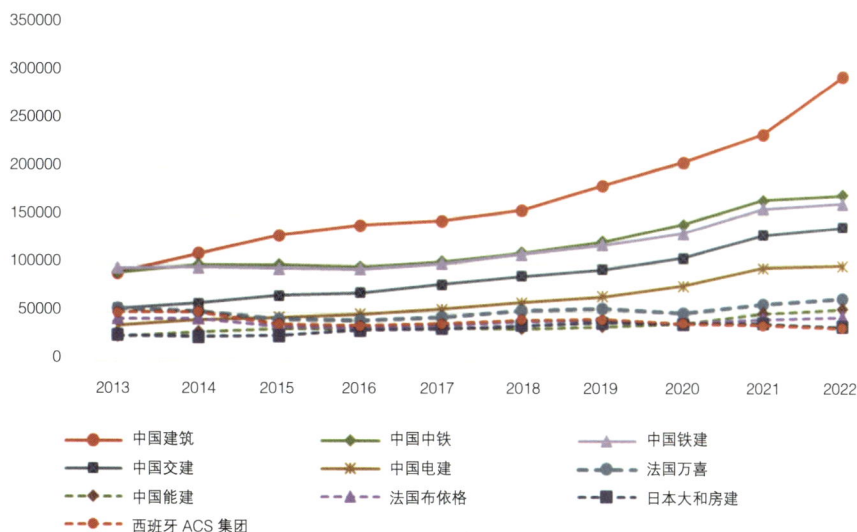

图 3-2 近 10 年连续入选财富世界 500 强的土木工程建设企业的营业收入情况（百万美元）

中国电建 5 家中国公司，其营业收入都表现出较为强劲的增长势头；法国万喜在波动中增长，近两年增幅较大；中国能建除 2018 年外，均保持增长势头；法国布依格在波动中增长，近两年保持连续增长；日本大和房建呈现波动增长，2022年出现下降；西班牙 ACS 集团总体呈现下降势头。

3.3.2.2 实现利润情况

近 10 年连续入选财富世界 500 强的 10 家土木工程建设企业实现利润情况如图 3-3 所示。从图 3-3 中可以看出，法国万喜的利润总额前 7 年一直保持领先状态，但 2020 年出现较大下滑，2021 年回升到第 3 位，2022 年上升到第 1 位；中国建筑的利润水平前 9 年一直保持着良好的增长态势，2020 年超过法国万喜排在第 1 位，2021 年继续保持第 1 位，但 2022 年利润出现下滑，位次降至第 2位；日本大和房建的利润水平近 7 年间也处于较高的水平，2016 年起连续 4 年排在第 3 位，2020 年虽然利润总额下降，但排名上升到第 2 位，2021 年则出现相反的情况，虽然利润总额上升，但排名下降到第 4 位，2022 年利润保持增长，位次上升到第 3 位；中国中铁的利润总额连续 6 年保持增长，2022 年排在第 4 位；中国铁建的利润总额在 2017 年达到峰值后出现下降，之后连续 4 年保持增长，2022 年排在第 5 位；中国交建的利润总额呈现波动下降态势，2022 年排在第 6 位；法国布依格的利润总额呈现波动态势，2021 年排在倒数第 4 位；西班牙 ACS 集

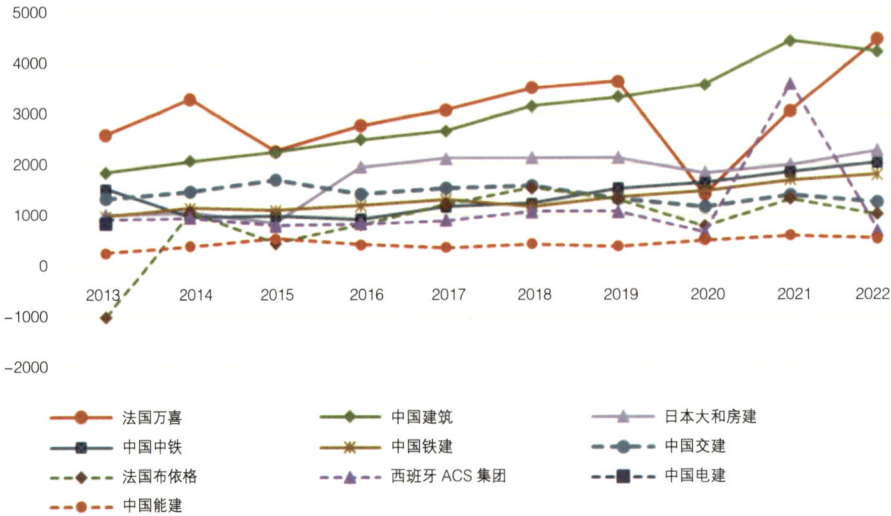

图 3-3 近 10 年连续入选财富世界 500 强的土木工程建设企业的利润情况（百万美元）

团的利润总额在 2018 年达到峰值，之后连续两年下滑，2020 年排在倒数第 2 位，但 2021 年利润总额出现超大幅增长，跃升至第 2 位，2022 年利润总额又出现超大幅下降，跌至倒数第 3 位；中国电建的利润总额连续 8 年出现下降，2022 年排在倒数第 2 位；中国能建的利润总额呈现波动状态，2016 年以来一直排在倒数第 1 位。

Civil Engineering

第 4 章

土木工程
建设领域的
科技创新

本章从研究项目、标准编制、专利研发、科研
成果四个侧面，分析了土木工程建设领域科技
创新的总体情况，对詹天佑奖获奖项目的科技
创新特色进行了分析，提出了土木工程建设企
业科技创新能力排序模型，对土木工程建设企
业科技创新能力进行了排序分析。

4.1 土木工程建设领域的科技进展

本报告拟从土木工程建设领域年度新立项的重大研究项目、标准编制、专利研发、科研成果四大方面，对土木工程建设领域的重大科技进展进行阐述。

4.1.1 研究项目

4.1.1.1 国家重点研发计划项目

国家重点研发计划是针对事关国计民生的重大社会公益性研究，以及事关产业核心竞争力、整体自主创新能力和国家安全的战略性、基础性、前瞻性重大科学问题、重大共性关键技术和产品。国家重点研发计划为国民经济和社会发展主要领域提供持续性的支撑和引领。重点专项是国家重点研发计划组织实施的载体，是聚焦国家重大战略任务、围绕解决当前国家发展面临的瓶颈和突出问题、以目标为导向的重大项目群，重点专项下设项目。2022 年科技部共立项 7 个与土木工程建设领域相关的国家重点研发计划重点专项。通过国家科技管理信息系统公共服务平台，收集到的相关立项信息见表 4-1。

2022 年科技部立项的土木工程建设领域国家重点研发计划项目　　　　表 4-1

序号	专项名称
1	交通基础设施
2	先进结构与复合材料
3	高端功能与智能材料
4	长江黄河等重点流域水资源与水环境综合治理
5	深海和极地关键技术与装备
6	重大自然灾害防控与公共安全
7	工程科学与综合交叉

交通基础设施专项总体目标是：在交通基础设施设计、建造、管理、运营、养护一体化和多模态化等技术取得全面突破，攻克安全、减排、环境友好、服役功能及周期寿命等关键技术瓶颈，形成完备自主的技术体系。全面支撑"一带一路"

倡议、"制造强国""交通强国"战略实施和"碳中和"愿景实现。

先进结构与复合材料专项总体目标是：面向制造强国、交通强国、航天强国建设等国家重大需求部署先进结构与复合材料研发任务，形成国产材料体系化自主研制和保障能力，实现航空发动机、重载火箭、国产大飞机、核电工程装备、深海油气资源开采等国家大型工程急需的关键结构与复合材料的国内自主供给。

高端功能与智能材料专项总体目标是：以国家重大需求为导向，支撑新一代信息技术、智能制造、新能源、现代交通、智能电网、深海/深空/深地探测等领域的发展以及健康中国、美丽中国、数字中国等国家战略的实施，解决高端功能与智能材料的重大基础原理、核心制备技术与工程化应用等关键问题，在有力支撑智能制造、智能电网、新能源、生命健康、生态环境等领域高质量可持续发展的同时，总体研发和应用达到国际先进水平。

长江黄河等重点流域水资源与水环境综合治理专项紧密围绕长江黄河流域水资源、水环境、水生态综合治理的科技需求，通过基础理论研究、关键技术与装备研发、流域管理创新、典型区域和小流域集成示范，支撑长江、黄河等重点流域水安全保障与治理能力的实质性提升，形成流域水系统治理范式，并进行推广应用。

深海和极地关键技术与装备专项着眼国家发展与安全的长远利益，紧扣深海、极地领域关键技术和装备，坚持自立自强，坚持重点突破，坚持实际能力的巩固与提升：一是着力突破深海科学考察、探测作业、深海资源开发的系列关键技术与装备，支撑促进深海装备产业发展；二是建成世界上最为完备的深潜装备集群，形成世界领先的深海进入能力；三是着力攻克极地空天地海立体探测、极地保障与资源开发利用及其环境保护技术、装备和体系，显著提升极地监测预报能力。

重大自然灾害防控与公共安全专项总体目标是：按照"突发公共事件应急能力显著增强，自然灾害防御水平明显提升，发展安全保障更加有力"发展目标要求，在重大自然灾害监测预警与风险防控、安全生产风险监测预警与事故防控、处置救援装备与综合支撑技术等方面开展基础研究、技术攻关、装备研制和应用示范，实现重大自然灾害与公共安全事件精准监测、精确预警、精细防控、高效救援，支撑"平安中国"战略实施。

工程科学与综合交叉专项总体目标是：把握科技发展前沿和产业发展趋势，在空间、制造、信息、能源、海洋、医工、交通、材料等领域，开展前瞻性、原创性交叉研究；综合运用基础科学、技术科学和社会科学的工具和成果，凝练并解决重大工程应用领域中的共性和基础科学问题，带动相关领域持续发展。

4.1.1.2　国家自然科学基金项目

国家自然科学基金是国家设立的用于资助《中华人民共和国科学技术进步法》规定的基础研究的基金，由研究项目、人才项目和环境条件项目三大系列组成。国家自然科学基金在推动我国自然科学基础研究的发展，促进基础学科建设，发现、培养优秀科技人才等方面取得了巨大成绩。

在土木工程建设领域，2022 年国家自然科学基金委员会立项国家重大科研仪器研制项目 3 项，重点项目 28 项。

国家重大科研仪器研制项目面向科学前沿和国家需求，以科学目标为导向，资助对促进科学发展、探索自然规律和开拓研究领域具有重要作用的原创性科研仪器与核心部件的研制，以提升我国的原始创新能力。重点项目支持从事基础研究的科学技术人员针对已有较好基础的研究方向或学科生长点开展深入、系统的创新性研究，促进学科发展，推动若干重要领域或科学前沿取得突破。

通过国家自然科学基金管理信息系统，收集到以上项目的相关信息见表 4-2。

2022 年土木工程建设领域国家自然科学基金重大研究项目　　　　表 4-2

序号	项目类型	项目名称	项目编号
1	国家重大科研仪器研制项目	爆炸应力场与围压应力场耦合作用下裂隙场监测分析系统	52227805
2		沥青铺面压实过程体积－力学状态原位试验系统	52227815
3		搅拌摩擦固相沉积增材制造及其智能监测装置研制	52227807
1	重点项目	城市密集建筑群地震灾害链效应与抗灾韧性研究	52238011
2		智能航运新业态下的船舶协同自主航行与智慧监管理论与关键技术	52231014
3		高水压和列车振动共同作用下盾构隧道渗流侵蚀致灾机理与灾害防控	52238010

序号	项目类型	项目名称	项目编号
4	重点项目	车路协同环境下新型混合交通流事故风险演化机理与控制策略	52232012
5		流域 – 城市洪涝过程模拟与风险识别及减灾对策研究	52239003
6		工程结构复杂行为仿真模拟新方法与软件平台	52238001
7		基于深海大深度声场特性的主动探测关键理论与技术	52231013
8		大型跨海桥梁地震 – 风 – 浪 – 流多灾害效应及抗多灾害韧性理论与技术	52238012
9		多灾害作用下缆索承重桥梁韧性设计及评价理论	52238005
10		深海采矿全柔性立管输运系统设计理论及关键力学问题研究	52231012
11		高海拔区混凝土坝结构健康诊断与灾变风险防控理论和方法	52239009
12		超大城市常发性瓶颈区域韧性交通系统多模式协同管控方法研究	52232011
13		长江源区游荡型河流水沙相互作用与河床演变机制研究	52239007
14		深基坑开挖对紧邻运营隧道影响机理与控制措施研究	52238009
15		外套钢管夹层混凝土加固 CFST 结构受力机理与设计理论研究	52238006
16		热 – 水 – 力极端条件下岩土的本构关系及多场耦合分析方法研究	52238007
17		可持续智能驻人月球科研站设计理论与方法	52238002
18		台风海域风电结构动力灾变机制与设计理论	52238008
19		宜居城乡景观生态规划理论与方法——以西南山地为例	52238003
20		极端暴雨下复合灾害的链生机制与风险防控研究	52239008
21		基于"水蓄"灵活性支撑的风光大规模集中消纳协同优化调度	52239001
22		极端降雨与强人类活动复合作用下特大山洪致灾成因及防御方法研究	52239006
23		泛流域水网的地学基础及空间 – 生态 – 经济多维适配性研究	52239004
24		旱区农业节水固碳减排机制与多要素协同调控	52239002
25		太阳能光伏光热 / 催化洁净墙体机制构建及对建筑能耗 / 健康环境的影响研究	52238004
26		珠江河口水生态系统模拟与健康调控	52239005
27		600km/h 高速磁浮车 – 轨无接触平稳运行关键理论与技术	52232013
28		射流式自行走水下开沟原理与关键技术研究	52231011

4.1.1.3　中国工程院重大、重点咨询项目

　　中国工程院组织开展的战略咨询研究是按照国家工程科技思想库和"服务决策、适度超前"要求，设立的战略性、前瞻性和综合性高端咨询项目。中国工程

院咨询项目主要结合国民经济和社会发展规划、计划，组织研究工程科学技术领域的重大、关键性问题，接受政府、地方、行业等委托，对重大工程科学技术发展规划、计划、方案及其实施等提供咨询意见，为提升我国科技创新能力、强化关键核心技术攻关、加快建设创新型国家、支撑经济社会高质量发展提供科技支撑。根据研究的内容和涉及的领域、规模，可分为重大、重点和学部级咨询研究项目。

在土木工程建设领域，2022 年中国工程院启动重大咨询研究项目 4 项，重点咨询研究项目 7 项，参见表 4-3。

2022 年土木工程建设领域中国工程院立项重点咨询研究项目   表 4-3

序号	项目类型	项目名称
1	中国工程院重大咨询研究项目	深海油气开发发展战略研究
2		面向高质量发展的国土空间治理现代化战略研究
3		智慧公路发展战略研究
4		2035 全面绿色低碳转型标准化发展战略研究
5	中国工程院重点咨询研究项目	绿色建造发展战略研究
6		我国智慧能源与建筑碳减排协同的"双碳"发展战略研究
7		西北灌区农业高效用水与生态服务功能提升策略研究
8		我国能源化工"生命线"重大基础设施安全状况与对策
9		交通运输行业低碳发展的实现路径和重点任务研究
10		平安百年桥隧品质工程高质量发展战略研究
11		青藏战略通道安全保障战略研究

4.1.1.4 交通运输行业重点科技项目

交通运输行业重点科技项目是交通运输部经评审遴选出的满足相关科技发展规划任务要求，以及行业发展需求、年度重点工作等的创新研发项目。交通运输行业重点科技项目遴选旨在深入实施创新驱动发展战略，统筹优势科技资源，引导全行业面向世界科技前沿、面向交通运输主战场、面向国家重大需求，坚持自主创新、重点跨越、支撑发展、引领未来的方针，加快交通运输科技创新，充分发挥科技创新对交通强国建设的支撑作用。

2022 年交通运输部公布 8 个创新研发重点项目方向，涉及 142 个研究项目。通过交通运输部政府信息公开平台，收集以上创新研发重点项目信息，见表 4-4。

表 4-4

序号	项目名称	项目编号
重点项目方向 1：综合交通运输理论方法与技术研究		
1	都市圈出行即服务（MaaS）体系规划理论与技术方法研究	2022-ZD1-001
2	基于行业数据和大数据融合的综合运输通道出行特征提取与模型优化应用研究	2022-ZD1-002
3	现代综合客运枢纽一体化规划建设理论与方法研究	2022-ZD1-003
4	综合立体交通网规划编制指南	2022-ZD1-004
5	综合运输通道规划理论与方法研究	2022-ZD1-005
6	新时期综合交通运输发展宏观形势研究	2022-ZD1-006
7	港口节点城市推动共建"一带一路"研究	2022-ZD1-007
8	京杭运河与小清河连通工程战略意义研究	2022-ZD1-008
9	综合交通运输枢纽集群资源优化与效能提升研究	2022-ZD1-009
重点项目方向 2："出疆入藏"主要交通运输通道建设运维关键技术研究		
10	夹金山隧道建设与运营关键技术研究	2022-ZD2-010
11	新疆高山冻土区公路勘察设计与灾害防治关键技术研究	2022-ZD2-011
12	气候变化背景下青藏走廊交通基础设施对生态系统的影响评估与优化研究	2022-ZD2-012
13	穿越青藏高原多年冻土核心区高速公路路基热融变形控制技术	2022-ZD2-013
14	高原深切峡谷超大跨度钢管混凝土建造关键技术研究	2022-ZD2-014
15	深切峡谷强卸荷区危岩体智能分析与评估技术	2022-ZD2-015
16	"四高"严酷环境下高性能混凝土关键技术研究	2022-ZD2-016
重点项目方向 3：新能源与清洁能源创新应用关键技术研究		
17	天津市道路运输领域碳排放计量工具开发研究	2022-ZD3-017
18	集装箱定制航线新能源电动船舶研发	2022-ZD3-018
19	江苏省交通运输碳达峰碳中和影响因素分析与关键路径研究	2022-ZD3-019
20	山东省高速公路零碳服务区建设关键技术研究与工程示范	2022-ZD3-020
21	绿色能源网建设与优化的关键技术研究	2022-ZD3-021
22	高速公路与新能源融合发展政策机制及关键技术研究	2022-ZD3-022
23	高速公路可再生能源立体取能及自洽微电网构建技术研究与应用	2022-ZD3-023
24	氢燃料电池动力船舶安全技术研究	2022-ZD3-024
25	公路工程建设期碳排放测算方法研究	2022-ZD3-025
26	公路水路交通基础设施全生命周期碳排放核算方法研究	2022-ZD3-026
27	交通运输碳排放统计监测体系建设研究	2022-ZD3-027
28	数据驱动的城市个体全链出行碳足迹监测与评估技术研究	2022-ZD3-028
29	我国公路零碳服务区建设技术路径研究	2022-ZD3-029
30	基于燃油舱容遥测技术的船舶碳排放计量方法与应用模式研究	2022-ZD3-030

序号	项目名称	项目编号
31	绿色化公路廊道建设技术研发及技术指南研制与推广应用	2022–ZD3–031
32	新能源汽车"三电系统"故障综合解决方案及健康管理体系研究	2022–ZD3–032
33	海上漂浮式风电基础结构及应用技术研究	2022–ZD3–033
34	公路边坡恢复生态系统碳收支评估研究及应用——以华南地区公路为例	2022–ZD3–034
35	多源异构数据驱动的港口水域船舶碳排放核算评估与动态可视化研究	2022–ZD3–035
重点项目方向4：专用作业保障装备与技术研究		
36	基于机器视觉的地铁隧道结构快速检测关键技术研究与应用	2022–ZD4–036
37	公路在役钢护栏防腐涂料及智能除锈喷涂装备成套技术	2022–ZD4–037
38	沥青路面高性能灌缝材料及智能化灌缝设备成套技术	2022–ZD4–038
39	道基施工参数智能感知、解析与示范	2022–ZD4–039
40	装配式混凝土T梁绿色智能建造关键技术研究及应用	2022–ZD4–040
41	高速公路智能建造无人化系统研发与应用	2022–ZD4–041
42	高速公路无人机组网遥感智能巡检关键技术研究	2022–ZD4–042
43	无人干散货码头示范区创新应用	2022–ZD4–043
44	新型智慧供电自动化轨道吊研制	2022–ZD4–044
45	多塔中央索面变截面钢混组合梁斜拉桥梁底悬挂运梁施工关键技术研究	2022–ZD4–045
46	长大桥梁数字化、智能化建造关键技术研究与应用	2022–ZD4–046
47	黄泛平原灌注桩竖向承载力优化设计及参数智能反演方法研究	2022–ZD4–047
48	缆索承重桥梁桥塔智能建造平台成套技术研究与应用	2022–ZD4–048
49	大跨独塔空间缆斜拉–悬索协作体系桥建设关键技术研究	2022–ZD4–049
50	桥式抓斗卸船机自动化技术研发与应用	2022–ZD4–050
51	公路资产轻量化检测及路面养护决策成套技术	2022–ZD4–051
52	基于国产化环境和多源图像视频识别的道路智能巡查成套技术研究与应用	2022–ZD4–052
53	长江口航道养护北槽近底水沙观测技术研究	2022–ZD4–053
54	特种道面高效养护专用装备及关键技术	2022–ZD4–054
55	基于无人机的公路基础设施快速检测与评估研究（一期）	2022–ZD4–055
56	井下式静力触探与绳索取芯关键技术研究	2022–ZD4–056
57	DCM法加固水下软基大数据分析与智能决策关键技术研究	2022–ZD4–057
58	不同垂度四主缆超大跨悬索桥施工关键技术研究	2022–ZD4–058
59	全装配式高桩码头上部结构建设技术及智能装备研发	2022–ZD4–059
60	超大型双回字形锚碇地连墙基础施工关键技术	2022–ZD4–060
61	2000吨级钢桁节段梁成套架设技术与装备研究	2022–ZD4–061
62	超大型起重船耐波性能及智能化提升关键技术研究	2022–ZD4–062

序号	项目名称	项目编号
63	钢筋设计图智能识别与钢筋下料单和采购单自动生成技术研究	2022-ZD4-063
64	砂石含水率与混凝土强度在线数据采集技术研究	2022-ZD4-064
65	内河水下非爆挖岩装备设计研发	2022-ZD4-065
66	基于深度学习的混凝土桥梁裂缝检测技术研究与装备研发	2022-ZD4-066
重点项目方向 5：便捷城市交通运行服务技术研究		
67	面向交通高精定位的北斗 +5G 融合算法研究	2022-ZD5-067
68	基于人工智能的算法和系统优化——智能生产指挥系统优化和智能决策	2022-ZD5-068
69	城市轨道交通智慧服务发展策略研究	2022-ZD5-069
70	城市出行即服务（MaaS）平台建设顶层设计研究	2022-ZD5-070
71	基于大数据分析的机场多式轨道交通作用机理研究	2022-ZD5-071
重点项目方向 6：交通安全生产保障与协同管控技术研究		
72	基于分布式光纤传感的泰兴港化工码头智慧管控系统研发与数字孪生应用示范	2022-ZD6-072
73	基于收费数据的高速公路交通流态势感知及趋势预测研究	2022-ZD6-073
74	高速公路长隧道群智慧运行和安全应急能力提升关键技术研究	2022-ZD6-074
75	高速公路改扩建工程施工期智慧交通主动管控技术	2022-ZD6-075
76	基于数字视网膜框架的高速公路固定视频智能分析与异常事件自动监测研究	2022-ZD6-076
77	基于数据挖掘的高速公路交通运行分析及宏微观仿真关键技术研究	2022-ZD6-077
78	城市轨道交通智能防淹系统关键技术研究	2022-ZD6-078
79	智慧隧道数字孪生协同管控关键技术研究与示范应用	2022-ZD6-079
80	面向智慧高速全域一体化数字运维技术研究与应用	2022-ZD6-080
81	基于数字孪生与 AI 的桥墩冲刷损伤诊断与预警方法研究	2022-ZD6-081
82	高速公路全周期高精数字化与治理技术及标准研究	2022-ZD6-082
83	城市群地区高速公路智慧监控巡检、决策及应急保障技术	2022-ZD6-083
84	基于边缘感知和交通仿真的高速公路协同管控策略研究与应用	2022-ZD6-084
85	北部湾港自动环境监测系统	2022-ZD6-085
86	大跨径 CFST 拱桥管内混凝土性能全寿命评估技术与多功能检测机器人研发及应用	2022-ZD6-086
87	基于视觉传感的轻量化桥梁运维安全监测与评估	2022-ZD6-087
88	面向综合交通枢纽运行态势的大数据融合与决策引擎技术研究	2022-ZD6-088
89	重丘区地质体灾变空地协同早期预警识别与风险防控技术研究	2022-ZD6-089
90	山区河流船舶锚泊区拦截设施技术研究	2022-ZD6-090
91	天山地区高速公路冰雪灾害防治成套关键技术研究	2022-ZD6-091
92	重点船型与港口安全及巨灾风险评估	2022-ZD6-092
93	国内海船第二代稳性衡准研究	2022-ZD6-093

序号	项目名称	项目编号
94	交通运输"智慧安监小脑"V1.0版架构设计与程序开发	2022-ZD6-094
95	城市轨道交通车辆维保模式研究	2022-ZD6-095
96	城市轨道交通运营从业人员管理制度研究	2022-ZD6-096
97	基于UAV-H3S物联大数据的高速公路建设安全管理关键技术研究	2022-ZD6-097
98	经营性自动驾驶汽车运营安全保障技术及政策研究	2022-ZD6-098
99	基于数据驱动的珠江航运转型升级关键技术研究	2022-ZD6-099
100	面向精准协同的港口危险货物安全监管模型研究	2022-ZD6-100
101	港口危险化学品作业现场安全管理智能化手持终端研发	2022-ZD6-101
102	基于机器视觉的客滚船运载物状态识别技术研究	2022-ZD6-102
103	危险货物滚装作业码头建设重大关键技术问题研究	2022-ZD6-103
104	港口危险货物作业设施安全操作重大风险隐患排查	2022-ZD6-104
105	基于检测大数据的在役储罐安全状态评估的关键技术研究	2022-ZD6-105
106	气体在线监测系统关键技术研究和智能装置研发	2022-ZD6-106
107	基于空间悬浮的大型港口结构安全智能交互感知关键技术及装备研发	2022-ZD6-107
108	路网运行监测管理数据分析关键技术研究与示范应用	2022-ZD6-108
109	高速公路改扩建交通安全与智慧化管控技术研究	2022-ZD6-109
110	独库高速公路项目全寿命周期管理平台架构体系研究	2022-ZD6-110
111	民用机场填方高边坡智能监控及预警技术	2022-ZD6-111
112	基于Web的动态交通三维可视化软件开发及应用	2022-ZD6-112
113	产学研多方联合创新下的航运新基建	2022-ZD6-113
114	基于数据挖掘技术的船舶行为智能分析和可视化系统研究	2022-ZD6-114
115	基于全天候保通的高速公路凝冰积雪智能主动处置技术开发	2022-ZD6-115
116	交通运行状态监测预警和协同管控策略研究	2022-ZD6-116
117	基于云架构的高速公路智慧管控平台关键技术研究与应用	2022-ZD6-117
重点项目方向7：西部陆海新通道（平陆）运河建设关键技术研究		
118	平陆运河工程智慧航道关键技术研究	2022-ZD7-118
119	平陆运河工程裁弯取直处生态涵养区建设关键技术研究	2022-ZD7-119
120	平陆运河河口湿地生态系统保护技术研究	2022-ZD7-120
121	运河建设的河流生态系统影响评价技术及应用	2022-ZD7-121
122	平陆运河江海联运船型标准研究	2022-ZD7-122
123	平陆运河工程经济效益综合评价指标体系构建研究	2022-ZD7-123
124	平陆运河分洪影响研究	2022-ZD7-124
125	平陆运河航运用水保障——流域水工程联合调度关键技术研究及应用	2022-ZD7-125

序号	项目名称	项目编号
126	龙门大桥悬索桥新型锚碇建设关键技术研究	2022-ZD7-126
127	基于多源感知的智能化特大跨径钢管拱桥整体提升施工控制关键技术研究	2022-ZD7-127
128	基于永临结合的波形钢腹板组合梁桥智能快速施工关键技术研究与应用	2022-ZD7-128
129	高路堤自适应变形协调层技术与质量控制技术开发	2022-ZD7-129
130	高性能机制砂混凝土设计与施工关键技术研究	2022-ZD7-130
131	基于高性能材料的全寿命周期沥青路面研究	2022-ZD7-131
132	面向西部陆海新通道的冷链物流体系建设及运输组织关键技术研究	2022-ZD7-132
133	平陆运河航道设计关键技术研究	2022-ZD7-133
134	平陆运河航道环境低影响绿色疏浚关键技术研究	2022-ZD7-134
重点项目方向8：绿色航运关键技术研究		
135	船舶靠港自动识别暨岸电使用智能监管技术研究	2022-ZD8-135
136	船舶附着生物生态风险防控技术研究	2022-ZD8-136
137	在航船舶氮氧化物排放监测技术与设备优化研究	2022-ZD8-137
138	新一代130m低碳绿色智能川江标准船型研发及应用	2022-ZD8-138
139	氨燃料动力船舶新技术与新装备应用研发	2022-ZD8-139
140	挖泥船疏浚作业数字孪生系统研发	2022-ZD8-140
141	内河航道环保清淤船智能无人疏浚系统研发	2022-ZD8-141
142	新型LNG清洁燃料动力耙吸疏浚船装舱溢流系统关键技术研究	2022-ZD8-142

4.1.2 标准编制

4.1.2.1 国家标准编制

通过查询住房和城乡建设部官方网站，收集整理了2022年发布的土木工程建设相关的国家标准情况，如表4-5所示。

住房和城乡建设部2022年发布的土木工程建设相关国家标准　　　　表4-5

标准名称	标准编号	发布日期	实施日期
钼冶炼厂工艺设计标准	GB 51442-2022	2022年1月5日	2022年5月1日
炼铁工艺炉壳体结构技术标准	GB/T 50567-2022	2022年1月5日	2022年5月1日
农业温室结构设计标准	GB/T 51424-2022	2022年1月5日	2022年5月1日
锅炉安装工程施工及验收标准	GB 50273-2022	2022年1月5日	2022年5月1日
安全防范工程通用规范	GB 55029-2022	2022年3月10日	2022年10月1日

标准名称	标准编号	发布日期	实施日期
施工脚手架通用规范	GB 55023-2022	2022 年 3 月 10 日	2022 年 10 月 1 日
建筑电气与智能化通用规范	GB 55024-2022	2022 年 3 月 10 日	2022 年 10 月 1 日
宿舍、旅馆建筑项目规范	GB 55025-2022	2022 年 3 月 10 日	2022 年 10 月 1 日
城市给水工程项目规范	GB 55026-2022	2022 年 3 月 10 日	2022 年 10 月 1 日
城乡排水工程项目规范	GB 55027-2022	2022 年 3 月 10 日	2022 年 10 月 1 日
特殊设施工程项目规范	GB 55028-2022	2022 年 3 月 10 日	2022 年 10 月 1 日
泵站设计标准	GB 50265-2022	2022 年 7 月 15 日	2022 年 12 月 1 日
跨座式单轨交通设计标准	GB/T 50458-2022	2022 年 7 月 15 日	2022 年 12 月 1 日
有色金属工业总图规划及运输设计标准	GB 50544-2022	2022 年 7 月 15 日	2022 年 12 月 1 日
小型水电站技术改造标准	GB/T 50700-2022	2022 年 7 月 15 日	2022 年 12 月 1 日
建筑与市政工程施工质量控制通用规范	GB 55032-2022	2022 年 7 月 15 日	2023 年 3 月 1 日
城市轨道交通工程项目规范	GB 55033-2022	2022 年 7 月 15 日	2023 年 3 月 1 日
消防设施通用规范	GB 55036-2022	2022 年 7 月 15 日	2023 年 3 月 1 日
民用建筑通用规范	GB 55031-2022	2022 年 7 月 15 日	2023 年 3 月 1 日
烟花爆竹工程设计安全标准	GB 50161-2022	2022 年 9 月 8 日	2022 年 12 月 1 日
金属非金属矿山充填工程技术标准	GB/T 51450-2022	2022 年 9 月 8 日	2022 年 12 月 1 日
农业建设项目验收技术标准	GB/T 51429-2022	2022 年 9 月 8 日	2022 年 12 月 1 日
石油化工建筑物抗爆设计标准	GB/T 50779-2022	2022 年 9 月 8 日	2022 年 12 月 1 日
尾矿堆积坝岩土工程技术标准	GB/T 50547-2022	2022 年 9 月 8 日	2022 年 12 月 1 日
油气回收处理设施技术标准	GB/T 50759-2022	2022 年 9 月 8 日	2022 年 12 月 1 日
建筑与市政工程防水通用规范	GB 55030-2022	2022 年 9 月 27 日	2023 年 4 月 1 日
氧化铝厂工艺设计标准	GB/T 50530-2022	2022 年 10 月 31 日	2023 年 2 月 1 日
有机肥工程技术标准	GB/T 51448-2022	2022 年 10 月 31 日	2023 年 2 月 1 日
电子工业废水处理工程设计标准	GB 51441-2022	2022 年 10 月 31 日	2023 年 2 月 1 日
秸秆热解炭化多联产工程技术标准	GB/T 51449-2022	2022 年 10 月 31 日	2023 年 2 月 1 日
住宅性能评定标准	GB/T 50362-2022	2022 年 10 月 31 日	2023 年 2 月 1 日
煤矿井巷工程施工标准	GB/T 50511-2022	2022 年 10 月 31 日	2023 年 2 月 1 日
建筑与市政施工现场安全卫生与职业健康通用规范	GB 55034-2022	2022 年 10 月 31 日	2023 年 6 月 1 日
建筑防火通用规范	GB 55037-2022	2022 年 12 月 27 日	2023 年 6 月 1 日

4.1.2.2 行业标准编制

通过查询住房和城乡建设部及交通运输部官方网站，收集整理了 2022 年发布的土木工程建设相关的行业标准。表 4-6 给出了住房和城乡建设部发布的行业标准，表 4-7 给出了交通运输部发布的行业标准。

住房和城乡建设部 2022 年发布的土木工程建设相关行业标准　　　　表 4-6

标准名称	标准编号	发布日期	实施日期
城市信息模型基础平台技术标准	CJJ/T 315-2022	2022 年 1 月 19 日	2022 年 6 月 1 日
城市道路清扫保洁与质量评价标准	CJJ/T 126-2022	2022 年 2 月 11 日	2022 年 5 月 1 日
城市轨道交通计轴设备技术条件	CJ/T 543-2022	2022 年 2 月 11 日	2022 年 5 月 1 日
外墙外保温用防火分隔条	JG/T 577-2022	2022 年 2 月 11 日	2022 年 5 月 1 日
城市轨道交通站台屏蔽门	CJ/T 236-2022	2022 年 2 月 11 日	2022 年 5 月 1 日
装配式住宅设计选型标准	JGJ/T 494-2022	2022 年 3 月 14 日	2022 年 4 月 1 日
建筑用电供暖散热器	JG/T 236-2022	2022 年 4 月 6 日	2022 年 8 月 1 日
卷帘门窗	JG/T 302-2022	2022 年 4 月 6 日	2022 年 8 月 1 日
间接蒸发冷水机组	JG/T 580-2022	2022 年 4 月 6 日	2022 年 8 月 1 日
房屋建筑统一编码与基本属性数据标准	JGJ/T 496-2022	2022 年 4 月 20 日	2022 年 7 月 1 日
城镇排水行业职业技能标准	CJJ/T 313-2022	2022 年 4 月 29 日	2022 年 7 月 1 日
市域快速轨道交通设计标准	CJJ/T 314-2022	2022 年 4 月 29 日	2022 年 8 月 1 日
智能楼宇管理员职业技能标准	JGJ/T 493-2022	2022 年 4 月 29 日	2022 年 8 月 1 日
城镇供热管网设计标准	CJJ/T 34-2022	2022 年 4 月 29 日	2022 年 8 月 1 日
住房公积金业务档案管理标准	JGJ/T 495-2022	2022 年 8 月 1 日	2022 年 12 月 1 日

交通运输部 2022 年发布的土木工程建设相关行业标准　　　　表 4-7

标准名称	标准编号	发布日期	实施日期
港口干散货封闭式料仓工艺设计规范	JTS/T 186-2022	2022 年 1 月 27 日	2022 年 4 月 1 日
公路水下隧道设计规范	JTG/T 3371-2022	2022 年 2 月 25 日	2022 年 6 月 1 日
高速公路改扩建交通组织设计规范	JTG 3392-2022	2022 年 2 月 25 日	2022 年 6 月 1 日
公路装配式混凝土桥梁设计规范	JTG/T 3365-05-2022	2022 年 2 月 25 日	2022 年 8 月 1 日
公路钢结构桥梁制造和安装施工规范	JTG/T 3651-2022	2022 年 3 月 4 日	2022 年 8 月 1 日
船厂水工工程施工规范	JTS/T 229-2022	2022 年 5 月 7 日	2022 年 6 月 1 日
水运工程大体积混凝土温度裂缝控制技术规范	JTS/T 202-1-2022	2022 年 5 月 7 日	2022 年 6 月 1 日
水运工程机制砂混凝土应用技术规范	JTS/T 227-2022	2022 年 5 月 7 日	2022 年 6 月 1 日
水运工程岩土勘察船舶机械及仪器艘（台）班费用定额	JTS/T 295-2-2022	2022 年 5 月 7 日	2022 年 6 月 1 日
水运工程岩土勘察定额	JTS/T 295-1-2022	2022 年 5 月 7 日	2022 年 6 月 1 日

标准名称	标准编号	发布日期	实施日期
水运工程岩土勘察费用计算规则	JTS/T 128–2022	2022 年 5 月 7 日	2022 年 6 月 1 日
公路工程预应力孔道压浆材料	JT/T 946–2022	2022 年 6 月 9 日	2022 年 9 月 9 日
组合结构桥梁用波形钢腹板	JT/T 784–2022	2022 年 6 月 9 日	2022 年 9 月 9 日
公路工程水泥混凝土养生剂（膜）	JT/T 522–2022	2022 年 6 月 9 日	2022 年 9 月 9 日
公路工程土工合成材料	JT/T 1432–202	2022 年 6 月 9 日	2022 年 9 月 9 日
跨海钢箱梁桥大节段施工技术规程	JTG/T 3652–2022	2022 年 6 月 28 日	2022 年 11 月 1 日
公路跨海通道工程地质勘察规程	JTG/T 3221–04–2022	2022 年 6 月 28 日	2022 年 11 月 1 日
公路沉管隧道设计规范	JTG/T 3371–01–2022	2022 年 6 月 28 日	2022 年 11 月 1 日
公路跨海桥梁养护技术规范	JTG/T 5124–2022	2022 年 7 月 5 日	2022 年 11 月 1 日
内河航道公共服务信息发布指南	JTS/T 321–2022	2022 年 7 月 18 日	2022 年 9 月 1 日
在用公路桥梁现场检测技术规程	JTG/T 5214–2022	2022 年 8 月 23 日	2022 年 11 月 1 日
公路桥梁钢结构工程预算定额	JTG/T 3832–01–2022	2022 年 8 月 23 日	2022 年 11 月 1 日
公路工程行业标准制修订管理导则	JTG 1002–2022	2022 年 9 月 5 日	2023 年 1 月 1 日
水运工程建设行业标准管理规程	JTS/T 129–2022	2022 年 9 月 13 日	2022 年 11 月 1 日
公路装配式混凝土桥梁施工技术规范	JTG 3654–2022	2022 年 9 月 13 日	2022 年 11 月 1 日
公路桥梁施工监控技术规程	JTG/T 3650–01–2022	2022 年 10 月 8 日	2023 年 1 月 1 日
沿海导助航工程计价规则	JTS/T 130–2022	2022 年 10 月 9 日	2022 年 12 月 1 日
沿海导助航工程定额	JTS/T 296–1–2022	2022 年 10 月 9 日	2022 年 12 月 1 日
沿海导助航工程船舶机械艘（台）班费用定额	JTS/T 296–2–2022	2022 年 10 月 9 日	2022 年 12 月 1 日
港口与航道工程设计风险评估指南	JTS/T 187–2022	2022 年 10 月 12 日	2022 年 12 月 1 日
水运工程桩基设计规范	JTS 147–7–2022	2022 年 11 月 17 日	2023 年 1 月 1 日
自动化煤炭矿石码头技术规范	JTS/T 188–2022	2022 年 12 月 20 日	2023 年 2 月 1 日
水运工程节能设计规范	JTS/T 150–2022	2022 年 12 月 29 日	2023 年 2 月 1 日

4.1.2.3 团体标准编制

从中国土木工程建设领域的权威团体中国土木工程学会、中国建筑业协会、中国工程建设标准化协会和中国建筑学会的官方网站上收集整理了各团体 2022 年发布的团体标准，汇总如附表 4–1~ 附表 4–4 所示。

4.1.3 专利研发

本年度发展报告重点反映 2022 年土木工程建设领域的重要发明专利情况。主要考虑以下两种情况：

（1）获奖发明专利。指获得第二十四届中国专利奖的土木工程建设领域的发明专利，参见表 4-8、表 4-9 和表 4-10。

（2）推荐发明专利。指虽未获得近三年中国专利奖，但是对土木工程建设领域具有重要价值的发明专利，由中国土木工程学会组织专家推荐，参见表 4-11。

获得第二十四届中国专利金奖的土木工程建设领域的重要发明专利　　　表 4-8

专利号	专利名称	专利权人	主要发明人
ZL202110259023.4	空间动量轮轴承摩擦力矩试验机及其试验方法	上海交通大学、上海航天控制技术研究所	张执南、陈实、刘松恺、蔡晓江

获得第二十四届中国专利银奖的土木工程建设领域的重要发明专利　　　表 4-9

专利号	专利名称	专利权人	主要发明人
ZL201510174926.7	一种多法向平面的多元线阵探测成像激光雷达的检校方法	同济大学	童小华、栾奎峰、刘世杰、刘向锋、蔡银桥、张松林、谢欢、陈鹏
ZL202011092891.X	一种站隧合建无柱地铁车站换乘节点结构及施工方法	广州地铁设计研究院股份有限公司	农兴中、刘智成、张晓光、刘小华、雷振宇、史海欧、王迪军、翟利华、张璞、罗俊成、曹国旭、于文龙、孙增田、谢明华、高强、苗通、白文举、胡海波、李元、杨喜
ZL202011306083.9	全套管全回转钻机设备	中铁第五勘察设计院集团有限公司、中南大学、徐州景安重工机械制造有限公司	毛忠良、刘春晓、陈晓莉、王旭明、谌启发、刘柏林、冷长明、丁新红、唐沛、莫万远、郭靖

获得第二十四届中国专利优秀奖的土木工程建设领域的重要发明专利　　　表 4-10

专利号	专利名称	专利权人	主要发明人
ZL201210434024.9	内装金属颗粒的高阻尼箔片动压气体轴承	湖南大学	冯凯、谢永强
ZL201610620160.5	一种基于二维码定位的货物托盘存取系统、及其存取方法	诺力智能装备股份有限公司、上海交通大学	杨明、周学军、武文汉、周敏龙、王冰
ZL201611092647.7	基于异构多核架构的运行时系统及其控制方法	上海交通大学	过敏意、郭浩东、陈全、徐莉婷
ZL201710720025.2	基于 LFMCW 雷达的振动监测系统与信号处理方法	上海交通大学	彭志科、熊玉勇
ZL201710912079.9	一种液态临时固型材料及其制备方法和应用	上海大学	罗宏杰、于亚荣、韩向娜、容波、任清华

专利号	专利名称	专利权人	主要发明人
ZL201810268747.3	一种适用于并网逆变器的无电流传感器型进网电流控制方法	东南大学	肖华锋
ZL201810289376.7	多尺度材料增强树脂基减摩耐磨复合材料的制备方法	上海大学	俞鸣明、孙君胜、苏萌、任慕苏、孙晋良
ZL201810603175.X	一种新型的直驱 n*3 相永磁同步风力发电机	湖南大学	黄守道、蔡华强、饶志蒙、吴公平、龙卓
ZL201910308299.X	一种混合式级联 APF 拓扑结构及其控制方法	山东大学	张承慧、刘玺、耿华、邢相洋
ZL202010818900.2	高压体系百兆瓦级电池储能系统	上海交通大学	蔡旭、刘畅、李睿、曹云峰、蔡小龙、刘涛
ZL202011170368.4	一种上转换组装体及其制备方法与应用	山东大学	郝京诚、武文娜、董姝丽
ZL201710044011.3	一种设置双轨道进行顶推累积滑移工装及其施工方法	浙江中南绿建科技集团有限公司	蒋永扬、袁国平、何海、王俊杰、李栋、戴飞特
ZL201710538182.1	连续梁悬灌施工中的两侧不平衡荷载动态调整方法及系统	中铁十二局集团有限公司、中铁十二局集团第七工程有限公司	张逆进、刘元杰、丁昱铭、肖乾珍、赵常煜、李天胜、李建军、胡建国、沈捍明、陈志、陈谦、罗检萍
ZL201710593775.8	一种适于松软地基现浇超长螺杆桩施工的中空螺纹状钻头及其使用方法	广州市第一市政工程有限公司、重庆交通大学	王俊杰、郭建军、黄诗渊、贺林林、舒岳阶、邱珍锋
ZL201710950646.X	联络通道盾构施工接收结构及施工方法	中山大学	黄林冲、李勇、梁禹
ZL201810029224.3	一种加固用预应力贝雷梁及其施工方法	长沙理工大学	王磊、吴兵辉、张旭辉、张建仁、马亚飞
ZL201810725233.6	隧道高压富水溶腔段支护抗渗结构及施工方法	中铁十一局集团第五工程有限公司、中铁十一局集团有限公司	刘俊、翁长根、管强、陈中华、李勇军、李勇、熊晓晖、臧昊、熊军
ZL202011125673.1	一种城轨高架站轨行区抗风防震吊顶构造及施工方法	广东省建筑装饰工程有限公司	蓝建勋、曾金亮
ZL201510814742.2	一种适用于无砟轨道的钢管混凝土轨枕	中铁第四勘察设计院集团有限公司	孙立、凌汉东、光振雄、郑洪、黄伟利、邓振林、张超永、王森荣、李秋义、陈潇、林超
ZL201610934635.8	一种封闭的预支护隧道结构	中铁第四勘察设计院集团有限公司、中国铁建股份有限公司	肖明清、雷升祥、邓朝辉、王均勇、胡大伟、蒋超、周坤、薛光桥
ZL201510575214.6	斜拉桥主梁斜向阻尼约束系统	安徽省交通规划设计研究总院股份有限公司	胡可、杨晓光、曹光伦、王胜斌、梅应华、汪正兴、杨大海、马祖桥、窦巍、郭庆超
ZL201810034678.X	一种基于 BIM 和 GIS 的参数化结构化建模设计方法	奥格科技股份有限公司	陈顺清、陈彪、彭进双、潘哲

专利号	专利名称	专利权人	主要发明人
ZL201710878483.9	三维模型渲染方法及系统	中建科技集团有限公司深圳分公司、中建科技集团有限公司、中国建筑发展有限公司	樊则森、张仲华、李新伟、徐牧野
ZL201710135648.3	双齿条锁紧机构及大型重载荷运动平台系统	中国建筑股份有限公司、中建工程产业技术研究院有限公司	李云贵、孙建运、蒋立红、韩俊伟、史鹏飞、李伟、赵永曦、李雨亭、张翠强、李六连、王鹏、刘慧然、翟明会、王照然
ZL201710976990.6	具有测量与定位结构的自动摊铺机系统	中国建筑工程（香港）有限公司	陈长卿、潘树杰、何军、佟安岐、鲁凯
ZL201810348840.5	一种强透水土岩复合地层大直径泥水盾构综合掘进方法	中铁十四局集团有限公司	陈健、张哲、王承震、李树忱、王焕、王华伟、赵国栋、李占先、王德福、胡浩、李海振、孙旭涛、赵世森
ZL201510757717.5	多功能自爬式起吊可延伸工作平台	沈阳建筑大学	张珂、龙彦泽、吴玉厚、佟圣皓、白小龙、宋恩伟、刘帅、元东维、曹远洋、孙佳、陈士忠
ZL201310066916.2	一种复合式全自动天桥纠偏方法及设备	广东科视光学技术股份有限公司	王华、彭红军、陈志特、林汉泉、罗秋成
ZL201811279800.6	一种超大型变截面索塔钢筋部品制作方法	中交第二航务工程局有限公司、中交武汉港湾工程设计研究院有限公司	张鸿、杨秀礼、张永涛、翟世鸿、陈鸣、程茂林、涂同烁、朱明清、夏昊、徐杰、华晓涛、刘修成、孟奎、吴中正、李涛、管政霖
ZL201910291776.6	一种抗震式预制桥墩结构	新疆北新路桥集团股份有限公司	李永荃、余黎明、李辉、杨建松、吉庆锋、冉明
ZL201910898394.X	一种利用单测点响应的桥梁实时安全状态监测方法	暨南大学	聂振华、沈兆丰、谢永康、邓杰龙、刘思雨、赵晨、马宏伟
ZL202010315746.7	地震下高速铁路桥上行车安全试验系统	高速铁路建造技术国家工程研究中心、中南大学	余志武、国巍、蒋丽忠、刘汉云、龙岩

2022 年推荐土木工程建设领域的重要发明专利　　表 4-11

专利号	专利名称	专利权人	发明人
ZL201811214844.0	用于处理盾构刀盘结泥饼的酸分解方法	上海隧道工程有限公司	董明钢、李鸿、杨臻、裘华
ZL201911271454.1	用于异型管片的吊运装置及其使用方法	上海隧道工程有限公司、上海隧道盾构工程有限公司	徐峰、黄德中、刘喜东
ZL202010353128.1	长距离曲线顶管自动导向方法	上海隧道工程有限公司、上海隧道盾构工程有限公司	王浩、周毅、陈刚、顾广宇

专利号	专利名称	专利权人	发明人
ZL202010413534.2	盾构机常压刀具检验装置及其检验方法	上海隧道工程有限公司	屠垒、袁向华、徐晓磊、吴文斐
ZL202010573953.2	地下空间结构与盾构隧道间竖向通道加固的结构及方法	上海隧道工程有限公司	侯永茂、吴惠明、朱雁飞、马元
ZL202011053508.X	一种预制盖梁的架设施工方法	上海城建市政工程（集团）有限公司	干继红、江晓慧、万星、陈伟
ZL202010070345.X	一种用于综合管廊的全套施工方法	上海城建市政工程（集团）有限公司	班笑、王洪新、尚昌华、吕艳波
ZL202011057845.6	一种用于预制盖梁安装的导向系统	上海城建市政工程（集团）有限公司	罗承南、王兵、毛节程、宋森华
ZL202011347807.4	一种高精度多深度气囊式土压力计	上海城建市政工程（集团）有限公司	李昀、王威、彭辉、张佳佳
ZL202011353751.3	一种多深度土压力的测量方法	上海城建市政工程（集团）有限公司	李昀、王威、郑敏杰、王裕瑶
ZL202011248220.8	改性沥青原料组合物、改性沥青及其制备方法和应用	上海城建日沥特种沥青有限公司、上海公路桥梁（集团）有限公司	周骁琛、蔡明、柴冲冲、陈智蓉
ZL202110159109.X	无人驾驶压路机避障控制方法及无人驾驶压路机避障控制系统	湖南三一路面机械有限公司、上海公路桥梁（集团）有限公司	谭斌、钟辉平、刘健、蒋海里
ZL202010856440.2	超深埋长距离隧道的盾构整体始发和接收方法	上海市城市建设设计研究总院（集团）有限公司	王新、姜弘、李庭平
ZL202010856439.X	基于计算机的多梁式预制梁桥的布梁数测算方法	上海市城市建设设计研究总院（集团）有限公司	胡方健
ZL202010218574.1	混凝土桥梁板件的拉结钢筋的计算机辅助设计方法	上海市城市建设设计研究总院（集团）有限公司	胡方健、周良、陆元春、顾颖
ZL202110882453.1	设置倾斜环缝提高盾构管片结构缝处抗震性能的施工方法	上海市城市建设设计研究总院（集团）有限公司	张中杰、陈加核、吴航、刘书
ZL202011153357.5	基于高速公路的动态自动驾驶专用车道及其使用方法	上海市城市建设设计研究总院（集团）有限公司	王杉、曲文良、保丽霞、蒋震寰
ZL202010312390.1	一种道路几何线型和路面三维结构重构系统及重构方法	上海城建城市运营（集团）有限公司	彭崇梅、韦学健、杨昆、操莉
ZL202110202887.2	一种道路封道作业监控管理系统	上海市政养护管理有限公司	况亮、王小莹、万晓敏、沈斌
ZL201910481822.9	一种桥墩安全检测目标检测系统	上海城建城市运营（集团）有限公司	董晓勇、王榕、韩飞、李鹏
ZL202011136216.2	一种公路梳齿板伸缩缝维修施工方法	上海市政养护管理有限公司	都正家、陈政伟、尹杰

专利号	专利名称	专利权人	发明人
ZL202010218707.5	针对隧道内管道焊接的气体排污系统	上海能源建设集团有限公司	张帆、张乐珍、杨毅
ZL202011300778.6	一种强抑制性强润滑性泥浆及其制备方法和应用	上海能源建设集团有限公司	陈铭、马志明、胡智钧、吴健
ZL202110782731.6	面向车路协同应用的车道级交通转台判别方法及系统	上海智能交通有限公司	胡健萌、汪志涛、许乐、谢勇
ZL2018105034888	煤炭码头卸车生产仿真智能调度方法及系统	中交水运规划设计院有限公司	杨国平、商剑平、邰世文、刘春泽、芦志强、毕磊、唐颖、郭享、王帅、郭延祥
ZL2017101313026	一种钢壳沉管用低收缩自密实混凝土、其制备方法及应用	中交四航工程研究院有限公司、中交第四航务工程局有限公司、广州港湾工程质量检测有限公司	王胜年、吕卫清、熊建波、曾俊杰、吕黄、范志宏、刘行
ZL202010550681.4	一种悬浮隧道参数化横断面几何优化形状及参数寻优算法	中交第四航务工程勘察设计院有限公司	邹鹏旭、陈良志、朱峰、杨艺平、李家华、钱原铭
ZL202010258469.0	一种带平衡机构的圆沉箱以及使用方法	中交第四航务工程勘察设计院有限公司	李家华、杨彪、梁庆、廖晨彦
ZL202110495551.X	闭合方量筑堤方法	华能霞浦核电有限公司、中交第四航务工程勘察设计院有限公司	夏悟民、李毅、燕伟、刘晗晗、王秉昌、王毅、童军、张俊何文钦、董玉国、王健、吴京平、陈晓磁、陈娟娟、刘玲
ZL202110592350.1	一种带皮带机栈桥的门式刚架仓储结构的制作方法	中交第四航务工程勘察设计院有限公司	丁志全、王乐鹏、张立平、方国华、陈红兵、刘观发、陈凯凯
ZL202110925120.2	市政道路积水多因素复合型预警预报方法	中交第四航务工程勘察设计院有限公司	钱原铭、王辉、缪程武、黄黎明、王帆、康晓平、杨彪、李文红、李晓黎、朱峰
ZL202210584076.8	全球波浪数学模型中边界处波浪的联通方法和装置	中交第四航务工程勘察设计院有限公司	李伟仪、胡雄伟、卢永昌、王汝凯、王福强、张勇、覃杰、王科华、钟雄华、张军、孙亚斌、周智鹏、任赵飞
ZL202210663749.9	一种油气化工码头工程数字化交付方法、系统及介质	中交第四航务工程勘察设计院有限公司	李家华、陈良志、覃杰、黄黎明、陈家悦、夏立伟、万浩然、林宁
ZL202210710685.3	一种基于BIM技术的自动化集装箱码头管理方法及系统	中交第四航务工程勘察设计院有限公司	李家华、陈良志、覃杰、刘洋、钱原铭、梁庆、杨彪、黄黎明吴乔、夏立伟、王浩、杨艺平、万浩然
ZL202210040362.8	一种立体全环绕自动化集装箱码头及装卸方法	中交第四航务工程勘察设计院有限公司、招商局港口集团股份有限公司	麦宇雄、麻勇、刘汉东、王小杰、彭骏骏、钱守仁、刘堃、刘敏毅、梁浩、林敏、廖向京、舒开连、王志斌、许鸿贯

专利号	专利名称	专利权人	发明人
ZL202210132690.0	一种双梳状结构的自动化集装箱堆场边装卸系统及方法	中交第四航务工程勘察设计院有限公司	刘汉东、麦宇雄、许鸿贯、彭骏骏、刘堃、蒋志凯、王志斌
ZL202210735765.4	评估港口不可作业时间的方法	中交第四航务工程勘察设计院有限公司	王科华、沈雨生、孙亚斌、孙忠滨、丁建军、周益人、张军、周智鹏、蔡雅慧、李少斌、周野、牛红林、任赵飞、钟雄华
ZL202210289776.4	两层作业的自动化集装箱码头设计方法	中交第四航务工程勘察设计院有限公司	舒开连、麦宇雄、覃杰、刘堃、刘汉东、刘洋、王烽、梁浩连、石水、许鸿贯、王志斌、彭骏骏
ZL202110694478.9	主动注水防自旋炸药布药器	华能霞浦核电有限公司、中交第四航务工程勘察设计院有限公司	燕伟、刘晗晗、王秉昌、夏悟民、李毅、王毅、童军、张俊、何文钦、董玉国、王健、吴京平、陈晓磁、陈娟娟、刘玲
ZL202111590934.1	多空间综合利用自动化集装箱码头及装卸方法	中交第四航务工程勘察设计院有限公司	麦宇雄、安东、卢永昌、彭骏骏、刘堃、梁浩、廖向京、舒开连、陈红兵、刘汉东、许鸿贯、王志斌
ZL202210460879.2	浮式混凝土沉箱储油结构	中交第四航务工程勘察设计院有限公司	林岳、肖仕宝、谭毅、程晗怿、伍尚乐
ZL202210995963.4	全球波浪数学模型分区块高效率定方法及装置	中交第四航务工程勘察设计院有限公司	李伟仪、胡雄伟、卢永昌、王汝凯、王福强、张勇、覃杰、王科华、钟雄华、张军、孙亚斌、周智鹏、任赵飞
ZL201910750418.7	一种楔形布置的自动化集装箱码头装卸系统及方法	中交第四航务工程勘察设计院有限公司	覃杰、舒开连、麦宇雄、刘洋、刘堃、许鸿贯、王琰
ZL202210781309.3	一种基于数据分析的业财协同管理方法及系统	中交第四航务工程勘察设计院有限公司	李家华、陈良志、刘树明、刘晓东、王婷婷、夏立伟、朱峰、万浩然、钱原铭、彭俊、苏莉源、陈惠锋、莫伏知、林宁

4.1.4　科研成果

本年度发展报告重点反映 2022 年土木工程建设领域的重要科研成果。主要考虑土木工程建设领域获得省部级科技奖励情况。通过查询各省市地区政府网站，收集整理了 2022 年土木工程建设相关的科技成果奖励情况，如表 4-12 所示。

序号	成果名称	完成单位／主要完成人	奖项	省市地区
1	北京大兴国际机场航站楼建造关键技术研究与应用	北京城建集团有限责任公司、北京新机场建设指挥部、北京市建筑设计研究院有限公司、清华大学、北京建工集团有限责任公司、江苏沪宁钢机股份有限公司、浙江精工钢结构集团有限公司、震安科技股份有限公司	科学技术进步特等奖	北京市
2	地下工程柔性防水与韧性支护材料及成套技术	坝道工程医院（平舆）、中山大学、河南蓝翎环科防水材料有限公司、郑州大学、黄淮学院、郑州安源工程技术有限公司、四川省公路规划勘察设计研究院有限公司、中铁工程设计咨询集团有限公司、中铁第四勘察设计院集团有限公司、南方工程检测修复技术研究院	科学技术进步特等奖	河南省
3	高速铁路路基结构设计、建造与运维关键技术的创建与应用	中国铁道科学研究院集团有限公司、中国铁路经济规划研究院有限公司、中国铁路建设管理有限公司、中国铁路设计集团有限公司、中铁工程设计咨询集团有限公司、中国铁路北京局集团有限公司、北京铁科特种工程技术有限公司、中铁十六局集团有限公司、北京交通大学、北京大成国测科技股份有限公司	科学技术进步一等奖	北京市
4	装配式轨道技术研发及产业化	北京城建设计发展集团股份有限公司、北京交通大学、深圳市地铁集团有限公司、青岛地铁集团有限公司、苏州市轨道交通集团有限公司、安徽兴宇轨道装备有限公司、浙江天铁实业股份有限公司、中铁二局集团有限公司、易科路通轨道设备有限公司、陕西长美科技有限责任公司	科学技术进步一等奖	北京市
5	大跨度建筑索结构关键技术与工程应用	北京市建筑设计研究院有限公司、中国铁建国际集团有限公司、北京市建筑工程研究院有限责任公司、浙江大学、中国建筑第八工程局有限公司、上海建筑设计研究院有限公司、广东坚朗五金制品股份有限公司、巨力索具股份有限公司、广东坚宜佳五金制品有限公司、杭州健而控科技有限公司	科学技术进步一等奖	北京市
6	城市建筑与建筑群多尺度抗震分析理论与性能提升技术	清华大学、北京科技大学、北京建筑大学、北京市建筑工程研究院有限责任公司、北京工业大学、北京市建筑设计研究院有限公司、北京师范大学、北京市建设工程质量第二检测所有限公司、北京清华同衡规划设计研究院有限公司、中规院（北京）规划设计有限公司	科学技术进步一等奖	北京市
7	滨海重大基础设施混凝土长寿命保障关键技术及工程应用	天津城建大学、中建安装集团有限公司、天津市建筑材料科学研究院有限公司、深圳大学、中国铁建大桥工程局集团有限公司、天津三建建筑工程有限公司、上海建工建材科技集团股份有限公司	科学技术进步一等奖	天津市
8	高等级公路智能化施工质量实时管控关键技术及应用	天津大学、天津市交通科学研究院、中国电建集团昆明勘测设计研究院有限公司、山东四维卓识信息技术有限公司、天津滨海新区高速公路投资发展有限公司、中电建红河州建个元高速公路有限公司、四川川交路桥有限责任公司	科学技术进步一等奖	天津市
9	库坝复杂地基深层渗控关键技术及应用	中国水电基础局有限公司、天津大学、中国电建集团海外投资有限公司、四川华电泸定水电有限公司	科学技术进步一等奖	天津市
10	现代城市桥梁设计创新与实践	天津城建设计院有限公司、同济大学、中国建筑第六工程局有限公司、盾护达（武汉）科技有限公司、花津被建集团有限公司、柳州欧维姆机械股份有限公司、中铁开发投资集团有限公司	科学技术进步一等奖	天津市

序号	成果名称	完成单位／主要完成人	奖项	省市地区
11	重载铁路设计理论、关键技术与应用	中国铁路设计集团有限公司、天津大学、清华大学天津高端装备研究院、天津银龙预应力材料股份有限公司	科学技术进步一等奖	天津市
12	雄安新区对外骨干高速公路智能建造关键技术研究与工程示范应用	河北交通投资集团有限公司、河北雄安荣乌高速公路有限公司、河北雄安京德高速公路有限公司、湖南三一华源机械有限公司、河北省交通规划设计研究院有限公司	科学技术进步一等奖	河北省
13	复杂铸件数字化绿色制造技术与装备	中北大学、北京机科国创轻量化科学研究院有限公司、晋西车轴股份有限公司	科学技术进步一等奖	山西省
14	重交通超黏高韧薄层沥青复合路面关键技术研究	山西交通科学研究院集团有限公司、华南理工大学、长安大学、山西省交通科技研发有限公司	科学技术进步一等奖	山西省
15	季冻区砼桥梁桥面铺装体系耐久性设计与关键技术	内蒙古高速公路集团有限责任公司、山东省交通科学研究院、内蒙古交通设计研究院有限责任公司、内蒙古路桥集团有限责任公司、内蒙古天骄公路工程有限责任公司、内蒙古联手创业公路桥有限责任公司、中交第一公路勘察设计研究院有限公司、中铁一局集团桥梁工程有限公司	科学技术进步一等奖	内蒙古自治区
16	高陡边坡抗震计算理论及抗震锚固关键技术	大连理工大学、深圳大学、大连交通大学、中冶建筑研究总院有限公司、兰州理工大学、中铁西北科学研究院有限公司、青岛理工大学	科学技术进步一等奖	辽宁省
17	深埋隧道即时型岩爆能量机制智能预警与控制技术	东北大学、本溪龙新矿业有限公司、北方重工集团有限公司、新疆额尔齐斯河投资开发（集团）有限公司、中铁十二局集团有限公司、中铁工程装备集团有限公司	科学技术进步一等奖	辽宁省
18	复杂超高层结构新体系抗震与抗风关键技术及应用	中国建筑东北设计研究院有限公司、哈尔滨工业大学、沈阳建筑大学	科学技术进步一等奖	辽宁省
19	大跨空间结构抗爆炸与抗冲击研究和应用	哈尔滨工业大学、中国核电工程有限公司、中国地震局工程力学研究所、哈尔滨理工大学、深圳市乾行达科技有限公司	科学技术进步一等奖	黑龙江省
20	寒区沥青路面耐久性设计理论与提升技术	哈尔滨工业大学、龙建路桥股份有限公司、黑龙江省交通投资集团有限公司、哈尔滨辰科交通科技有限公司、北京市政路桥建材集团有限公司	科学技术进步一等奖	黑龙江省
21	建设工程复杂岩溶精准探测与基础施工质量检测关键技术及成套装备	同济大学、中国科学院武汉岩土力学研究所、武汉长盛工程检测技术开发有限公司、广西华蓝岩土工程有限公司、上海市政工程设计研究总院（集团）有限公司、中船第九设计研究院工程有限公司	科学技术进步一等奖	上海市
22	土工合成材料界面剪切特性测试与宏细观模拟关键技术及应用	同济大学、中铁二十四局集团有限公司、上海申元岩土工程有限公司、无锡市城市环境科技有限公司、无锡市水务集团有限公司、上海老港废弃物处置有限公司	科学技术进步一等奖	上海市
23	跨海长大桥船撞风险评估、智能监控与安全防护关键技术	浙江工业大学、中交公路长大桥建设国家工程研究中心有限公司、同济大学、中交公路规划设计院有限公司、上海船舶运输科学研究所有限公司、中交公规土木大数据信息技术（北京）有限公司、西南交通大学、浙江交工集团股份有限公司大桥分公司	科学技术进步一等奖	浙江省

序号	成果名称	完成单位／主要完成人	奖项	省市地区
24	城市高密集区地铁运营期地面长期沉降防控关键技术与应用	浙江科技学院、同济大学、中国矿业大学（北京）、杭州市地铁集团有限责任公司、浙江大学、广东华隧建设集团股份有限公司、绍兴市轨道交通集团有限公司、河海大学	科学技术进步一等奖	浙江省
25	公铁两用大跨度刚性悬索加劲连续钢桁梁桥建造关键技术及应用	中铁四局集团有限公司、中国铁路设计集团有限公司、合肥工业大学、同济大学、中铁四局集团钢结构建筑有限公司、中铁四局集团第二工程有限公司、柳州欧维姆工程有限公司	科学技术进步一等奖	安徽省
26	改扩建高速公路路基差异沉降智能感知、预警与精细化控制及应用	山东交通学院、山东大学、山东高速基础设施建设有限公司、长沙理工大学、山东高速建设管理集团有限公司、中交第二公路勘察设计研究院有限公司、山东省路桥集团有限公司、山东高速工程建设集团有限公司、山东省公路桥梁建设集团有限公司、山东恒泰工程集团有限公司	科学技术进步一等奖	山东省
27	复杂环境下深基坑开挖及降水安全防控理论与关键技术	华东交通大学、上海交通大学、中铁上海设计院集团有限公司、同济大学、浙大城市学院、浙江大学、浙江科技学院、浙江省地矿勘察院有限公司、南昌市政公用工程项目管理有限公司、杭州市钱江新城建设开发有限公司	科学技术进步一等奖	江西省
28	堤坝防渗体修复加固与应急处置关键技术及其应用	江西省水利科学院、郑州大学、长江地球物理探测（武汉）有限公司、中国水电基础局有限公司、江西省水利水电建设集团有限公司、郑州安源工程技术有限公司、上海市堤防泵闸建设运行中心	科学技术进步一等奖	江西省
29	列车－轨道－桥梁系统相互作用理论、关键技术及工程应用	华东交通大学、北京交通大学、中铁第四勘察设计院集团有限公司、中铁二院工程集团有限责任公司、隔而固（青岛）振动控制有限公司、洛阳双瑞橡塑科技有限公司、中国铁建大桥工程局集团有限公司、中铁五局集团有限公司、南昌工程学院、浙江省交通工程管理中心	科学技术进步一等奖	江西省
30	高铁大跨桥梁无砟轨道变形防控理论及控制关键技术	昌九城际铁路股份有限公司、华东交通大学、中铁第四勘察设计院集团有限公司、中铁十六局集团有限公司、江西赣粤高速公路工程有限责任公司、北京交通大学、苏州科技大学、中铁大桥局集团第五工程有限公司、南昌市政公用工程项目管理有限公司	科学技术进步一等奖	江西省
31	道路低能耗降碳系列技术开发及工程应用	华北水利水电大学、长安大学、河南省交通科学技术研究院有限公司、河南交通投资集团有限公司、天津市政工程设计研究总院有限公司、河北交投干线公路开发有限公司	科学技术进步一等奖	河南省
32	复杂环境下大型桥梁结构隔震减振协同控制关键技术与应用	华中科技大学、中铁二院工程集团有限责任公司、中国交通建设股份有限公司、中铁大桥科学研究院有限公司、柳州东方工程橡胶制品有限公司、中铁开发投资集团有限公司、中交第二公路勘察设计研究院有限公司、中铁大桥勘测设计院集团有限公司	科学技术进步一等奖	湖北省
33	全断面隧道掘进机掘进地层信息感知与智能化决策控制技术	武汉大学、中铁十一局集团有限公司、中国科学院武汉岩土力学研究所、中铁第四勘察设计院集团有限公司、中铁建华南建设有限公司、中国水利水电第三工程局有限公司、中铁十四局集团有限公司、中铁工程装备集团有限公司、中铁十八局集团有限公司、武汉城建集团建设管理有限公司	科学技术进步一等奖	湖北省

序号	成果名称	完成单位／主要完成人	奖项	省市地区
34	大坝混凝土长期性能演变与耐久性保障关键技术	中国长江三峡集团有限公司、武汉大学、中国水利水电科学研究院、东南大学、长江勘测规划设计研究有限责任公司、长江水利委员会长江科学院、江苏苏博特新材料股份有限公司	科学技术进步一等奖	湖北省
35	超高层建筑结构风效应的关键技术研究及其应用	广州大学、华南理工大学、汕头大学、中山大学、中铁建华南建设有限公司	科学技术进步一等奖	广东省
36	软土－城市隧道耦合体系性能演化理论与安全控制技术	中山大学、中铁建华南建设有限公司、中铁十八局集团有限公司、中铁十二局集团有限公司、广州地铁集团有限公司、广州地铁设计研究院股份有限公司、中南大学	科学技术进步一等奖	广东省
37	三维地籍关键技术与应用	深圳大学、深圳市规划和自然资源数据管理中心、武汉大学	科学技术进步一等奖	广东省
38	被动多功能减震／振关键技术与工程应用	海南大学、同济大学、中国建筑第八工程局有限公司、海南柏森建筑设计有限公司、中铁一局集团建筑安装工程有限公司、震安科技股份有限公司、福州大学、海南省设计研究院有限公司	科学技术进步一等奖	海南省
39	复杂结构及曲面零件整体浸入式化流固耦合抛光工艺与装备	海南大学、大连理工大学、杭州电子科技大学、中建三局集团有限公司、北京卫星制造厂有限公司、中国兵器科学研究院宁波分院	科学技术进步一等奖	海南省
40	70m级超大跨扁担状地下洞库建造关键技术与应用	中铁隧道集团一处有限公司、中铁隧道局集团有限公司、中国人民解放军93194部队、中国人民解放军军事科学院国防工程研究院工程防护研究所、中铁第六勘察设计院集团有限公司、中铁隧道勘察设计研究院有限公司	科学技术进步一等奖	重庆市
41	大跨桥梁结构状态诊断与性能提升关键技术及应用	重庆交通大学、重庆大学、招商局重庆交通科研设计院有限公司、河海大学中铁十一局集团第五工程有限公司、中铁西南科学研究院有限公司、大连理工大学、重庆市铁路（集团）有限公司、重庆市城市建设投资（集团）有限公司	科学技术进步一等奖	重庆市
42	长江流域建筑低碳供暖空调关键技术和装备及应用	重庆大学、清华大学、青岛海尔空调电子有限公司、广东美的制冷设备有限公司、中国建筑第八工程局有限公司、浙江大学、广州市华德工业有限公司	科学技术进步一等奖	重庆市
43	超长深埋高风险公路隧道建设关键技术及应用	四川高速公路建设开发集团有限公司、成都理工大学、四川省公路规划勘察设计研究院有限公司、四川川交路桥有限责任公司、四川秦巴高速公路有限责任公司、西南交通大学、中铁一局集团第四工程有限公司	科学技术进步一等奖	四川省
44	高烈度区高陡边坡抗震关键技术及工程应用	西南交通大学、中铁二院工程集团有限责任公司、四川省公路规划勘察设计研究院有限公司、中铁科学研究院有限公司、中铁二局第二工程有限公司	科学技术进步一等奖	四川省
45	艰险山区高速铁路特大跨度混凝土拱桥关键技术及应用	中铁二院工程集团有限责任公司、西南交通大学、沪昆铁路客运专线贵州有限公司、中铁广州工程局集团有限公司	科学技术进步一等奖	四川省

序号	成果名称	完成单位／主要完成人	奖项	省市地区
46	近零能耗建筑装配式围护结构关键技术研究与应用	中国建筑西南设计研究院有限公司、中国建筑股份有限公司技术中心、重庆大学、中建科技集团有限公司、四川南玻节能玻璃有限公司	科学技术进步一等奖	四川省
47	山区高速公路桥梁隧道检测新技术及装备	云南省交通投资建设集团有限公司、云南武易高速公路有限公司、同济大学、重庆交通大学、湖南大学、云南云路工程检测有限公司、云南楚姚高速公路有限公司、湖南联智科技股份有限公司、云南交投集团投资有限公司	科学技术进步一等奖	云南省
48	钢管混凝土桥梁的结构理论与技术创新	长安大学、重庆大学、中交第二公路工程局有限公司中建科工集团有限公司、中交第一公路勘察设计研究院有限公司	科学技术进步一等奖	陕西省
49	高烈度区装配式混凝土结构关键技术及工程应用	陕西建工集团股份有限公司、西安建筑科技大学、长安大学、中国建筑西北设计研究院有限公司、西安建工绿色建筑集团有限公司	科学技术进步一等奖	陕西省
50	甘肃省黄土公路路基多次湿陷机理与修筑成套技术	甘肃省交通规划勘察设计院股份有限公司、中国科学院西北生态环境资源研究院、甘肃省交通科学研究院集团有限公司、甘肃路桥建设集团有限公司、西北民族大学、甘肃省公路交通建设集团有限公司、甘肃省公路事业发展中心、甘肃省公路建设管理集团有限公司	科学技术进步一等奖	甘肃省
51	复杂条件下土工合成材料加筋土结构成套关键技术与工程应用	新疆交通规划勘察设计研究院有限公司、长安大学、华中科技大学、武汉理工大学、新疆建筑科学研究院（有限责任公司）、新疆交通投资（集团）有限责任公司、安徽徽风新型合成材料有限公司	科学技术进步一等奖	新疆维吾尔自治区
52	乡村住房建筑装配式建造关键技术研究与产业化应用	中建新疆建工（集团）有限公司、西安建筑科技大学、新疆农业大学、新疆冶金建设（集团）有限责任公司、合肥工业大学、四川大学、中国建筑西北设计研究院有限公司	科学技术进步一等奖	新疆维吾尔自治区
53	钢渣固废在公路工程中绿色高效利用成套技术	内蒙古高速公路集团有限责任公司、武汉理工大学、内蒙古综合交通科学研究院有限责任公司、包头市鹿城路桥工程有限公司	技术发明奖一等奖	内蒙古自治区
54	城市轨道交通盾构高效智能掘进与运营保障成套材料及工程应用	山东大学、山东高速交通建设集团股份有限公司、中铁十四局集团有限公司、中铁十局集团有限公司、济南大学、中国矿业大学、济南轨道交通集团有限公司、山东宏禹工程科技有限公司	技术发明奖一等奖	山东省
55	水下盾构隧道防水与结构安全保障一体化技术	中铁第四勘察设计院集团有限公司、西南交通大学、同济大学、湖北工业大学、江阴海达橡塑股份有限公司	技术发明奖一等奖	湖北省
56	固体废弃物再生混凝土材料关键技术及其工程应用	广东工业大学、广州建筑股份有限公司、广东省交通规划设计研究院集团股份有限公司、广东建远建筑装配工业有限公司、广东基础新世纪混凝土有限公司、广东翔顺建设集团有限公司、广州市胜特建筑科技开发有限公司、深圳市绿发鹏程环保科技有限公司、广东电白建设集团有限公司、广东省建筑材料研究院有限公司	技术发明奖一等奖	广东省

序号	成果名称	完成单位／主要完成人	奖项	省市地区
57	建筑钢结构智能制造关键装备、技术及应用	中建钢构工程有限公司、中建科工集团有限公司、华南理工大学、中冶建筑研究总院有限公司、同济大学、广州智能装备研究院有限公司、唐山开元自动焊接装备有限公司、深圳市桥博设计研究院有限公司、中建钢构广东有限公司	技术发明奖一等奖	广东省
58	滨海基础设施钢－混组合结构及智能监测新技术	海南大学、深圳大学、中交公路长大桥建设国家工程研究中心有限公司、中国公路工程咨询集团有限公司、深圳市桥博设计研究院有限公司、中交一公局集团有限公司	技术发明奖一等奖	海南省
59	复杂艰险山区铁路工程重大地质灾害识别技术与防控对策	中铁第一勘察设计院集团有限公司、中国科学院、水利部成都山地灾害与环境研究所、成都理工大学、西南交通大学、川藏铁路有限公司	技术发明奖一等奖	西藏自治区
60	青藏高原复杂地质条件下双护盾TBM公路隧道建造关键技术	中国电建集团成都勘测设计研究院有限公司、西南交通大学、中国水利水电第十工程局有限公司、中交天和机械设备制造有限公司	技术发明奖一等奖	西藏自治区
61	复杂环境和特殊地层条件下地下工程建造技术创新及工程应用	董建华、唐春安、吴晓磊、马天辉、马岷成、马小利	技术发明奖一等奖	甘肃省
62	超长超宽堰筑法隧道抗裂防渗与绿色建造关键技术	江苏苏博特新材料股份有限公司、江苏省交通工程建设局、东南大学、江苏中路工程技术研究院有限公司、华设设计集团股份有限公司、河海大学、上海交通大学	科学技术奖一等奖	江苏省
63	复杂荷载－环境耦合作用下桥梁多灾害推演及防控关键技术与应用	东南大学、华设设计集团股份有限公司、中铁桥隧技术有限公司、江苏科技大学、天津大学、江苏容大减震科技股份有限公司	科学技术奖一等奖	江苏省

4.2 中国土木工程詹天佑奖获奖项目

为推动我国土木工程科学技术的繁荣发展，积极倡导土木工程领域科技应用和科技创新的意识，中国土木工程学会与北京詹天佑土木工程科学技术发展基金会专门设立了"中国土木工程詹天佑奖"，以奖励和表彰在科技创新特别是自主创新方面成绩卓著的优秀项目，树立科技领先的样板工程，并力图达到以点带面的目的。中国土木工程詹天佑奖评选始终坚持"公开、公平、公正"

的设奖原则，已经成为我国土木工程建设领域科技创新的最高奖项，为弘扬科技创新精神，激励科技人员的创新创造热情，促进我国土木工程科技水平的提高发挥了积极作用。

4.2.1 获奖项目清单

第二十届第一批中国土木工程詹天佑奖经过遴选推荐、形式审查、专业组初评、终审会议评审、詹天佑大奖指导委员会审核、公示等评选程序，共有 44 项各领域的标志性工程入选。其中，建筑工程 14 项，桥梁工程 6 项，铁道工程、隧道工程、公路工程、水利水电工程各 2 项，电力工程、水运工程、公交工程各 1 项，轨道交通工程、市政工程各 4 项，水工业工程、燃气工程、国防工程各 1 项，住宅小区工程 2 项。44 个入选工程在规划、勘察、设计、施工、科研、管理等技术方面具有突出的创新性和较高的科技含量，积极贯彻执行"创新、协调、绿色、开放、共享"的新发展理念，在同类工程建设中具有领先水平，经济和社会效益显著。第二十届第一批中国土木工程詹天佑奖入选工程及参建单位清单见表4-13。

第二十届第一批中国土木工程詹天佑奖入选项目清单   表 4-13

序号	工程名称	主要参建单位
1	北京至张家口高速铁路工程	中国国家铁路集团有限公司、中铁工程设计咨询集团有限公司、京张城际铁路有限公司、中国铁路北京局集团有限公司、中铁五局集团有限公司、中铁十四局集团有限公司、中铁大桥局集团有限公司、中铁建工集团有限公司、中铁三局集团有限公司、中国铁道科学研究院集团有限公司、中铁电气化局集团有限公司、中国铁路通信信号股份有限公司、中国中铁股份有限公司、中国铁建股份有限公司、中铁六局集团有限公司、中铁七局集团有限公司、中铁建设集团有限公司、北京中铁诚业工程建设监理有限公司、中铁第五勘察设计院集团有限公司、中铁第四勘察设计院集团有限公司
2	北京市朝阳区 CBD 核心区 Z15 地块项目（中信大厦）	中国建筑股份有限公司、中建三局集团有限公司、中建安装集团有限公司、北京市建筑设计研究院有限公司、清华大学、中信和业投资有限公司、中建科工集团有限公司、中国建筑科学研究院有限公司、中建一局集团建设发展有限公司、北京远达国际工程管理咨询有限公司
3	国家雪车雪橇中心	上海宝冶集团有限公司、北京北控京奥建设有限公司、中国建筑设计研究院有限公司、上海宝冶冶金工程有限公司、上海宝冶建筑装饰有限公司、上海宝冶建筑工程有限公司、北京京仪自动化系统工程研究设计院有限公司
4	阿尔及利亚嘉玛大清真寺项目	中国建筑股份有限公司阿尔及利亚公司、中建三局集团有限公司、中建三局第三建设工程有限责任公司

序号	工程名称	主要参建单位
5	西安交通大学科技创新港科创基地项目	陕西建工集团股份有限公司、西安交通大学、西咸新区交大科技创新港发展有限公司、陕西建工第六建设集团有限公司、陕西建工第十一建设集团有限公司、陕西华山建设集团有限公司、陕西建工安装集团有限公司、陕西古建园林建设集团有限公司、陕西建工第二建设集团有限公司、陕西华山路桥集团有限公司
6	普陀山观音文化园（观音圣坛、正法讲寺）工程	中国建筑第八工程局有限公司、中建三局集团有限公司、华东建筑设计研究院有限公司、苏州金螳螂建筑装饰股份有限公司、中建八局装饰工程有限公司、杭州金星铜工程有限公司、上海通正铝结构建设科技有限公司、南京朗辉光电科技有限公司、浙江亚厦装饰股份有限公司、浙江省东阳木雕古建园林工程有限公司
7	北京新机场南航基地机务维修及运行保障工程	北京建工集团有限责任公司、中铁建设集团有限公司、中国建筑第二工程局有限公司、中国南方航空股份有限公司、中国航空规划设计研究总院有限公司、中国中建设计研究院有限公司、北京市建筑工程装饰集团有限公司
8	亚洲基础设施投资银行总部永久办公场所	北京城市副中心投资建设集团有限公司、北京建工集团有限责任公司、北京城建集团有限责任公司、中国建筑第八工程局有限公司、清华大学建筑设计研究院有限公司、北京市第五建筑工程集团有限公司、北京城建亚泰建设集团有限公司、北京城建二建设工程有限公司、中建东方装饰有限公司、中建八局装饰工程有限公司
9	02 工程	略
10	坪山河干流综合整治及水质提升工程（设计采购施工项目总承包）	中国建筑股份有限公司、中国水利水电科学研究院、中建生态环境集团有限公司、中国市政工程西北设计研究院有限公司、中建三局集团有限公司、中国建筑第六工程局有限公司、深圳市坪山区水务局
11	郑州市奥林匹克体育中心	中国建筑第八工程局有限公司、中国建筑西南设计研究院有限公司、中建八局第二建设有限公司、郑州地产集团有限公司、东南大学、中建科工集团有限公司
12	矿坑生态修复利用工程——冰雪世界项目	中国建筑第五工程局有限公司、中建五局第三建设有限公司、华东建筑设计研究院有限公司、中建隧道建设有限公司、中建五局装饰幕墙有限公司、湖南中建奇配科技有限公司、中建五局土木工程有限公司
13	海天大酒店改造项目（海天中心）一期工程	青岛国信海天中心建设有限公司、中国建筑第八工程局有限公司、上海建科工程咨询有限公司、悉地国际设计顾问（深圳）有限公司、青岛城市建筑设计院有限公司、中建安装集团有限公司、苏州金螳螂建筑装饰股份有限公司、中建深圳装饰有限公司、德才装饰股份有限公司、东亚装饰股份有限公司
14	波音737MAX飞机完工及交付中心工程	中铁建工集团有限公司、中铁建工集团有限公司华北分公司、中国航空规划设计研究总院有限公司、天津大学、舟山航空投资发展有限公司
15	绵阳京东方第6代AMOLED（柔性）生产线项目	中国建筑一局（集团）有限公司、中建一局集团建设发展有限公司、绵阳京东方光电科技有限公司、中国电子工程设计院有限公司、四川华凯工程项目管理有限公司、中国电子系统工程第二建设有限公司
16	芜湖长江公路二桥工程	安徽省交通控股集团有限公司、安徽省交通规划设计研究总院股份有限公司、同济大学、中铁大桥局集团有限公司、中交第二航务工程局有限公司、中铁三局集团有限公司、中铁一局集团有限公司、安徽省公路桥梁工程有限公司、安徽水利开发有限公司、中国铁建大桥工程局集团有限公司
17	浙江省乐清湾大桥及接线工程	浙江数智交院科技股份有限公司、浙江乐清湾高速公路有限公司、中交一公局集团有限公司、东南大学、中铁四局集团第二工程有限公司、中交第二公路工程局有限公司、中铁四局集团第一工程有限公司、浙江交工路桥建设有限公司、台州市公路水运工程监理咨询有限公司、武汉大通工程建设有限公司

序号	工程名称	主要参建单位
18	汉十铁路崔家营汉江特大桥	中铁第四勘察设计院集团有限公司、中铁大桥局集团有限公司、湖北汉十城际铁路有限责任公司、中铁武汉电气化局集团有限公司
19	保定市乐凯大街南延工程跨保定南站斜拉桥工程	中建交通建设集团有限公司、中铁工程设计咨询集团有限公司、北京工业大学、中铁十八局集团第五工程有限公司、中建路桥集团有限公司
20	杨泗港长江大桥	中铁大桥局集团有限公司、武汉市城市建设投资开发集团有限公司、中铁大桥勘测设计院集团有限公司、江苏法尔胜缆索有限公司、中铁九桥工程有限公司、中铁大桥局集团第一工程有限公司、中铁大桥局集团第六工程有限公司
21	沪昆高速铁路北盘江特大桥	中铁广州工程局集团有限公司、中铁二院工程集团有限责任公司、沪昆铁路客运专线贵州有限公司、中国铁道科学研究院集团有限公司、中铁广州工程局集团第二工程有限公司
22	新建浩吉铁路工程	浩吉铁路股份有限公司、中铁十二局集团有限公司、中铁第四勘察设计院集团有限公司、中铁五局集团有限公司、中铁四局集团有限公司、中国铁建大桥工程局集团有限公司、中铁十一局集团有限公司、中铁二十一局集团有限公司、中铁二十局集团有限公司、中铁武汉电气化局集团有限公司
23	雅安至康定高速公路二郎山隧道	中铁隧道局集团有限公司、四川雅康高速公路有限责任公司、四川省公路规划勘察设计研究院有限公司、中铁十二局集团有限公司、四川省公路院工程监理有限公司、成都市路桥工程股份有限公司、四川省交通建设集团股份有限公司
24	成贵铁路玉京山隧道	中铁二院工程集团有限责任公司、成贵铁路有限责任公司、中铁五局集团有限公司、四川铁科建设监理有限公司、武汉铁四院工程咨询有限公司
25	济南至青岛高速公路改扩建工程	山东高速股份有限公司、山东高速工程项目管理有限公司、山东省交通规划设计院集团有限公司、中铁十四局集团有限公司、山东省公路桥梁建设集团有限公司、中国建筑第八工程局有限公司、中交路桥建设有限公司、中化学交通建设集团有限公司、山东省路桥集团有限公司、山东省交通科学研究院
26	乐昌至广州高速公路	广东广乐高速公路有限公司、广州市市政集团有限公司、中铁十二局集团有限公司、保利长大工程有限公司、广东冠粤路桥有限公司、中铁十一局集团有限公司、中铁十四局集团有限公司、中交第二公路勘察设计研究院有限公司、中交第一公路勘察设计研究院有限公司、招商局重庆交通科研设计院有限公司
27	金沙江梨园水电站	云南华电金沙江中游水电开发有限公司梨园发电分公司、中国电建集团昆明勘测设计研究院有限公司、中国安能集团第一工程局有限公司、中国水利水电科学研究院、中国水利水电第七工程局有限公司、中国水利水电第十一工程局有限公司、中国水利水电第十四工程局有限公司、中国水电基础局有限公司、中国水利水电第一工程局有限公司、中国水利水电建设工程咨询西北有限公司
28	云南省牛栏江－滇池补水工程	云南建投第一水利水电建设有限公司、云南省牛栏江－滇池补水工程建设指挥部、云南省水利水电勘测设计研究院、中国电建集团昆明勘测设计研究院有限公司、云南水投牛栏江滇池补水工程有限公司、中国水利水电第十四工程局有限公司、中铁五局集团有限公司、中国水利水电第五工程局有限公司、中铁十九局集团有限公司
29	舟山500kV联网输变电工程	国网浙江省电力有限公司建设分公司、浙江省送变电工程有限公司、中国能源建设集团浙江省电力设计院有限公司、浙江大学、浙江盛达铁塔有限公司、宁波东方电缆股份有限公司、国网浙江省电力有限公司舟山供电公司
30	长江南京以下12.5 m深水航道工程	中交上海航道勘察设计研究院有限公司、长江航道局、中交第一航务工程勘察设计院有限公司、中交第一航务工程局有限公司、中交水运规划设计院有限公司、长江航道勘察设计院（武汉）有限公司、中交上海航道局有限公司、中交第三航务工程局有限公司、中交第三航务工程勘察设计院有限公司、中港疏浚有限公司

序号	工程名称	主要参建单位
31	南宁市轨道交通3号线一期工程（科园大道—平乐大道）	中铁十二局集团有限公司、南宁轨道交通集团有限责任公司、广州地铁设计研究院股份有限公司、中铁建北部湾建设投资有限公司、中铁交通投资集团有限公司、北京城建勘测设计研究院有限责任公司、中铁十一局集团有限公司、中铁三局集团有限公司、中铁隧道局集团有限公司、中铁第六勘察设计院集团有限公司
32	成都地铁7号线工程	中铁城市发展投资集团有限公司、成都轨道交通集团有限公司、西南交通大学、中铁二局集团有限公司、中铁二院工程集团有限责任公司、中铁八局集团有限公司、中铁四局集团有限公司、中铁一局集团有限公司、中铁上海工程局集团有限公司、中铁九局集团有限公司
33	上海市轨道交通15号线工程	上海市隧道工程轨道交通设计研究、上海申通地铁集团有限公司院、上海轨道交通技术研究中心、中铁十一局集团有限公司、中铁十四局集团电气化工程有限公司、中铁十九局集团有限公司、上海市机械施工集团有限公司、中交一公局集团有限公司、中交第三航务工程局有限公司、上海公路桥梁（集团）有限公司
34	青岛地铁2号线一期工程	中铁二院工程集团有限责任公司、青岛地铁集团有限公司、中铁（上海）投资集团有限公司、中铁隧道局集团有限公司、中铁十局集团有限公司、中铁三局集团有限公司、中铁十八局集团有限公司、中铁十二局集团有限公司、中铁十七局集团有限公司、中青建安建设集团有限公司
35	盐城市BRT/SRT中运量公交建设工程	华设计集团股份有限公司、盐城市交通投资建设控股集团有限公司、江苏省新通智能交通科技发展有限公司、江苏中城交通装备有限公司、青岛海信网络科技股份有限公司
36	上海市诸光路通道新建工程	上海城投公路投资（集团）有限公司、上海隧道工程有限公司、上海市政工程设计研究总院（集团）有限公司、同济大学、上海市合流工程监理有限公司
37	武青堤（铁机路—武丰闸）堤防江滩综合整治工程（青山段）	中国一冶集团有限公司、长江勘测规划设计研究有限责任公司、武汉市城市防洪勘测设计院有限公司、中冶南方工程技术有限公司、中冶武汉冶金建筑研究院有限公司
38	济南市顺河快速路南延工程	济南城建集团有限公司、山东汇通建设集团有限公司、济南市市政工程设计研究院（集团）有限责任公司、山东泉建工程检测有限公司、山东汇友市政园林集团有限公司
39	深港莲塘/香园围口岸及配套东部过境交通枢纽	重庆中环建设有限公司、上海宝冶集团有限公司、北京科技大学、深圳建筑工务署文体工程管理中心、深圳广田集团股份有限公司、深圳市交通公用设施建设中心、中铁二局集团有限公司、香港特别行政区政府土木工程拓展署、中国一冶集团有限公司、深圳市路桥建设集团有限公司
40	合肥王小郢污水处理厂提标改造及除臭降噪工程	北京市市政工程设计研究总院有限公司、合肥市重点工程建设管理局、合肥市城乡建设局、安徽水安建设集团股份有限公司、合肥王小郢污水处理有限公司

序号	工程名称	主要参建单位
41	温州小门岛液化石油气储配基地	浙江中燃华电能源有限公司、中国天辰工程有限公司、合肥通用机械研究院有限公司、沈阳工业安装工程股份有限公司、四川省工业设备安装集团有限公司
42	4476 工程	略
43	百子湾保障房项目公租房地块（1号公租房等37项）	北京住总集团有限责任公司、北京建工集团有限责任公司、北京市建筑设计研究院有限公司、北京保障房中心有限公司、北京英诺威建设工程管理有限公司、北京住总第三开发建设有限公司、北京六建集团有限责任公司
44	梧桐中舍、西舍项目	陕西建工集团股份有限公司、陕西建工第二建设集团有限公司、陕西建工第六建设集团有限公司、陕西建工第八建设集团有限公司、陕西建工第十一建设集团有限公司、陕西建工智能科技有限公司、陕西古建园林建设集团有限公司

4.2.2 获奖项目科技创新特色

本报告对第二十届第一批中国土木工程詹天佑奖入选项目的工程概况和项目科技创新特色作简要介绍。

4.2.2.1 建筑工程获奖项目

（1）北京市朝阳区CBD核心区Z15地块项目（中信大厦）

北京市朝阳区CBD核心区Z15地块项目位于北京市朝阳区CBD核心区，总建筑面积43.7万 m^2，其中地上35万 m^2，地下8.7万 m^2。建筑高528m，地上108层，地下含夹层8层，是世界上首座在高烈度抗震设防区超500m的建筑。大厦集甲级写字楼、多功能中心等功能于一体，是北京第一、中国第五、全球第九高楼。工程借鉴高端制造业经验，解决超高层建筑技术复杂性、系统多样性等设计难题，并采用模块化策略，为立体城市理论实施提供支持。工程于2013年7月开工建设，2019年11月竣工，总投资160亿元（图4-1）。

图4-1 北京市朝阳区CBD核心区Z15地块项目（中信大厦）

工程是世界上首座在 8 度抗震设防区超 500m 的建筑，结构设计发展了高烈度区巨型结构抗震设计理论，构建了高效数字参数化设计系统，科学揭示了巨型组合结构约束效应机理，建立了基于全寿命周期的钢管混凝土混合结构分析理论；国内第一个利用 BIM 正向设计、三维扫描等技术辅助项目管理，将 BIM 竣工模型与智慧建筑云平台相关联，首次实现高层建筑全生命周期的信息、网络、监控、管理系统间的互联互通；自主研发了超高层智能化施工装备集成平台，全球首次实现了塔机与平台集成、同步顶升；研究应用全球首个超 500m 的跃层电梯，安全高效、解决超高层垂直运输压力难题；创新采用厚钢板多维冷弯成型技术和新型焊接工艺，提高了复杂多腔体钢结构巨型柱的制作精度与质量；研究高强度等级混凝土超高泵送，解决了超大截面巨型柱施工难题；发展了超深超厚大体积混凝土基础底板施工技术，发明了自适应锚栓套架、串管 + 溜槽组合施工体系，解决了大体积混凝土裂缝控制及狭小场地深基坑混凝土浇筑难题；应用光伏发电系统、变风量低温送风、碳纤维带曳引技术、电梯能量回馈系统等多项节能技术。采用建筑能源管理系统，动态分析与评估能耗情况，提高能源使用效率，实现低能耗绿色建筑的目标。

（2）国家雪车雪橇中心

国家雪车雪橇中心工程是 2022 年北京冬奥会延庆赛区比赛场馆之一，总建筑面积 52536.57m^2，赛道总长 1975m，垂直落差 121m，共设置 16 个弯道，具有全球唯一的 360° 回旋弯道，运动员承受的最大重力加速度达 4.7g，最大设计速度 134.4km/h，是全球第十七条、亚洲第三条、国内首条符合奥运标准的竞赛级雪车雪橇专业赛道。工程于 2018 年 1 月 11 日开工建设，2021 年 5 月 30 日竣工，总投资 22 亿元（图 4-2）。

工程在国内首次创新研发了具有高密实、良好黏聚性能、耐久性能，抗冻融达到 F400 级的赛道主体结构专用喷射混凝土材料，取得零的突破，编制了《喷射结构混凝土应用技术规范》；在国际上首次将数字孪生应用于雪车雪橇赛道建设，实现赛道全流程、全要素数字建造，构建基于三维扫描、BIM、GIS 相融合的新型精密工程测控技术体系；研发了长线型制冷管道定位支架，全自动激光切割成型，创新了多弯道、高落差条件下 12 万 m 双曲面氨制冷管道高精度装配技术；国内首创空间异型双曲面薄壳赛道结构混凝土喷射工艺，开发曲面平滑度专用控制系统和国内首套赛道系列专用工具，赛道表面平滑度达到毫米级精度，填补国内同类技术空白；国内首次将 SIS 系统成功应用于大型氨制冷系统，自主研制成

图 4-2　国家雪车雪橇中心

套充氨工艺及制冷单元流量控制技术，解决多气候、大落差、大制冷面积等复杂条件下 80t 液氨制冷系统调试、运行的技术难题；开发了冰面精度控制成套工具，实现异型双曲赛道冰面厚度、硬度、光滑度的精准控制，创立了开放式赛道表面毫米级人工制冰及精加工成型技术；首创全球最大跨度单边悬挑钢木组合人工地形气候保护遮阳系统，实现遮蔽 98% 太阳辐射和降低赛道附近 35% 风速的效果。

（3）阿尔及利亚嘉玛大清真寺项目

阿尔及利亚嘉玛大清真寺项目位于阿尔及尔湾，紧邻地中海。项目占地面积 27.8 万 m²，建筑面积 40 万 m²，是阿尔及利亚文化、宗教和旅游的中心。由礼拜大殿、宣礼塔、图书馆、伊斯兰文化研究中心、古兰经学院等 12 幢建筑组成，是一个群体建筑项目。核心单体礼拜大殿占地面积超过 2 万 m²，建筑面积约 8 万 m²，室内礼拜面积 3.1 万 m²，屋顶为双层穹顶，高度达到 75m。可容纳 3.6 万人，是世界最大的室内礼拜大殿。工程于 2012 年 3 月 20 日开工建设，2021 年 5 月 30 日竣工，总投资 111.8 亿元（图 4-3）。

该项目的宣礼塔结构采用一种用于超高层建筑钢骨高强混凝土的多核心筒体支撑体系，首次对结构构件进行分类设计，解决高震区大高宽比宣礼塔结构抗震设计施工难题；在非洲地区首次应用壁式方桩设计与施工技术，成功完成宣礼塔 60 根纵横交错壁式方桩基础施工，解决了超深、大截面壁式桩施工难题；结合北非环境研制出了具备早强、低温、高流动性的 C60 高强混凝土，首次在高温条件

图 4-3　阿尔及利亚嘉玛大清真寺

下研制出超高泵送－超高抗裂性能协同提升技术将 C60 混凝土泵送至 250m 高，刷新了北非地区 C60 高强混凝土泵送高度纪录；首创在高大空间礼拜大殿设计倒摆钟式抗震支座和黏滞阻尼器组成的大平面隔震体系，有效解决了高震区重要建筑抗震设计难题；深入研究不同工况下垂直运输的特点及控制要点，以及基于模块化理念下的垂直运输调度管理，在非洲地区首次实现 PC 端与移动端对超高层建筑垂直运输系统的调度管理；在北非地区创新研究建筑－能源系统一体化设计技术、智能能源物联网技术等节能建造智能技术，解决阿尔及利亚嘉玛大清真寺属地化运营团队节能、高效的智能管理难题。

（4）西安交通大学科技创新港科创基地项目

西安交通大学科技创新港科创基地项目位于陕西省西咸新区沣西新城中国西部科技创新港，占地 1750 亩，总建筑面积 159.44 万 m²，包括 52 个单体及配套市政园林工程，是国家建设世界一流大学、一流科研平台的超大型重点建设项目，具有建造技术复杂、科技含量高、绿色低碳节能等特点，建成 29 个研究院和 300 多个国家级、省级科研平台，承载着国家"一带一路、创新驱动"战略使命，已成为引领西部、辐射全国、影响世界的科技创新体。工程于 2017 年 3 月 25 日开工，2019 年 6 月 12 日竣工验收交付，总投资 82.66 亿元（图 4-4）。

项目首创新能源电力系统综合规划及互联网创新关键技术，研发系统可靠性评估冗余约束去除方法和技术，建成全国能源互联网创新实验标杆项目；首创基

图 4-4　西安交通大学科技创新港科创基地

于"四网融合"的智慧校园管控平台建设创新技术，研发的新型宽带移动网络业务协同与智能控制技术，达到国际领先水平，建成全国首个超大智慧学镇 5G 应用示范校园；首创中深层地埋管管群供热设计优化方法及供热系统成套装备技术，是国内首个应用规模最大的示范项目；研发西北半干旱地区海绵城市建设创新技术，达到国际先进水平，成为西北地区海绵城市建设典范；首创含氢零碳智能建筑多能协同控制优化关键技术，实现含氢多能源供需系统的动态感知、通信计算、优化决策的设计一体化、智能化控制；研发超低能耗新型节能围护结构装配式建造关键技术，建成全国首个"自然能源持续转化与利用"科研实验楼；创新国际学镇与田园城市相结合的设计新理念，是国内首个开放式绿色低碳超大型智慧学镇；创新超大规模 EPC 项目集群管理模式和精品建造管控方法，研发特殊结构与幕墙、装配式机电管线等复杂构造设计施工一体化建造新技术，达到国际先进水平。

（5）普陀山观音文化园（观音圣坛、正法讲寺）工程

普陀山观音文化园（观音圣坛、正法讲寺）工程位于浙江省舟山市，占地面积 57.99 万 m^2，总建筑面积 17.11 万 m^2，由观音圣坛、正法讲寺组成，其中观音圣坛建筑面积 6.91 万 m^2，高度 91.9m，地上 9 层为中庭空间、殿堂、展厅、会议区等，是目前世界首个"毗卢观音"形态文化建筑，也是全球首个结构空间双曲面建筑——"清水四面"结构建筑，被誉为当代文化建筑"新遗产"。正法

图 4-5　普陀山观音文化园（观音圣坛、正法讲寺）

讲寺建筑面积 10.2 万 m²，由 28 个院落 113 个单体组成，核心圆通宝殿是由 72 根 1m 柱径、12.6m 柱高、最大 14m 梁跨榫卯组合的纯木结构建筑，被誉为国内纯木结构建筑的"新典范"。工程于 2015 年 8 月 3 日开工建设，2020 年 6 月 30 日竣工，总投资 51.6 亿元（图 4-5）。

工程首次提出了薄壁构件整体稳定和局部屈曲耦合的铝合金构件设计理论、考虑节点刚度和蒙皮效应的整体稳定设计方法，填补了国内该领域空白；首创了"须弥山"形多曲率双层斜交空间镂空网格结构、装饰、艺术一体化成套技术，为同类复杂空间造型结构的艺术建造提供借鉴；首创了"如意塔"形 65m 高倾斜 49° 曲面劲性混凝土束筒"巨柱"体系及结构自平衡成套施工技术，开创了该类超大异型结构的建造先例；首创了"毗卢观音"形复杂钛、钣金铜外立面体系及建造成套技术，实现了国内建筑领域钛、钣金铜的国产化应用，填补了国内空白；首次提出了木结构榫卯框架力学模型和提高结构抗侧刚度设计方法，研发了柱头收分曲线加工、框架"分段对称，分层同步"施工技术，解决了传统古建筑现代装配建造难题；研发了基于复杂塑像、艺术铜树、异型装饰装修制作安装的三维扫描 +3D 打印 +CNC 数控加工成套技术，实现了非物质文化遗传工艺的数字化智慧建造。

（6）北京新机场南航基地机务维修及运行保障工程

工程位于北京大兴国际机场西北侧，总建筑面积 56.52 万 m²，机务维修项目面积 200693 m²，由机库、航材库等共 14 个单体和 7 座连廊组成，其中 4 万

m^2 机库，跨度 404.5m，进深 100m，高度 40m，可同时提供 5 个宽体和 3 个窄体维修机位；运行保障项目面积 364573 m^2，由运控指挥中心、机组出勤楼、综合业务楼、机组过夜楼及 4 座连廊组成，是中国南方航空全球运营的中枢和大脑，是全球跨度和面积最大的维修机库，是大兴新机场唯一维修大型宽体客机的基地。工程于 2017 年 11 月开工建设，2019 年 9 月竣工，总投资 37.07 亿元（图 4-6）。

工程首创 3C 控制指挥系统，集成灾备型综合布线、多核心多链路网络等五大体系，实现了现场运行、飞行调度、机务维修三大指挥功能的高度融合；提出了大跨空间网格结构抗震设计关键理论，首创斜桁架屋盖 + "L" 形格构柱新型组合结构体系，节省用钢量 37%，实现了 8 度抗震设防区、40m 限高场地、400m 大跨度机库超限设计，突破传统机库设计技术瓶颈；研发了超限大跨度机库屋盖钢结构精准建造技术，解决大门桁架与网架大高差且平面刚度不均匀的钢屋盖建造难题；基于超大跨度机库的防连续倒塌分析模型，研发了云端智能监控系统，实现施工及使用阶段全生命周期实时监控；研发了世界最大跨度（400m）电动推拉机库大门体系，采用特殊设计防倒塌构造，确保大门在承受风压和悬挂设备振动时正常开闭、安全平稳运行；研发了设备管道与大跨度钢屋盖同步提升安装及高度可调节支吊架和管道对口辅助连接技术，完成管道高空精准对接；研

图 4-6 北京新机场南航基地机务维修及运行保障工程

制了无掺合料抗裂耐磨混凝土，形成了超长、超宽配筋混凝土承重地坪施工工法，4 万 m² 机库地坪跳仓施工，原浆收面，一次成活；工程全过程采用 68 项绿色低碳创新技术，获得民航业建筑群绿色三星认证。

（7）亚洲基础设施投资银行总部永久办公场所

亚洲基础设施投资银行总部永久办公场所位于北京中轴线北端，紧邻奥林匹克森林公园，是"一带一路"合作倡议的重要工程。总用地面积 6.1 公顷，总建筑面积 389972 m²，建筑东西宽 176m，南北长 240m，带边框钢板剪力墙多筒体排架结构体系，地上 16 层，地下 3 层，建筑总高度 82.98m，由四组 12 层和中央 16 层内庭式办公建筑以及环绕办公空间的共享空间构成，整体格局如九宫之城，内部平面呈"弓""回"形，彼此穿插叠合，围合出 7 个相互联通的大型共享空间。工程于 2017 年 4 月 10 日开工建设，2019 年 9 月 10 日竣工，总投资 105 亿元（图 4-7）。

项目是亚洲最大院落式布局单体办公建筑，提出了"穿斗叠梁""巨构"空间建构设计方法；120 万 m³ 的室内共享空间消防设计，采用自然排烟、光截面 + 双波段图像火灾探测器、大空间智能主动灭火系统等排烟和消防分隔综合技术；首创巨型柱会同普通柱的排架结构体系及性能化抗震设计方法，实现水平和竖向双维度的复杂连体，填补了大尺度院落式单体建筑结构体系选型与抗震计算的空白；研发了核心筒带边框钢板剪力墙施工技术，提出了核心筒框架结构体系中钢板墙施工应力释放延迟焊接的技术要点；研发了张弦梁结构采光顶综合施工技术，

图 4-7　亚洲基础设施投资银行总部永久办公场所

运用了脉动风作用下张弦梁结构施工过程分析方法及吊挂架施工平台，解决了同类张弦梁综合施工操作及采光顶半刚性幕墙安装预变形等效荷载替换难题；国内首例圆钢管柱外包 125mm 厚薄壁清水混凝土施工；60m×45m 单幅超大面积拉索式幕墙，创新性采用下支撑大跨度小截面立柱结构体系，最大化减小对玻璃通透性的影响；率先开发了智能装配双层呼吸式遮阳生态表皮幕墙系统，可根据光照、温度等自主开合，调整办公环境，降低空调能耗；采用全生命周期建筑信息物理融合系统，高质量完成建筑、结构、外围护和设备等系统的装配式设计与施工，整体装配率达 91%。

（8）坪山河干流综合整治及水质提升工程

坪山河干流综合整治及水质提升工程位于深圳市坪山区，治理范围从坪山河三洲田水库始至下游深惠交接断面止，河道长度 19.2km，水质从劣 V 类治理到地表 IV 类，防洪标准达到百年一遇。工程建设主要内容为"5+2+7+8"，包括"5"项主要线性工程（防洪工程、截污工程、补水工程、景观工程、海绵设施）、"2"座净化站、"7"座调蓄池、"8"块人工湿地。新建 36.32km 的堤防、27.32km 的截污管、6.26km 的补水管、58.9 万 m² 的景观工程、12 处总面积 3.25 万 m² 的海绵设施；2 座总处理规模 4 万 m³/d 的净化站；7 座总规模 22 万 m³ 的分散式调蓄池；8 块总占地面积 37.98 万 m² 的人工湿地，深度处理尾水量 13.5 万 m³/d；建成后提供 1 万 m³/d 再生水回用于电厂冷却水，补水工程年引水量 7000 万 m³。工程于 2016 年 12 月 26 日开工建设，2020 年 5 月 7 日竣工，工程总投资 31.0029 亿元（图 4-8）。

工程首次提出了面向交接断面水质达标的"流域统筹、单元控制、系统均衡"流域综合治理新理论，研发了基于粤港澳大湾区水循环系统资源的洪涝评价与方法，发展了流域治水理论；首创基于流域防洪排涝递进式风险识别的立体化精准治理技术，综合解决防洪、治污、水质达标及水资源循环利用等问题，构建了以流域为单元全链条的防洪排涝体系结构，确保了防洪排涝安全；首创"精准截污－分散调蓄－分布处理－就近回用"流域系统水污染防治与生态修复关键技术，精准、分散、多源、经济地保证了坪山河生态基流和水质全天候达标，实现水的资源化利用；首创基于恢复河流生态原真性的低干预景观技术，实现"重塑滨水空间结构、构建韧性生态水岸、激活滨水城市生活"等生态景观技术，助力坪山河打造成深圳东部"生态长廊"；率先在国内研发流域智慧水务智能控制与调度关键技术；首创基于实时液位信号的雨水径流智能调蓄技术，开发了集"数据－计

图 4-8　坪山河干流综合整治及水质提升工程

算 – 控制 – 服务"多中心多功能于一体的智慧水务运营智能控制与调度云平台，实现了国内首个交接断面水质考核全天候达标。

（9）郑州市奥林匹克体育中心

郑州市奥林匹克体育中心位于郑州西四环与中原路交叉口，总建筑面积 58.4 万 m²，包括 6 万座甲级体育场、1.6 万座甲级体育馆、3000 座游泳馆和配套商业，国内首次将星级酒店集合于大型体育场中，是集赛事、酒店、商业于一体的体育休闲服务综合体，成功举办了第十一届全国少数民族传统体育运动会。体育场罩棚采用"大开口车辐式索承网格 + 巨型弧形桁架 + 网架 + 立面桁架"的新型组合空间结构体系，具有体系优、效率高、节材环保等特点，为世界最大悬挑长度

（54.1m）索承网格结构屋盖，其中82m跨度弧形上人连廊、130mm直径密封拉索、6t单体索夹均属国内最大。工程于2016年11月1日开工建设，2019年6月21日竣工，总投资72亿元（图4-9）。

工程首次提出适用于复杂边界的超大跨径大开口索承网格新型空间结构体系，满足建筑空间视觉及造型的特殊要求，实现了别具一格的大悬挑屋盖，较传统钢结构节约用钢量约30%；发明了超大跨径复杂边界索承网格结构找形、设计方法；研发了82m大跨度重载弧形桁架作为边界支承结构，拓展了大开口索承网格结构的应用范围；研发了"竖向提升、限位斜拉"的大型柔性环索整体提升安装技术，实现了重800t、周长420m、索径130mm的国内最大环索精准安装；首创"径向索张拉+端部顶撑"的索承网格结构预应力综合建力法，发明了"伸缩套筒+补装段"的可转V形斜撑，实现了一次同步顶撑6500t索承网格；研发了索承网格结构施工全过程仿真模拟分析系统和结构健康监测系统，实现了结构全寿命周期安全状态的实时监控；首次在国内体育建筑中提出"模块化集成多联空调+浅层地热能"组合系统，应用最大装机容量（503kW）的太阳能光伏发电系统，通过可再生能源利用，有效降低能耗；综合应用智慧运营平台和88项绿色施工技术，获评"住房和城乡建设部绿色施工科技示范工程"，通过了国家重点研发计划"绿色建筑及建筑工业化"示范项目验收。

图4-9　郑州市奥林匹克体育中心

（10）矿坑生态修复利用工程——冰雪世界项目

矿坑生态修复利用工程——冰雪世界项目位于湘江之滨，依托于一个历经50年开采而形成的百米深废矿坑建造，是世界首个以矿坑遗址重生为主题建造的大型文化旅游工程，项目采用地景式的设计手法，将主体建筑隐藏于地平线以下，悬浮于矿坑之中，实现废弃矿坑这个"城市伤疤"向文化旅游产业的蝶变升级。项目总建筑面积约16.8万 m^2，汇聚绿色建造、环境保护、高科技应用于一身，同时具有"地质复杂，重载大跨，业态叠加"工程特难点。工程于2014年7月开工建设，2020年5月竣工，总投资40亿元（图4-10）。

创新了百米深废弃矿坑"生态修复，更新利用"的设计理念。首创了工矿棚户区"四态合一"生态重构的设计新思路，提出了废弃矿坑"保护、改造、更新、修复"的设计新策略，构建了建筑结构与矿坑岩壁协同承载的设计新体系，填补了工矿棚户区遗址废弃矿坑修复再利用的建设空白；创新了矿坑重载大跨结构"因地制宜，深坑筑造"的建造技术；研发了矿坑岩溶发育高陡边坡微扰动加固与生态修复技术，开发了百米深坑强约束条件下混凝土高质量控制技术，建立了考虑与结构共同作用的高大支撑体系设计理论与实践方法，提出了深坑重型钢结构高精度控制背拉式液压提升方法，解决了深坑重载大跨建筑的建造难题；创新了因势利导矿坑环境"绿色低碳，节能环保"的运维方法；提出了利用深矿坑建造半地下空间室内滑雪场的节能方法，研发了冬冷夏热地区大型室内滑雪场冷桥阻断技术，建立了矿坑天然水资源回收、净化、利用循环体系，拓展了深矿坑大型公共建筑多元化能源综合利用技术，实现了大型公共建筑绿色低碳运维。

图 4-10　矿坑生态修复利用工程——冰雪世界项目

（11）海天大酒店改造项目（海天中心）一期工程

海天大酒店改造项目（海天中心）位于青岛市浮山湾畔，在承载青岛人美好记忆的原"海天大酒店"旧址重建，由三栋塔楼、两座裙房和六层地下室组成，工程总建筑面积49万 m^2，建筑高度369m，是集办公、酒店、商业、住宅、会议、观光、艺术中心七种业态为一体的大型城市综合体。工程涵盖山东省最大的2600 m^2 超大无柱多功能宴会厅、山东省唯一超五星级云上酒店、12万 m^2 的5A甲级办公空间、国内建筑高度最高的艺术展馆、国内首个无支撑悬挑全玻观光平台。工程于2016年6月开工建设，2020年12月竣工，总投资137亿元（图4-11）。

工程首次在国内200m级以上高层建筑应用钢管约束钢筋混凝土柱，利用钢管对混凝土的约束效应提高了构件的承载能力，填补了国内高层建筑钢 - 混凝土混合结构的理论和实践空白；首创基于材料时变效应的高层建筑施工过程竖向变形分析及预调节理论，研发了变形分段预调技术；首创基于BIM轻量化技术的多业态综合体IBMS运维控制平台，实现运营节能效率提升8.1%；研发应用了全球首个异型非规则液体阻尼系统，通过集成于消防水池有效节省了使用空间，风致加速度降低30%；研发全玻观光平台简支悬挑体系，将立面玻璃自重传力路径由"下压"优化为"上挂"，打造出国内首个高层（330m）悬挑全景玻璃观光

图4-11　海天大酒店改造项目（海天中心）一期工程

平台；研发基于 BIM 的机电工程模块化建造技术，集成 30 余项绿色低碳新技术，实现建筑年均综合能耗下降 27%、CO_2 减排 424t，率先通过新国标下绿建三星和 LEED 铂金级双认证；创新高层建筑领域三维可调爬升平台施工技术，实现逐层异向错位渐变旋转结构高效建造，为异型复杂高层建筑建造提供了新方法；采用伸缩式皮带输送机 + 立体组合溜管法相结合的新技术，为解决超深受限基坑大体积混凝土施工难题提供引领性借鉴。

（12）波音 737MAX 飞机完工及交付中心工程

工程建设地点位于浙江省舟山市朱家尖岛，占地 40 万 m^2，包含 10 个单体、12 万 m^2 停机坪及 1500m 地下管廊，设有飞机生产装配、停机坪、办公交付等 5 大功能区，是集飞机内饰安装、外饰喷漆、交付办公于一体的大型群体工业厂房建筑。工程于 2017 年 9 月 12 日开工建设，2019 年 6 月 25 日竣工，总投资 35 亿元（图 4-12）。

工程为国内首创采用一种架空刚性停机坪结构形式及道面施工方法，解决了舟山填海岛屿复杂软土地区 12 万 m^2 停机坪远超国内规范标准的沉降和裂缝控制要求，填补了国内技术空白；研发了包括金属屋面外墙、机库大门、幕墙等外围护系统的新产品体系，解决了建筑整体外围护抗风揭要求，是国际首例达到 FM 认证下抵抗基准期 100 年 17 级台风的建筑；研发了源荷协同优化的建筑能源规划设计技术，以多维时序负荷场景缩减技术和两阶段多目标滚动优化框架及全性

图 4-12　波音 737MAX 飞机完工及交付中心工程

能全过程建筑能源系统数字化仿真平台，实现了可支撑多系统优化的数字化能源调试，达到国际领先水平；攻克了波音飞机喷漆作业环境条件控制技术，首次在国内采用上送下回、高低速风配合、末端均流装置组合技术，实现了波音公司对喷漆工艺环境温湿度和风量、风速、风向在五种工况下均匀稳定、快速切换的特殊要求；研发了以智能优化算法驱动的能源系统运行控制策略寻优技术，通过智能深度学习模型和迁移学习手段，解决了新建系统在有限训练样本下的多步负荷预测问题，降低了能源系统的运行能耗；为了实现波音美标管理要求，自主研发了智慧工地系统，入选住房和城乡建设部第一批智能建造创新服务典型案例。

（13）绵阳京东方第 6 代 AMOLED（柔性）生产线项目

工程建设地点位于绵阳市高新区，总建筑面积 82.9 万 m²，是四川省迄今最大的单体工业建筑。月加工 1500mm×1850mm 玻璃基片 4.8 万片，年产 6.47 英寸液晶模组 1 亿块。柔性屏仅厚 0.03mm，可 180° 自由折叠 20 万次；每个像素独立控制，无需恒定背光，能耗降低 25%；响应时间达到微秒级，拥有高对比度和高分辨率；是当今世界最先进的 AMOLED 柔性显示屏生产线。项目选址于四川盆地西北部，南北地震带中段，背靠青藏高原东部边缘山地，全年空气质量优、四季温差小，最大化满足了 AMOLED 厂房超高洁净度（3.5 级 @0.3μm）、严苛温湿度（22℃ ±0.1℃、45% ±3%）的要求，显著提高了柔性屏的良品率。工程于 2017 年 9 月 15 日开工建设，2018 年 12 月 20 日竣工，总投资 465 亿元（图 4-13）。

图 4-13　绵阳京东方第 6 代 AMOLED（柔性）生产线项目

项目为中国首条第 6 代 AMOLED 柔性生产线，自主创新完成全球最高世代柔性显示屏生产工艺，打破了韩国三星在该领域的世界独有垄断地位；自主研发了外部大环境和内部微环境相结合的空气洁净控制技术，实现了超大面积（20万 m^2）、超高洁净度（3.5 级 @0.3μm）的工业厂房建设，促进了国内洁净厂房整体技术水平提高；国内首创建立 AMOLED 厂房超高等级防微振（VC–D 级@6.25μm/s）控制技术体系，保证了柔性屏的良品率达到 99.7%，引领国内高等级防振厂房的技术创新；研发了超大面积厂房抗大震优化设计和极端超长结构（>800m）无缝施工综合技术，解决了高烈度地震带上 AMOLED 厂房无法设置抗震缝的难题，填补了国内技术空白；创新超大面积厂房高效快捷建造技术，仅用 461d 完成 82.9 万 m^2 厂房的建设，解决了电子厂房更新迭代快、工期紧迫的难题，为同类工程提供了借鉴；研发了超大型电子厂房绿色施工关键技术，开创了一体化免拆卸 SMC 模壳、华夫板圆孔钢模等多项绿色施工技术应用先河；研发了 AMOLED 柔性生产线全流程智能化机器人传送技术，构筑了高效的运输网络，极大降低了产品线的能耗；研发了废气、废水等污染物分离技术，污染物经除尘、三级水喷淋达标后排放，真正实现了现代工业与自然环境的和谐统一。

4.2.2.2 桥梁工程

（1）芜湖长江公路二桥工程

芜湖长江公路二桥位于安徽省芜湖市，是国家高速公路网的关键枢纽、长三角一体化发展的战略通道。项目全长 55.5km，桥隧比 62.5%。全线共设互通立交 5 处，特大、大桥 14 座（含长江主桥及引桥），分离立交桥 12 座。高速公路设计速度 100km/h，新建长江大桥 13.928km（跨江主桥 1.622km、引桥 12.306km），北岸接线 20.782km，南岸接线 20.798km。跨江主桥全长 1622m，为主跨 806m 双塔四索面分离式全漂浮钢箱梁斜拉桥，索塔高262.48m。引桥及接线工程采用全体外预应力轻型薄壁节段拼装箱梁桥结构，27.8km 桥梁工程共 20034 榀节段梁，分为 4 种结构类型、16 种预制节段形式。工程于 2013 年 10 月开工建设，2021 年 9 月竣工，总投资 67.9 亿元（图 4-14）。

工程创新了系统最优工程概念设计。项目提出实施规模化和工业化建造的总目标。构造出符合桥梁美学指标的结构形式，形成了拉索体系的发展与结构创新主题；发展了索、梁结构强度设计理论。建立了全新的拉索偏转磨蚀和构件截面的抗弯、抗压、抗剪强度计算理论，成功进行了足尺模型试验和工程应用验证；

图 4-14　芜湖长江公路二桥

研发了分肢柱式塔、四索面回转拉索、二维阻尼约束斜拉桥新型结构体系。原创叠置回转拉索，变拉为压，解决了索塔锚索空间紧、易开裂难题。整桥实现索塔锚索用材减少 70%、塔梁连接造价减少 40%、整体造价减少超过 10%；研发了工业化全体外预应力拉索节段拼装箱梁。以全体外索加力托举、交叉锚固于逐跨拼装的预制梁段，形成简洁高效的索承压梁体系，实现梁重减轻 20%、拉索减少 15%、造价降低 15%；发展了全新的桥梁工业化、数字化建造成套技术，提高效率 10%~30%，完备了工业化建造体系。

（2）浙江省乐清湾大桥及接线工程

浙江省乐清湾大桥及接线工程是国家综合立体交通网 G1523 甬莞高速公路和浙江省"九纵九横五环五通道多连"高速公路网中"一纵"的重要组成部分，也是浙江省首批品质工程建设示范项目之一。路线起于台州市温岭城南镇沙头门，跨越台州、温州，终于南塘枢纽与 G15 沈海高速公路相接，路线全长38.168km。项目于 2014 年 7 月 29 日开工建设，2018 年 7 月 28 日交工通车运营。2021 年 8 月 27 日通过交通运输部竣工验收。项目竣工决算投资 95.93 亿元（图 4-15）。

工程发明了多箱异步加载新技术，拓展了桩基础自平衡测试方法，破解了后

图4-15 浙江省乐清湾大桥及接线工程

压浆深长大直径桩在复杂环境下承载力测试难题，攻克了深长桩基础工程安全和经济性难以有机统一的问题，首次在高速公路中大规模采用桩端后压浆技术代替桩长，有效缩短桩长2万余米，节约工程造价约5923万元；研发智能桩端后压浆系统，制定了全套工艺标准，提出了滨海条件桩端后压浆的设计标准，首次实现了压浆隐蔽工程的数字化管理；发明了双法监控、双向匹配技术并应用于节段梁预制，首创基于笛卡儿坐标的墩顶块定位新技术和导向性微调新工艺，实现节段梁无垫片悬臂拼装"毫米级"合龙；研发节段梁架桥机专用四维矩阵式4DM安全监管系统，成功铸造了"毫米成就万米"的工程品质；首创混凝土结构"除氯-阻锈-裂缝修补-纳米增强"双向电迁移技术，解决了钢筋氢脆风险控制的技术难题，实现析氢临界电流密度提升5倍；提出基于变形体的桥梁抗倾覆计算理论，构建了强倾弱弯的梁桥设计准则，推导了结构强度与抗倾覆承载力匹配时的抗倾覆稳定安全系数；将BIM技术应用于特大桥梁全生命周期建设，实现多维度管理信息协同、"BIM+"系列功能的多场景、高需求应用。

（3）汉十铁路崔家营汉江特大桥

武汉至十堰铁路线路长460km、设计速度350km/h。崔家营汉江特大桥是武汉至十堰铁路的控制性工程，大桥全长 13.0km，主桥采用 135+2×300+135=870m 连续刚构－拱桥，是目前世界上最大跨度的连续刚构－拱桥。主梁为变高度预应力混凝土箱梁，桥面宽度 14.6m，单箱双室截面，中支点处梁高 16.5m，跨中及边支点处梁高 6.5m。边跨与主跨梁部均设置钢管混凝土拱，为四联拱结构；中跨拱肋高 4.85 ~ 5.85m，边跨拱肋高 2.8m，矢跨比 1/5，拱脚与主梁刚性连接；拱肋与主梁采用柔性吊杆连接。三个主墩均与主梁固结，边墩设置支座。工程于 2016 年 4 月开工建设，2019 年 11 月竣工，总投资 13.8 亿元（图 4-16）。

大桥首次采用四联拱加劲的混凝土梁拱组合结构，提高了结构刚度，减少梁端转角，且经济性优，创新发展了大跨度梁拱组合结构，实现了高速铁路混凝土梁桥 300m 级跨度的技术突破；发展了大跨度混凝土梁徐变变形系统控制方法，通过合理匹配梁、拱刚度，主动调整吊杆力，优化梁、拱荷载分配比例，控制主梁应力状态及初始变形曲率，实现了超大跨度混凝土梁徐变变形毫米级精准控制；研发了"拱肋低位拼装、大节段垂直提升"的施工工法，两侧 57.5m 拱脚段桥面原位拼装，185m 中间段（重 1550t）桥面低位拼装、垂直快速提升合龙，实现了 300m 跨度拱肋既无缆索吊、又无扣索塔架施工；创新了超大体量、超长悬臂混凝土梁施工技术。研制了高致密、高韧性、高抗裂混凝土，解决了超大体量

图 4-16　汉十铁路崔家营汉江特大桥

混凝土防裂控制难题；研发了箱梁悬浇挂篮自行式模块化内平台系统，提高工效20%以上；采用了实时动态同步对顶技术，实现了双主跨超长悬臂 2m×149m 主梁的高精度合龙；研发了"大型旋挖钻机＋回旋钻机＋摩阻杆"成套设备，探索形成了回旋钻覆盖层一次成孔、旋挖钻硬质岩四级成孔摩阻杆智能感知快速应对岩溶的综合成孔技术，解决了复杂岩溶地质、超长孔深、超硬岩层大直径钻孔施工难题。

（4）保定市乐凯大街南延工程跨保定南站斜拉桥工程

保定市乐凯大街南延工程是保定市第一条高架快速路，线路与京广铁路保定南站以 61.8° 角相交。跨保定南站斜拉桥主跨跨越京广铁路 21 条股道和 1 条城市主干道，双向 8 车道，设计速度 80km/h。该桥为子母塔单索面预应力混凝土斜拉桥，母塔墩塔梁固结，子塔塔梁固结、墩顶设支座，桥宽 39.7m。索塔采用火炬造型，斜拉索单索面布置，母塔梁面以上高 68m，共设 24 对斜拉索，子塔梁面以上高 52m，共设 18 对斜拉索。大桥子、母塔桩基共 118 根，桩径 1.8m；承台采用 C50 混凝土，为八边形结构，长 39.9m，宽 34.5m，厚 7.8m。主梁为单箱三室薄壁带肋 W 形截面箱梁，三向预应力体系。大桥采用子母塔同步双向平面转体法施工。母塔转体悬臂长（128.6+135）m，转体重量 5 万 t，转角52.4°；子塔转体悬臂长 2m×102m，转体重量 3.5 万 t，转角 67.4°。该桥转体重量和转体悬臂长度均居世界第一。工程于 2016 年 3 月开工建设，2020 年 9 月竣工，总投资 4.97 亿元（图 4-17）。

工程创新发展了平转铰设计理论，首创采用轧制钢板制造的装配式球面平铰，较同级传统铸钢转铰节材 40%；研发形成超大吨位转体桥球面平铰制造、安装、检测成套技术和验收标准体系，取得了 5 万吨级转体工程的技术应用突破，可直接应用于 10 万吨级转体桥梁建造；系统研究了超宽单索面斜拉桥 W 形混凝土箱梁受力特性，首创带肋 W 形箱梁截面形式，受力简洁明确，增大了薄壁结构顶板跨越能力，有较强的桁梁受力特点，节材 17%，实现了混凝土主梁的轻量化；研发了超大吨位转体桥梁多点联合称重技术和配套装置，减少了称重设备数量，解决了超大吨位转体结构称重时转盘应力集中问题，减小了转盘设计尺寸，破解了超大吨位转体桥梁称重技术难题；结合工程实测和理论分析，基于无限自由度理论、转体结构动力响应方程和拟动力叠加方法建立平转桥梁梁端振动加速度响应与倾覆弯矩力学模型，首次提出基于振动加速度监测的转体结构整体稳定性监控方法和预整限值；首创跨中合龙段新技术体系，采用永临结合的外包耐候钢结构，

图 4-17　保定市乐凯大街南延工程跨保定南站斜拉桥

实现结构与防护一体化，降低施工对营业线的影响，保证了施工与运营的安全。

（5）杨泗港长江大桥

杨泗港长江大桥位于武汉市中心城区，是武汉市建设国家中心城市和武汉1+8城市圈的重大工程项目。大桥主桥为主跨1700m的单跨双层钢桁梁悬索桥，上层设6车道城市快速路和人行观光道，下层设6车道城市主干路、非机动车道和人行道。主跨跨度国内第一、世界第二，是目前世界上已建成跨度最大的双层公路悬索桥。工程于2015年7月开工建设，2019年9月竣工，总投资36.8亿元（图4-18）。

工程首创了悬索桥全焊接双层桥面板桁组合钢桁梁主梁结构。采用全焊连接设计简化了大桥结构，节省钢材用量10.2%；发明了一种新型立体交叉焊缝及其施工方法，提高了钢梁疲劳性能；国内首次设计、研制了直径6.2mm、抗拉强度1960MPa的悬索桥主缆钢丝新材料。实现了悬索桥主缆大直径高强度钢丝产品国产化；首创硬塑黏土环境下大型沉井基础设计和施工新技术。提出了适应黏土层下沉的沉井结构形式，研究了刃脚盲区黏土层水下爆破机理和方法，研制了绞吸式潜水挖泥机，实现了沉井在硬塑黏土层中的安全、平稳、精准下沉；研发

图 4-18　杨泗港长江大桥

了全焊接钢桁梁整体节段制造、运输及安装新技术。研究了钢梁智能制造工艺，研制了国内起重能力最大的 900t 缆载吊机，通过双机多点同步提升、带载调整、节段间临时连接以及精准配载等控制措施，实现了钢梁节段快速精准安装；研发了索夹螺杆同步张拉设备和工艺，应用螺母转角定量控制技术和超声波轴力检测技术准确控制索夹螺杆张拉轴力，保证了索夹螺杆轴力均匀稳定，解决了悬索桥索夹滑移的工程难题；首次研制了自适应变参数黏滞阻尼器，实现了对悬索桥的智能化多参数振动控制，使塔梁相对位移和速度降低一个数量级以上，显著减少支座、伸缩缝等构件磨耗，大幅度提升其使用寿命。

（6）沪昆高速铁路北盘江特大桥

北盘江特大桥是我国"八纵八横"国家铁路网东西向里程最长、速度等级最高的客运大通道——沪昆高速铁路核心控制性和标志性桥梁工程，设计速度 350km/h。大桥位于地形起伏剧烈、岩溶极为发育的贵州山区，为使线路高程绕避岩溶水平循环带，采用 445m 上承式钢筋混凝土拱桥跨越深达 300m 的北盘江峡谷。桥梁全长 721.25m，主桥为跨径 445m 上承式混凝土拱桥。大桥设计最高行车速度 350km/h，是目前运行速度 300km/h 及以上世界最大跨度桥梁，高速列车过桥无需限速，极大提升了艰险山区高速铁路选线自由度。工程于 2010 年 10 月开工建设，2016 年 12 月竣工，总投资 4.37 亿元（图 4-19）。

图 4-19　沪昆高速铁路北盘江特大桥

工程是世界最大跨度混凝土拱桥，实现高铁混凝土拱桥跨径从 270m 到 445m 的巨大提升，极大提升了山区高速铁路选线自由度；首创超长联"T 构 – 连续梁"组合拱上全连续结构、"鱼尾形"等高整体箱拱结构和全桥桥面纵向力传递构造，构建了高铁特大跨度混凝土拱桥高平顺结构体系，建成了世界最大跨度的高铁混凝土拱桥；首次提出拱桥横向、竖向整体变形控制基准，建立了高铁特大跨度混凝土拱桥的位移设计基准与高精度分析方法，填补了大跨度拱桥整体变形控制设计标准的空白；首创"品"字形分块式拱座，解决了超大体积拱座及超宽拱圈开裂的难题；首创"拱脚先期成形 + 分环平衡浇筑"两阶段成拱方法，独创永临结合扣锚系统、劲性骨架无风缆带底模不对称架设、管内 C80 混凝土连续顶升等工艺，实现了艰险山区恶劣条件下拱圈高精度工业化建造；独创叶片式导风栏杆，首次应用 "双梯形柔性聚氨酯固化"有砟道床，并研发了桥面竖向变形的实时智能监测、调节系统，解决了山区高铁特大跨度混凝土拱桥全寿期结构安全与运营保障技术难题。

4.2.2.3　铁道工程

（1）北京至张家口高速铁路工程

北京至张家口高速铁路工程起自北京北站，途经北京市海淀区、昌平区、延庆区，河北省张家口市怀来县、下花园区、宣化区，终至张家口站，线路全长174km，设北京北、清河、昌平、八达岭长城、东花园北、怀来、下花园北、宣化北、张家口9座车站，桥梁长度66.4km，隧道长度49.6km，桥隧比67%，最高设计速度350km/h，是世界上首条速度350km/h智能高速铁路。该项目是国家"八纵八横"高速铁路网京兰客运通道以及京津冀城际铁路网的重要组成部分，建立了智能高铁体系构架、创建了智能高铁成套技术，是引领世界智能高铁发展的示范性工程、实施科技强国战略的里程碑工程。工程于2019年3月开工建设，2019年12月开通运营，总投资489亿元（图4-20）。

工程首创了"技术、标准、数据"三位一体的智能高铁体系架构，提出了"模数驱动、轴面协同"的工程管理方法；创建了涵盖智能建造、智能装备、智能运营、智能基础平台的领先世界的智能高铁成套技术；研发了具有国际先进水平的复杂环境大直径盾构成套技术，包括大直径盾构穿越多敏源环境微沉降控制技术、大直径盾构隧道全预制拼装成套技术、盾构隧道智能建造技术等，建成了国内穿越重要建构筑物最多、地层最复杂的双线大直径盾构隧道；研发了具有国际领先水平的深埋复杂地下车站建造成套技术，包括多层密集洞群地下车站新模式及洞群修建技术、30m级超大跨隧道修建技术、深埋地下车站环境营造及防灾救援技术、下穿长城古建筑微震爆破技术和下穿风景名胜区环境保护技术、站隧工程四节一环保绿色建造技术等，建成了国内埋深最深、旅客提升高度最高、暗挖洞群最复杂、

图4-20 北京至张家口高速铁路工程

单拱跨度最大的高铁暗挖车站；研发了具有国际领先水平的高速无砟轨道大跨钢桥建造成套技术，包括速度 350km/h 无砟轨道长大钢桁梁桥技术、高等级水源保护区桥梁绿色建造技术、速度 350km/h 应急抢修钢 – 混凝土结合梁结构及其快速安装技术等，建成了世界上首例速度 350km/h 无砟轨道多孔大跨度钢桁梁桥；研发了具有国际领先水平的墩顶转体技术，发明了结构紧凑、体积小巧的跨铁路连续梁钢管混凝土转铰装置、优化了承台结构并降低了转体重心，解决了墩顶狭小空间转体及大跨径桥长悬臂梁稳定转体等技术难题；研发了墩顶转体—支座安装—体系转换全套施工工艺，显著降低了跨越既有线运营干扰，提升了施工的安全性；研发了具有国际领先水平的复杂环境车站建造成套技术，包括运营城轨与国铁一体化并场设计技术、土地高度集约及城市高效缝合的车站型式技术、集成高铁站房环境健康与节能降耗关键技术等，建成了国内首座国铁与城市轨道交通并场、顺向布置的综合交通枢纽车站。

（2）新建浩吉铁路工程

新建浩吉铁路工程纵贯内蒙古、陕西、山西、河南、湖北、湖南、江西七省（区），线路两跨黄河，一跨长江、汉江、洞庭湖水系，穿越毛乌素沙漠、黄土高原、秦岭山脉、江汉平原、赣西丘陵等地域，是世界上一次建成运营里程最长的重载铁路（轴重 30t）。线路全长 1813.5km，路基 965.5km；桥梁 381km；隧道 468km/229 座；车站 77 座；正线铺轨 3078.3km（单线），其中无砟轨道 768.9km（单线）；站线铺轨 567km（单线），道岔 1378 组。工程于 2015 年 6 月开工建设，2019 年 9 月 28 日开通运营，总投资 1710 亿元（图 4-21）。

工程开展了重载铁路隧道列车振动响应特征研究，构建了满足结构抗疲劳设计要求的隧底结构新型式；首次设计重载铁路三塔钢箱 – 钢桁叠合梁斜拉桥，增设中塔稳定索，改善了桥塔受力和结构刚度，建成世界上最大跨度三塔重载铁路斜拉桥；研发了钢桁梁长联、多点、同步顶推技术，攻克了千米级钢桁梁单向顶推同步控制的难题，创造了钢桁结合梁桥连续顶推距离最长、顶推重量最重、设计活载最大的三项世界纪录；创新了上承式钢管混凝土拱肋关键构造技术，采用了"拱上结构小跨布置、荷载分散"的布置方案，克服了重活载对拱肋结构受力的不利影响，创新了桁架拱肋 H 形腹杆和圆形弦管连接"大节点"焊接关键构造技术，解决了重载铁路对钢拱肋构件连接疲劳性能要求高的难题；揭示了山岭隧道"浅 – 中 – 深"围岩稳定性特征，提出了山岭隧道马蹄形盾构机掘进控制模式 – 兼容选型方法，首创了黄土山岭隧道马蹄形盾构法建造技术，研制了多刀盘多驱

图 4-21　新建浩吉铁路工程

动低扰动联合开挖设备，实现了超大断面盾构法隧道由圆到非圆的突破；提出了由膨胀土层、改良土隔层、排水系统等构成的新型膨胀土路基结构形式，发明了重载铁路改良膨胀土包芯法、夹层法路基结构，实现了特殊土资源化利用；率先在普速铁路应用了以简统化为核心的高服役性能新型接触网关键技术与设备；创新和融合智能综合调度、智能牵引供电、智能大脑平台等多项关键技术，实现了铁路货运的物流化、经营的市场化、管理的一体化和生产的智能化。

4.2.2.4　隧道工程

（1）雅安至康定高速公路二郎山隧道

雅安至康定高速公路线路全长 134.461km，是国家高速公路网 G4218 "雅安—叶城"的重要组成部分，也是川藏高速公路的一段。二郎山隧道是雅安至康定高速公路的控制性工程，隧道左洞长 13459m，右洞长 13406m。公路等级为四车道高速公路，隧道设计速度 80km/h，建筑限界 10.25m×5.0m。工程于 2012 年 9 月 26 日开工建设，2020 年 3 月 20 日竣工，总投资 21.7 亿元（图 4-22）。

工程创新高地震区不同分区、分级工程地质和水文地质差别化的综合勘察技

图 4-22　雅安至康定高速公路二郎山隧道

术，在自然保护区内长达 8.3km 段不能布设钻孔的情况下，所获得的勘察资料能够满足设计、施工需求；改进和完善了环境敏感区的特长公路隧道选线技术，有效利用全洞 338 万 m³ 弃碴，实现"零污染"。施工中运用斜井反打技术，避免了在大熊猫栖息地修建工程便道及临时设施。研发出基于生态承载能力的地下水限量排放计算方法，实现地表水和地下水的动态平衡。首创利用隧道斜井引水在隧道辅助洞室内发电，解决隧道照明用电。设置辅助风道，利用自然风形成通风节能体系，年节电约 210 万 kWh；研究预设了高地震烈度区隧道震害快速抢修技术及方案，断层段隧道断面加大 40cm，为震后加固预留空间。设置"八字形"洞内交通快速转换通道，以备临时急需。在斜井内设置高位自流水消防水池，提高消防可靠性；施工中采用"两掌子面三台车"的优化配置，较大幅度提高了机械使用效率。改进了长距离、多通道施工网络通风技术，实现钻爆法单区间掘进7333m。

（2）成贵铁路玉京山隧道

成贵铁路玉京山隧道全长 6.306km，位于成贵铁路连续里程 K408+497.812 ～ K414+804.02 处，设计速度 250km/h，为双线隧道。洞身高位穿越 1 处体积 108

图 4-23　成贵铁路玉京山隧道

万 m³ 巨型岩溶大厅及大型暗河系统（雨期 70m³/s），该巨型溶洞及暗河系统在世界工程建设中极为罕见；隧道穿越 4 处突出煤层，吨煤瓦斯含量 10.81m³、瓦斯压力高达 2.42MPa，远大于突出煤层控制标准，施工安全风险极高；隧址区耕地稀缺，生态环境敏感，是典型的艰险山区极高风险隧道（图 4-23）。

项目创新了高速铁路穿越巨型溶洞的建造技术体系，首次提出利用隧 – 桥一体化结构跨越巨型溶洞的建造方法，创造了回填土内修建 400m² 级超大断面隧道的新纪录，在隧道内成功修建 108m 超大跨度混凝土桥梁；形成了大断面瓦斯突出隧道防突揭煤成套技术，创建了煤层瓦斯的危险性三步预测法，研发了钻场集中抽放瓦斯施工工法，保障了揭煤施工安全；创立了"暗河引排、块石层渗流、溢洪通道分流"的地下水立体排导系统，保护了生态环境。

4.2.2.5　公路工程

（1）济南至青岛高速公路改扩建工程

济南至青岛高速公路改扩建工程起于青岛即墨市朱家官庄的新主线收费站，自东向西依次经过潍坊、淄博、滨州，经唐王枢纽互通立交与 G35（济广高速公路）连接，终于济南市大桥路零点互通立交，路线全长 309.158km，其中，青银高速段 286.962km，济广高速段 22.196km。既有高速公路为双向四车道，改扩

图 4-24 济南至青岛高速公路改扩建工程

建后采用双向八车道高速公路标准，设计速度 120km/h。工程采用沿既有老路以"两侧拼宽为主、局部单侧或两侧分离加宽为辅"的加宽方式（第六施工标段部分路段采用了高架桥形式），标准路基宽度 42m，新建及加宽桥涵设计汽车荷载等级采用公路 -I 级。工程批复估算总投资 297.96 亿元，项目于 2016 年 6 月开工，2019 年 12 月建成通车（图 4-24）。

工程首次提出服役期末半刚性基层有效模量，建立了损伤状态道路全结构层设计参数确定方法和基于加速加载的超长服役道路剩余寿命评价方法；构建了重载交通高承载力路基分层设计方法与控制标准，建立了拓宽重载车道及既有超长服役车道长寿命一体化匹配设计方法；提出了基于结构变形协调、保通与安全的新旧路面拼接结构组合形式及施工工艺，提出了新旧路基差异变形分级分类处治技术，开发了新旧道路结构整体施工工艺及装备；建立了融合工程可靠性和损伤特性的剩余寿命分析评估方法，构建了其循环加载破坏准则和刚度退化预测模型；提出了旧桥承载能力整体化提升的有效措施，发明了顶底板抗剪加固的既有混凝土板梁新型结构，建立了其抗剪承载力计算方法，构建了成套加固技术体系；建立了差异沉降的时效分析方法和新旧桥桩基差异沉降控制标准，形成了包含基础提刚、结构减重、桥面减厚和后浇带增韧等措施的桩基差异沉降控制技术；提出旧混凝土再生集料性能评价与分级标准，发明了适用于再生集料的高效减水剂；首次将路面冷再生与长寿命沥青路面创新融合，研发高质化沥青冷再生专用装备，实现路面旧料 100% 再利用；提出旧波形梁分拣利用质量标准，研发多种新型护栏结构，护栏再利用率 100%；世界首次采用拜耳法赤泥建设高速公路，建立了改性赤泥材料标准、施工工艺与质量控制标准，提出了含改性赤泥路基、再生集料半刚性基层、沥青路面冷再生柔性基层的全绿色循环利用道路结构组合。

（2）乐昌至广州高速公路

乐昌至广州高速公路是国家路网重要南北大通道，全长 302km，其中桥梁总长 73km 共 233 座，隧道总长 36km 共 28 座。项目所在区域地形、地质情况独特，建设条件复杂，工程任务艰巨，环保要求极高，建设运营管理难度大，是当时国内线路最长、投资建设规模最大、技术难度奇高的高速公路。工程于 2010 年 2 月开工建设，总投资 345.52 亿元（图 4-25）。

工程提出了提升粤北山区南北向通行能力、避免雾区冰冻气象灾害和提高重载交通营运安全水平的工程功能谱及社会责任综合目标体系；构建了基于政府－市场二元组织治理模式、"1+N"动态柔性组织模式、类集团管控模式；首次形成了广东省高速公路建设管理标准化的理论体系；集成创新了山区高速公路大跨

图 4-25 乐昌至广州高速公路

径特长隧道群施工超前预报、施工工艺、施工安全监测与预警保障新技术体系；提出了连续下坡纵坡安全设计指标体系；创新了大瑶山长大复杂隧道群安全保障设计与隧道下穿水库等关键技术；创建了山区高速公路三车道大断面特长隧道群照明、通风一体化设计方法与技术指标；提出了无缝化防护理念与防护设施评价标准，开发了三种新型防护设施；提出了基于防灾等级的隧道机电系统"性能化"配置方法，探索建立了粤北地区隧道地下水排放的生态环境影响评价综合指标体系，最大程度体现环保和节约用地理念；首创高陡边坡变形阈值、预警标准和结构应力监控指标体系，形成了高陡边坡防护新体系，有效解决了复杂岩土条件下锚索腐蚀、失效和预应力损失的技术难题；率先研发了基础设施数字化等系统，率先研发了路运一体化管理、机电运维平台。

4.2.2.6　水利水电工程

（1）金沙江梨园水电站

金沙江梨园水电站工程位于云南省丽江市玉龙县与迪庆州香格里拉市交界的金沙江中游，是西部大开发重点工程，国家可再生能源发展"十一五"规划重点项目。水电站大坝是坝址区存在大规模堆积体条件下、在大江大河上建成的第一座高面板混凝土堆石坝，渗漏量仅 10L/s，为国内外同类工程最优。工程以发电为主、兼顾防洪，促进地区经济、社会与环境的协调发展，通过技术创新共节省投资 30 亿元。工程于 2008 年 5 月开工建设，2019 年 1 月竣工，总投资 164.38 亿元（图 4-26）。

工程针对高面板坝面板易挤压破坏、面板接缝易拉裂漏水的难题，提出了坝体变形和变形协调双控技术，提出让大坝充分沉降后再拉面板，减少了面板变形量，避免了挤压破坏。发明了新型周边缝止水结构和材料，提高了复杂工况下的止水安全度。提出了坝基开挖利用和补强处理技术，实现了大坝全过程数字化碾压质量控制；实现了特大型混合堆积体滑移稳定治理技术的突破。提出了快速止滑、分级布置、分期实施、保障合理安全储备的综合治理技术，通过削坡减载、排水、抗滑支挡等分期、分区、分级治理，念生垦沟堆积体治理取得成功；实现了泄洪消能关键技术突破。提出了高趾墙过渡结构和配套止水方法，首创了岸边溢洪道突扩跌坎底流消能工，实现了高水头大单宽泄量情况下的底流消能，保证了大坝泄洪和厂房机组及下游堆积体安全；实现了泄洪冲沙与引水发电洞设计技术突破。将泄洪冲沙洞和发电引水系统进水口在左岸重叠布置，仿真模拟和优化

图 4-26　金沙江梨园水电站

设计后取消了调压井，有效降低了机组转速升高的风险，保障了机组的安全运行，年发电量增加了 1800 万 kWh。

（2）云南省牛栏江 - 滇池补水工程

牛栏江 - 滇池补水工程是落实党中央、国务院"三湖治理"重大决策、对滇池流域水环境实施综合治理的关键工程，是国务院确定的 172 项节水供水重大水利工程之一，是一项以改善滇池生态环境为主，兼顾城市供水的水资源综合利用工程。工程主要由德泽水库、干河泵站和输水线路组成，工程规模为大（2）型，设计引水量为 5.72 亿 m³/ 年。工程于 2008 年 12 月 30 日开工，2018 年 12 月 28 日竣工，总投资 85.13 亿元（图 4-27）。

为解决双重难题，工程提出了跨越强地震区长距离从牛栏江调水的可靠充分补水方案，提出了水文与非点源污染负荷耦合作用下的成效预测技术、复杂地形遮挡下三维风场和湖泊水动力与水质联合模拟技术等，补水与治污双管齐下，实现了滇池水质由劣 V 类提升至 IV 类的突出成就；创新提出了坝中铺设钢塑格栅等综合抗震措施，研发了适应大变形和强地震作用的万向型波纹管伸缩节、双向滑动支座等结合的新型柔性吸能结构，解决了高坝抗震和倒虹吸工程输水线路穿越活动断裂带的工程难题；通过构建复杂岩溶富水地层施工风险辨识及集成控制技术，形成监测—反馈—分析—预警—应急—控制—防治成套治理体系，处理了

图 4-27　云南省牛栏江－滇池补水工程

多条流量超过 7200m³/h 的暗河,实现了在强岩溶区安全建设大型地下泵站和特长隧洞工程的目标;自主研制了高扬程大功率立轴单吸单级全变频离心泵,效率达 93.30%,为同类水泵最高;创新应用了 20MW 级大容量变频器,同时满足了水泵在低扬程段的流量、空化特性等复杂运行要求,达到了设备运行安全可靠、高效稳定的要求。

4.2.2.7　电力工程

舟山 500kV 联网输变电工程是保障国家战略落地、推动"一带一路"和长三角一体化高质量发展的重要能源支点,也是我国电网史上 500kV 电压等级建设规模最大、技术难度最高的跨海联网工程。工程新建 500kV 变电站 2 座,新增变电容量 300 万 kVA;新建架空线路长 218km(折单),其中大跨越线路 37km(折单);新建海缆 17km,总概算 46.2 亿元。工程于 2016 年 5 月 31 日获得浙江省发展改革委核准,2016 年 12 月 28 日开工建设;2019 年 1 月 15 日,顺利投产世界首条 500kV 交联聚乙烯海缆及 380m 世界第一输电高塔;2019 年 10 月 15 日,工程全面投产(图 4-28)。

图 4-28 舟山 500kV 联网输变电工程

工程自主研发、制造、敷设、试验世界首条 500kV 交联聚乙烯海缆；构建大长度 500kV 交联聚乙烯海缆的成套生产装备及连续生产工艺技术，首次实现 18.15km 500kV 交联聚乙烯海缆一次性连续生产与工程应用；自主研发世界首个 500kV 交联聚乙烯工厂接头并实现工程应用；设计并制造首个 500kV 交联聚乙烯海缆海上快速抢修接头，实现 500kV 海缆运维抢修自主化；提出交联聚乙烯海缆铅套 – 铠装短接点透水试验方法，研制 204.8MVA 超大容量的变频谐振耐压装置，建立大长度超高压海缆全长度交流耐压同步局放检测方法，形成 500kV 交联聚乙烯海缆试验评价体系，实现大长度海缆制造、敷设质量的有效评估；打造排水量 14300t、载缆量 5000t 的国内最大海缆敷设平台，集成高精度 DP 定位系统、大截面海缆水平退扭装置，提出八点系泊的敷设平台系泊稳定方案，大幅提升工程建设质量和智能化水平，实现海缆高精度敷设；首创研发出国内最大载缆量 5000 吨级平面退扭装置，实现了大截面海缆应力完全释放；引进全球最大起吊能力的 S-64F 型直升机，成功突破直升机加高速张力机展放钢导引绳的技术，实现 2656m 超长大跨越引绳的不落水跨海展放；世界首次采用 S-64F 型直升机协作进行 500kV 输电线路双肢角钢塔吊装组立；创新采用钢管混凝土泵送导管浇筑技术，实现超高空钢管混凝土灌注施工；研制最大起重力矩 1260t·m、最大使用高度 400m 的新型落地双平臂抱杆；在输电线路施工领域首次采用风洞试验方法,研究确定抱杆的风荷载参数;研制超大吨位自动顶升的双立柱式套架结构,在 220m 创新设置超高空平台,实现抱杆分次提升,将顶升重量由 1150t 降至 850t。

4.2.2.8 水运工程

长江南京以下 12.5m 深水航道工程是国家"十二五""十三五"时期水运建设规模最大、技术最复杂的重大工程。一期工程建设太仓至南通长约 56km 的深水航道、二期工程建设南通至南京长约 227km 的深水航道,按照"建设航道关键控制性工程与疏浚工程相结合"的治理思路,对存在碍航浅段的白茆沙水道、通州沙水道、福姜沙水道、口岸直水道、和畅洲水道、仪征水道等宽浅分汊河段实施整治和疏浚工程,同时建设航道配套设施,实现 12.5m 深水航道上延至南京的目标。工程于 2012 年 8 月 28 日开工建设,2019 年 5 月 20 日竣工,总投资 105.68 亿元(图 4-29)。

工程首次提出了适用于潮汐河段长航道的多站联合乘潮水位计算方法,填补了潮汐河段长航道乘潮水位计算及工程应用的行业空白;研发适用于深水大流速条件的主动式勾连体、扭双工字形透水框架等消能结构,软体排与扭双工字形透

图 4-29　长江南京以下 12.5m 深水航道工程

水框架联合护底技术，深水袋装砂被潜锁坝、齿形构件、梯形构件、改进型半圆体等新型堤身结构；解决了水深、流急等恶劣工况条件下超常规水下软体排铺设难题，创下最大水深 44m 铺设单张软体排长度 642.6m 的世界纪录，并创新形成了相应水下软体排检测关键技术；突破性创新研发了超大水深充灌砂被成堤成套施工技术，实现了最大水深 36.2m、最大砂被尺寸 128m×25m 的水下直接充灌、抛填筑堤；创新开发无线遥控水下步履式整平机、长臂挖机水下整平技术，解决了水下构件基床整平、安装定位和质量检测的难题；创新研发了大型半圆体构件"立式"预制和空中翻转的技术；研发了大型预制构件水下安装与控制关键技术，突破性实现大流速条件下 400t 构件在水下 18m 的精确安装。

4.2.2.9 轨道交通工程

（1）南宁市轨道交通 3 号线一期工程（科园大道—平乐大道）

南宁市轨道交通 3 号线一期工程是广西壮族自治区南宁市第三条轨道交通线路，贯穿南宁西北 - 东南方向骨干线，呈倒"L"形，线路北起高新区科园大道站，南至良庆区平良立交站，经过高新区、兴宁区、青秀区、五象新区。线路全长约 27.9km，均为地下线，共设 23 座车站，其中换乘站 7 座，设置心圩车辆段 1 座，秀灵和荔园主变电站 2 座，与 1、2 号线共用运营控制中心。工程于 2015 年 6 月 30 日开工建设，2019 年 5 月 5 日竣工，总投资 156 亿元（图 4-30）。

工程研发了强透水复杂地层地铁深大基坑设计施工成套关键技术，攻克了设

图 4-30　南宁市轨道交通 3 号线一期工程（科园大道—平乐大道）

计参数及模型优化、地下水控制、地连墙防渗漏等全过程技术难题，形成了地区基坑设计、施工、检测规范，保障了地铁深大基坑的安全建造；提出了半成岩地层明暗挖结合超深地铁车站建造关键技术，揭示了变断面隧道群结构关键节点的变形特征及应力变化规律，解决了立体交叉群洞开挖变形控制难题；建立了南宁市城市轨道交通岩土工程勘察技术体系，形成了岩土分层系统和作业标准，填补了地区城市轨道交通勘察标准的空白；研发了盾构下穿复杂环境变形控制成套施工技术，构建实时监测、检测、微沉降控制智能预警系统及智慧盾构远程协同云平台，发明了基于五步注浆法的专项施工技术，保障了下穿重要建（构）筑物的安全；创新采用"渗、滞、蓄、净、用、排"等海绵措施，率先建成全国第一座海绵地铁车辆段，首次提出了人性化设计理念的"共建地铁"和"共享地铁"，创建了展现以"魅力东盟、绽放绿城"为主题的人文地铁和绿色地铁。

（2）成都地铁 7 号线工程

成都地铁 7 号线位于居民区最密集的中心城区二、三环之间，线路全长38.61km，全部为地下线，共设 31 座车站，其中换乘站 22 座，1 座车辆段，1座停车场，与已开通的地铁 1~6 号线、8 号线、10 号线交汇成网，建筑总面积161.91 万 m^2。其中，全地下式的川师车辆段 10 万 m^2、崔家店停车场 17.74 万m^2，同时设崔家店 OCC 控制中心一座。工程于 2012 年 10 月 15 日开工建设，2018 年 6 月 8 日竣工，总投资 288.97 亿元（图 4-31）。

图 4-31　成都地铁 7 号线工程

创建了现代轨道交通综合体设计理论与关键技术，基于多元化大客流交通预测模型，采用"环线＋放射线"网状轨道交通规划技术，跨入了"井＋环"地铁网络化运营时代，建立了多方式、多层次、多方向、多元化大客流轨道交通综合换乘新模式；首创了地铁地下双层停车场综合建造技术；研发了超长结构温度应力控制、无粘结预应力筋单端张拉等技术，解决了大跨度结构抗裂、防渗等难题；创新了富水砂卵石地层盾构施工关键技术，成功穿越强透水砂卵石、富漂石等复杂地质，近距下穿铁路股道群、城区主河流、多层老旧建筑等。通过研制高度耐磨、高压喷射、高效导流刀盘刀具系统装置，优化分布式PLC、超挖刀等自动控制系统，采用地层控压预注浆等综合技术，攻克了"频换刀、结泥饼、低工效""变形控制难"等施工难题；研发了下穿既有构（建）筑物深大基坑横向扩挖技术，国内首次采用深大基坑横向扩挖技术，扩挖宽3m、长82m，解决了火车北站站下穿富水砂卵石地层多层老旧大型建筑扩大基础，拆迁难、施工易坍塌等难题；研发了再生制动能馈装置技术、砂卵石层盾构掘进渣土分离等节能环保技术。

（3）上海市轨道交通 15 号线工程

上海市轨道交通 15 号线工程是国内首条一次性开通里程最长（42.28km）且具备最高等级（UTO）全自动运行 GoA4 系统。工程途经 5 个行政区，串联 9 座高校、3 个国家级科创园区。全长 42.28km，全地下线，设车站 30 座，其中换乘站 13 座。工程于 2016 年 8 月 28 日开工建设，2020 年 12 月 28 日竣工并通过验收，总投资 421.356 亿元（图 4-32）。

图 4-32　上海市轨道交通 15 号线工程

工程首创软土复杂环境下无柱大跨地铁车站成套建造技术，将无柱车站的应用拓展到软土富水环境；研发"可回收再利用"围护技术，研发利用工业固体废料生产的人造石材替代天然矿山石材、首次使用一体化预制环保厕所等技术，促进产业绿色可持续发展；首创有限地下空间内盾构机部件化高效过站、组装、始发成套技术，提升了盾构工法适用范围；首创混凝土结构无渗漏、零碎裂关键技术，解决了预制及现浇混凝土结构的开裂问题，提高结构防水性能；首次一次性全线开通里程最长，等级最高 GoA4 级全自动运行系统；采用北斗、BIM、VR 等多种智慧技术，结合新工艺、新材料、新设备的研发，创造多个"最快"，缩短总建设工期 10 个月；首创基于物联网、云计算、大数据的网络运营指挥调度平台，建成具备世界最大规模路网管控能力的调度指挥中心；首次在未做规划预留的苛刻条件下，成功实现对上海南站枢纽"不封路、不停运、不停商"改扩建，解决了换乘空间不足、多种交通大客流对冲及衔接不顺三大顽疾。

（4）青岛地铁 2 号线一期工程

青岛地铁 2 号线一期工程位于青岛中心城区，起自泰山路站，止于李村公园站，连通"五大商圈""前海一线"，线路全长 25.2km，均为地下线，共设车站 22 座、区间 23 个、车辆基地和控制中心各 1 处。该工程通车运营实现了地铁"畅达半岛"目标，有力支撑青岛融入和服务"一带一路""蓝色经济"等。工程于 2012 年 11 月开工建设，2019 年 12 月竣工，总投资 181.8 亿元（图 4-33）。

图 4-33　青岛地铁 2 号线一期工程

工程建立复杂岩质地层地铁隧道双护盾 TBM 工法成套核心技术。通过技术研究，针对地质特点，攻克了设备自主研造、隧道结构系统设计、双护盾 TBM 施工与土建一体化等关键技术难题。成果达到国际领先水平；新型半地下双层布置 + 上盖开发车辆段，打造大型城市综合体，实现土地集约化利用。解决了双层车辆段复杂工艺布置、上剪 – 下框式结构、超限结构、消防性能化、降水抗浮、减振降噪等技术难题。节约土地 9.26hm²，总开发建筑面积 59.4 万 m²；创新应用多项暗挖车站、富水断裂带暗挖隧道近距离下穿既有构（建）筑物等关键技术。创新了二衬拱盖法、双侧壁导坑法等关键技术，降低了"上软下硬"不均匀复合地层暗挖车站的施工风险，减少车站施工对周围环境影响；有效控制了近距离下穿施工风险，保证了既有构（建）筑物安全；研发了复合式屏蔽门、新型蒸发冷凝通风空调系统等节能环保技术。

4.2.2.10　公交工程

盐城市 BRT/SRT 中运量公交建设工程以城区内客流主走廊的公交快速通道为核心，以高铁站、飞机场、客运枢纽等为节点，按照盐城市区快速公交系统 BRT 项目建设规划逐步推进。本项目主要包括盐城市区中运量公交线路总长 79.6km，设公交站台 104 个，公交回转场 2 个；中央岛式站台长 80~100m，宽 4.5~5m，高 4.5m，可实现 BRT、SRT、普通公交的同台无缝换乘；盐城市中运量公交高峰期发车频率为 5~10min/ 班，平峰发车频率为 10~15min/ 班。工程于 2019 年 10 月 1 日开工建设，2021 年 5 月 1 日竣工并通过验收，总投资 6.62 亿元（图 4–34）。

在国家"双碳"目标和"新基建"背景下，积极响应坚持新发展理念，国内首创通过打造 BRT 和 SRT 一体化整合及公共交通为导向的 TOD 发展模式，引导城市发展策略，实现智慧引领、车路协同、安全绿色、低碳环保的新型公共交通服务系统；研发并建设了国内首个超级虚拟轨道快运系统项目；国内首创快速公交廊道内多类型公交无缝衔接换乘，统一调度和协同管理，建设标准融合；智慧网联公交信号系统实现升级换代，公交主动优先和区域优先策略和计算模型达到国内领先；提升公交系统运力和效率，转变市民绿色低碳出行观念，公交出行分担率实现提升 30%，具有积极社会影响；绿色低碳减排效益明显，实现年减排 2992 万 t。

图 4-34　盐城市 BRT/SRT 中运量公交建设工程

4.2.2.11　市政工程

（1）上海市诸光路通道新建工程

上海市诸光路通道新建工程是国家会展中心、中国进口博览会的重要配套交通设施，位于上海市"大虹桥"地区。工程全长约 2.8km，由圆隧道段、明挖段、隧道内装饰和机电安装工程、地面道路、排水、桥梁等组成。工程于 2015 年 9 月开工建设，2019 年 11 月竣工，总投资 17.7 亿元（图 4-35）。

国内首创全预制装配式双层道路隧道结构体系，研发出成套预制构件高效能装配节点形式，丰富和发展了道路隧道建造设计理论及方法；研发的振动台试验技术，验证了预制构件装配节点受力及抗震性能，揭示了预制隧道结构与地层体系地震作用机制，开发出基于柔性减震构造的抗减震技术；国内首条全预制装配式隧道，预制率达 90% 以上。构件实现工厂化预制，研发了高精度成套预制模具和高密度埋件精准定位技术，开发出多自由度、高精度预制构件专项成套智能拼装装备，解决了隧道狭小空间内构件拼装难题；提出的双层隧道内上下层互为逃生通道的设计理念，有效解决了消防及疏散难题；国内同期最大直径土压平衡盾构，针对富水砂性地层，基于工程实际建立了采用发泡材料的改良土体时效控

图 4-35　上海市诸光路通道新建工程

制方法，形成高风险开挖面土体改良技术。同时，研发了盾构法隧道大数据云控制技术，极大丰富了超大直径盾构隧道风险管控手段；项目开展的"软土隧道强震非一致作用安全控制技术""城市装配式双层盾构隧道结构设计施工关键技术"等研究，解决了工程实际难题。

（2）武青堤（铁机路—武丰闸）堤防江滩综合整治工程（青山段）

武青堤位于武汉市青山区长江南岸，全长 7.5km，建设总面积 135.48 万 m²。主要建设内容为：缓坡式堤防及堤防下覆土建筑、生态护岸及亲水平台、江滩景观及绿化等。项目结合城市规划，融合了防洪、生态、交通、民生、经济发展等各方面需求，打造了长江沿岸首个"江、滩、堤、路、城"五位一体的生态江滩。项目建设目标以保障城市防洪安全为前提，锚定"双碳"目标，践行"两山"理念，生态优先，通过创新设计和自主技术攻关，打造了会"呼吸"的江滩。项目建设理念的成功实践为今后堤岸生态建设提供了新经验、新模式、新技术。工程于 2013 年 10 月开工建设，2017 年 6 月竣工，总投资 18.1 亿元（图 4-36）。

国内最大的城市江滩公园采用多元融合城市堤岸设计技术，系统考虑防洪安全、空间利用、生态修复、文化传承、景城融合等要素，实现了防洪功能与城市景观的无缝对接；首次在长江沿岸采用缓坡式生态堤岸与地下空间一体化绿色建造新技术，通过抗倾覆组合设计和自主研制的膨胀加强带无缝施工技术，确保防

图 4-36　武青堤（铁机路—武丰闸）堤防江滩综合整治工程（青山段）

洪能力的同时实现了在堤岸下打造立体空间的新突破；开发了堤岸弹性生态景观空间营造技术，实施生态降碳工程，因地制宜打造了链接水系风道的多高程多层级弹性景观带，建立了多处可深入城区核心的生态廊道和城市风道，年增碳汇量723.8t，有效缓解了城市热岛效应；国内首批海绵城市试点工程，利用自主研制的重矿渣透水新材料、雨水调控设施等多项专利技术，保证了海绵城市在堤岸工程中的实施效果，填补了我国堤岸海绵城市建设的空白；将"建设—评估—管理"全流程统一考虑，提供了精细化堤岸生态建设效果评估和管控体系，提高了堤岸水生态基础设施的远程控制和系统调控能力。

（3）济南市顺河快速路南延工程

济南市顺河快速路南延工程位于济南市中心城区，作为济南市城区快速路两横三纵"中"字形快速路网的重要一纵，北起经十路，南至南绕城高速，全长13km，是纵贯济南老城南北的快速通道。工程采用"隧道 + 高架 + 地面道路"的组合形式，全长 13km，快速路设计速度 80km/h，地面道路设计速度 60km/h。工程于 2013 年 7 月 2 日开工建设，2020 年 10 月 30 日竣工通车，总投资 50.3亿元（图 4-37）。

隧道采用了 1.35m 超小净距浅埋暗挖隧道结构形式，创新性提出了基于限流排放的全包防水体系，最大限度地减少了季节性降水对隧道结构的影响；建立了

图 4-37　济南市顺河快速路南延工程

隧道黏性浆液在恒定注浆速率下围岩裂隙扩散理论模型，揭示了小净距隧道洞内注浆加固机制，提出了"隔离桩＋中夹岩"和"拱顶注浆＋拱顶管棚＋拱脚超长锚杆"预加固理念，成功解决了净距为 0.13 倍洞径设计施工难题，突破了软弱地层 0.8 倍洞径的超小净距临界值；首创了软弱地层隧道以预防拱顶坍塌、拱架坠落、隧基沉降为核心的"一桩三用"技术和微型钢管桩洞内辅助加固技术；构建了集 BIM 技术、物联网和远程监控技术于一体的综合施工管理平台；建立了

准静力影响线法桥梁结构安全快速检测与评定体系，采用加载车同步并排沿纵向以较慢的恒定速度通过桥梁，即准静力加载，将桥梁荷载试验平均中断交通的时间从现有规范的 120min/ 孔缩短至 10min/ 孔，实现了城市桥梁快速检测；首次研发并安装"桥梁集群结构安全运营与预警系统"，针对城市桥梁集群的结构特点，揭示了复杂环境对桥梁集群结构海量监测数据的影响机理，提出了无历史参考状态的桥梁集群结构状态诊断方法，研发了桥梁集群结构全域智能监测与预警系统，

突破了传统桥梁结构诊断方法对参考状态数据依赖的束缚。

（4）深港莲塘/香园围口岸及配套东部过境交通枢纽

深港莲塘/香园围口岸及配套东部过境交通枢纽工程是国家"十二五"规划、粤港澳大湾区重大基础建设项目，起于深港首个连接地铁、公交，人、车直达的立体陆路口岸，南接香港香园围公路，北连深圳东部过境高速，是深港跨境"东进东出、西进西出"、共建世界级大都会、改善香港北部湾交通及经济的重要通道。口岸总建筑面积 31.6 万 m²，地下 2 层，地上 5 层，每天旅客通关可达 30000 人、车辆通关 17850 辆；项目线路全长 16.01km，深圳段公路长 5.01km，设计速度 60km/h，莲塘隧道为分离式双向八车道，口岸段为双向四车道；香港段公路长 11km，设计速度 80km/h，是双程双线分隔道路。工程于 2013 年 7 月 21 日开工建设，2019 年 11 月 20 日竣工，总投资 275.30 亿元（图 4-38）。

工程发明电子雷管实现 400m² 以上大断面隧道爆破开挖方法，以及数码电子雷管起爆的隧道爆破参数设计方法，分岔隧道超大断面爆破开挖技术，实现了世界最大断面 428.5 m² 和最大跨度 30.01m 的公路隧道施工；时空分区 – 电子雷管 – 聚能药包 – 水压光爆，分岔隧道超小净距爆破开挖技术，成功保留排名世界第二最小厚度仅 0.5m 岩柱，创下距爆源 3m 处最大爆破振速 2.87cm/s 的全国纪录；提出数码雷管 – 导爆管雷管混合起爆网络安全的延时设计方法，以及普通非电雷

图 4-38 深港莲塘/香园围口岸及配套东部过境交通枢纽

管实现隧道爆破低振速精确要求的施工方法，以严密理论解决了困扰混合网路的起爆安全、两种雷管最优孔数和延期时差三大难题；香港侧龙山隧道首次采用全港同类最大直径 14.1m 土压平衡隧道钻挖机隧道内拆分，180° 调头再组合技术；香港侧发明特制吊臂车，两小时内精确安装预制组件，解决了港铁东铁线基于安全及不影响交通方面的工程难题；华南区首个"BIM+ 工厂预制 + 装配式安装 + 信息化管控"装配式机房项目，现场安装仅用 36h、现场"零焊接"；装配式超大规格装饰条幕墙，工厂化预制、现场吊装，解决了非规则、双曲面、大规格外倾幕墙高空施工难题。深港首个"人车直达"的立体口岸交通建筑；首个采用"一站式"客货车通关查验模式，首个采用"一地两检"的旅客查验模式。

4.2.2.12　水工业工程

合肥王小郢污水处理厂提标改造及除臭降噪工程是巢湖流域水环境治理先期启动的示范工程，设计规模 30 万 m^3/d。工程以水体污染控制与治理科技重大专项为依托，系统解决了污泥、恶臭、噪声等扰民问题；改造工程不新增用地、不停产、出水标准不降低，实现既有污水厂与城市的和谐共存；聚焦污染物减排目标，围绕二级处理强化脱氮除磷、深度处理作为出水提标辅助保障，结合创新提出的出水多指标分级联合控制、按照出水月均值和对优质出水进行奖励的考核体系，在国内首次实现大型城市污水厂出水 TN ≤ 5mg/L，COD、TP、氨氮等主要指标日均值达到地表水 III 类水标准，并稳定运行 7 年多，显著减少排入巢湖的氮磷和有机污染物总量。工程于 2011 年 10 月开工建设，主体工程 2015 年 5 月竣工，光伏系统 2018 年 7 月竣工，总投资 3.5 亿元（图 4-39）。

工程为国内首次提出并实现规模达 30 万 m^3/d 大型城市污水厂出水 TN ≤ 5mg/L；首次系统提出并实现"水、泥、气、声"四位一体统筹共治，在项目原址不减产、不增加用地情况下实施改造提标，实现周边居民环保零投诉，达到污水厂与城市实现"厂城融合"的环保典范；工程有效利旧改造节约投资，建设光伏发电、实现污水处理环保设施土地资源利用与清洁能源开发深度融合，年均发电量超过 1000 万 kWh，满足污水厂四分之一以上电耗；工程的成功运行支撑了《巢湖流域城镇污水处理厂和工业行业主要水污染物排放限值》地方标准的颁布，指导流域内 30 余座、总计规模超过 400 万 m^3/d 的污水厂项目建设；创新提出污水厂运行考核办法，鼓励挖潜增效。聚焦污染物总量减排目标，避免过量化学药剂投加和复杂冗长的工艺流程，创新提出对污水厂出水采用多指标分级

图 4-39　合肥王小郢污水处理厂提标改造及除臭降噪工程

联合控制、按照出水月均值和对优质出水进行奖励的考核体系，为国内污水厂高标准建设运营提供了经典范例，具有引领行业的创新意义。

4.2.2.13　燃气工程

温州小门岛液化石油气储配基地位于温州市瓯江口外海域岛屿，占地 440 亩，依山傍海，远离人口密集城区，总储存量 16.2 万 m^3，年配送量 100 万 t。是国内首个集约化、规模化建设的大型液化石油气储配基地，是环境友好花园式的，集海上接收、江海联运、储存配送、应急保障多功能于一体的亚洲最大液化石油气常温储配基地。工程包括：常温储存罐区：24 座 2000 m^3 球罐、8 座 5000 m^3 球罐、2 座 7000 m^3 球罐；低温储存罐区：1 座 6 万 m^3 低温储罐；接收系统、储存系统、混配系统、安全仪表自控系统、消防系统。工程于 1997 年 7 月开工建设，分四期建成，2016 年 11 月竣工，总投资 6.6 亿元（图 4-40）。

项目将整个东南沿海的液化石油气能源储备集中于岛内，大幅减少液化石油气分散储气设施，释放了大量土地，项目充分利用海水资源提高节能效率，安全、环保集约效益显著；首创 2000 m^3 和 5000 m^3 球罐的分带结构，焊缝减少了 17% 和 8%。创新开发 U 形柱支撑结构，提升了重介质、大风载球罐结构的安全稳定性；国内首次采用国产高韧性 16MnR 板材替代进口板材建造大型液化石油气球罐，大幅降低采购价格并缩短采购周期；首创大型球罐挂架法安装施工技术，攻克了

图 4-40 温州小门岛液化石油气储配基地

单罐体积大、海岛气候恶劣、施工难度大等一系列难题，实现大型球罐安装施工关键技术的突破；首创导流伞＋智慧温控整体热处理技术，设备投资相当于国外同类装置投资的三分之一，能耗降低 30%，攻克了大型球罐不能整体热处理的难题；首次在燃气领域采用世界先进的安全控制及智慧化管理系统，可实现一键启停、高压注水和自动消防，实现了工艺和消防的本质安全。

4.2.2.14 住宅工程

（1）北京百子湾保障房项目公租房地块（1 号公租房等 37 项）

百子湾保障房项目公租房地块位于北京朝阳区、中心城区和副中心连接线，是北京市保障房重点工程。项目用地面积 8.44hm²，总建筑面积 39.54 万 m²，包括 10 栋装配整体式剪力墙结构高层住宅，2 栋近零能耗住宅及配套服务设施，住宅总建筑面积 21.08 万 m²，其中近零能耗住宅建筑面积 5121.4 m²。地下 2~3 层，高层住宅地上 11~27 层，近零能耗住宅地上 6 层。小区容积率为 3.5，绿地率 8%，建筑密度 68%，住宅共 4000 套，地下停车位 2562 个。工程于 2016 年 4 月 24 日开工，2019 年 12 月 20 日竣工，总投资 62.33 亿元（图 4-41）。

项目采用漂浮的城市花园设计理念，地面层为开放街区，小区道路融入城市路网，改善了城市交通的毛细循环。二层伸出的飘板与住宅楼连接并向外延伸，连桥、休闲步道串联其间，创造出连续的景观层。智能门禁系统保证景观层封闭

图 4-41 北京百子湾保障房项目公租房地块（1号公租房等 37 项）

管理，营造出专属小区居民的舒适休闲空间。智能小区综合管理平台整合家庭安防、停车识别、能源管理等信息系统，打造绿色智慧社区。项目是北京市首次采用结构和精装全装配施工的公租房项目，标准化、模块化设计形成6种标准化套型，住宅室内套型采用装配式装修体系，适应了公租房套型面积小、套数多、租户流动性大的特点，最大限度提升了部品部件的标准化程度，整体装配率达到80%；创新应用构件精准定位技术，确保构件安装近零误差。自主研发可调式坐浆工具，达到封仓严密、灌浆饱满的效果。研制工具式模板体系，提高标准化施工程度。应用推广多种装配式结构外防护体系，择优汰劣，为业内同行提供宝贵经验。

（2）西安梧桐中舍、西舍项目

西安梧桐中舍、西舍项目位于陕西省西安市西咸新区，用地面积 19.42hm²，总建筑面积 52.51 万 m²。项目包括 55 栋 8~16 层住宅、服务配套用房及地下车库，容积率 1.7~1.99，2106 套住宅和 3716 个地下停车位。工程于 2018 年 4 月开工，2020 年 5 月竣工，总投资 22.4 亿元（图 4-42）。

项目采用小街区密路网、多组团围合的规划理念；住区与校区毗邻，周边教育、医疗、商业等配套设施齐全，实现"校区、园区、住区"完美融合；住区与

图 4-42 西安梧桐中舍、西舍项目

周边湿地、公园等城市景观融合；主题景观花园、文化广场、休息廊亭，适老、适幼、无障碍设施齐全；满足教师需求的五种定制化户型设计，南北通透、自然采光、通风良好；采用"科教研学、聚合生活、居住私密、家务服务"四中心布局，分区明确、动线顺畅；户内新风、集中直饮水、中深层地热供暖等系统，实现"绿色健康"的宜居生活；结合校园 5G 网络管理平台，形成集远程教学、办公、科研为一体的特色书房，满足安全高效的科研教学要求；应用智能家居系统，提供居家应急呼救、电梯户内召唤、照明一键开关、家电远程控制等便捷生活；通过人脸识别等系统实现"住区门禁、单元门禁、电梯控制、入户门锁"四级安防管理，构建智能安防体系；开发应用社区智慧服务平台，依托配套的三甲医院及康养中心，提供全龄化、全方位的医疗保障和智慧养老服务；营造"居所智享"的智慧住区；创新应用中深层地热供暖技术，每年节约标煤 0.85 万 t，减少二氧化碳排放 2.3 万 t。

4.3 土木工程建设企业科技创新能力排序

4.3.1 科技创新能力排序模型

4.3.1.1 科技创新能力评价指标的确定

本报告参考国际国内有关科技创新能力评价的影响大、测度范围广的评价研究报告，包括"福布斯全球最具创新力企业百强榜""科睿唯安全球百强创新机构""中国企业创新能力百千万排行榜"等，同时结合土木工程建设行业特点，经专家讨论，最终确立中国土木工程建设企业科技创新能力评价指标，包括土木工程建设企业专利指数、荣誉指数和软件著作权指数三个指数，以反映土木工程建设企业在科技创新方面的发展情况，具体评价体系及权重见表4-14。

科技创新能力评价体系及权重   表4-14

序号	科技创新能力评价体系	权重
1	企业专利指数	0.45
2	企业荣誉指数	0.35
3	企业软件著作权指数	0.20

各项指数的含义如下：

（1）企业专利指数（简称专利指数）。统计各土木工程建设企业在近三年获得的发明专利项数、实用新型专利项数、外观专利项数情况。其中，发明专利、实用新型专利和外观专利分别是企业作为专利权人拥有的、经国内外知识产权行政部门授予且在有效期内的专利。根据专家研判意见，发明专利项数、实用新型专利项数、外观专利项数的权重分别采用0.55、0.35和0.10。

（2）企业荣誉指数（简称荣誉指数）。统计各土木工程建设企业在近三年获得的国家级科学技术奖项数、省部级科学技术奖项数、重要工程奖项数情况。其中，国家级科学技术奖项是企业获得的由国务院设立并颁发的相关科技奖项的项目。省部级科学技术奖项是省部级政府有关部门颁发的科技奖项目。重要工程奖项是企业主持的工程入选（获得）中国土木工程詹天佑奖、全国建筑业新技术应用示范工程和全国建设科技示范工程等工程清单。根据专家研判意见，国家级科学技术奖项数、省部级科学技术奖项数、重要工程奖项数的权重分别采用0.45、

0.25 和 0.30。

（3）企业软件著作权指数（简称软著指数）。统计各土木工程建设企业在近三年获得的软件著作权情况。

综合以上三个指数的指标分析，土木工程建设企业科技创新能力评价指标及权重，见表 4-15。

科技创新能力评价指标及权重

表 4-15

序号	指数	指标	指标权重
1	专利指数	近三年取得发明专利项数	0.2475
2		近三年取得实用新型专利项数	0.1575
3		近三年取得外观专利项数	0.0450
4	荣誉指数	近三年获得国家级科学技术奖项数	0.1575
5		近三年获得省部级科学技术奖项数	0.0875
6		近三年获得重要工程奖项数	0.1050
7	软著指数	近三年获得软件著作权项数	0.2000

4.3.1.2 科技创新能力排序模型计算方法

课题组提出了本发展报告的科技创新能力排序模型，并根据专家意见进行了完善修改。排序综合得分应该为单指标得分再乘以该指标的权重所得到的乘积，而各单指标计分规则为：某企业某项指标的评分值等于该企业此项指标值与所有企业此指标值的最大值的商的百分数。

科技创新能力排序模型计算公式如下：

$$S_i = \sum_{j=1}^{7} W_j Q_i^j$$

$$Q_i^j = \frac{R_i^j}{\max(R_i^j)} \times 100$$

式中 i ——第 i 家企业；

j ——第 j 项指标；

S_i ——企业 i 的科技创新能力综合得分；

Q_i^j ——企业 i 在指标 j 上的得分；

W_j ——指标 j 的权重；

R_i^j ——企业 i 在指标 j 上的指标值。

4.3.2　科技创新能力排序分析

　　土木工程建设企业科技创新能力分析对象的确定，与确定综合实力分析对象的方法基本相同。评价所需数据通过天眼查、建设通等建筑业大数据服务平台获得。

　　从大数据平台共获得 550 家土木工程建设企业科技创新能力分析相关数据。按照前述的分析模型，计算得出 550 家土木工程建设企业的科技创新综合得分。其中，科技创新综合得分排名前 100 位的土木工程建设企业如表 4-16 所示，前 100 名企业各指标的得分情况及综合评价结果如附表 4-5 所示。

2022 年土木工程建设企业科技创新能力排序表　　　　表 4-16

名次	企业名称	名次	企业名称
1	中国建筑第八工程局有限公司	23	中国一冶集团有限公司
2	中国建筑第二工程局有限公司	24	中铁三局集团有限公司
3	中建三局集团有限公司	25	中交路桥建设有限公司
4	中国建筑第五工程局有限公司	26	中交第二公路工程局有限公司
5	中交一公局集团有限公司	27	中铁上海工程局集团有限公司
6	上海建工控股集团有限公司	28	中国公路工程咨询集团有限公司
7	中国建筑一局（集团）有限公司	29	中铁五局集团有限公司
8	中铁四局集团有限公司	30	中电建路桥集团有限公司
9	中铁隧道局集团有限公司	31	上海宝冶集团有限公司
10	中国建筑第七工程局有限公司	32	中国水利水电第十一工程局有限公司
11	中铁十二局集团有限公司	33	广西建工集团有限责任公司
12	北京建工集团有限责任公司	34	上海城建（集团）有限公司
13	中铁建工集团有限公司	35	中铁电气化局集团有限公司
14	中铁十一局集团有限公司	36	中铁二局集团有限公司
15	中铁一局集团有限公司	37	中铁十六局集团有限公司
16	中铁十八局集团有限公司	38	中国建筑第六工程局有限公司
17	山西建设投资集团有限公司	39	中冶建工集团有限公司
18	中国二十冶集团有限公司	40	中铁建设集团有限公司
19	中国十七冶集团有限公司	41	中国水利水电第七工程局有限公司
20	中国建筑第四工程局有限公司	42	安徽建工集团控股有限公司
21	中铁大桥局集团有限公司	43	中铁十四局集团有限公司
22	北京城建集团有限责任公司	44	中国五冶集团有限公司

名次	企业名称	名次	企业名称
45	中建科技集团有限公司	73	中国核工业建设股份有限公司
46	中铁六局集团有限公司	74	中铁城建集团有限公司
47	中铁二十局集团有限公司	75	中铁十七局集团有限公司
48	中铁七局集团有限公司	76	青建集团股份公司
49	江苏省苏中建设集团股份有限公司	77	广东省建筑工程集团控股有限公司
50	中国水利水电第五工程局有限公司	78	中铁十五局集团有限公司
51	中国二十二冶集团有限公司	79	浙江交工集团股份有限公司
52	中铁十局集团有限公司	80	中国水利水电第四工程局有限公司
53	中国十九冶集团有限公司	81	广州市建筑集团有限公司
54	中亿丰建设集团股份有限公司	82	郑州一建集团有限公司
55	中电建铁路建设投资集团有限公司	83	中铁二十三局集团有限公司
56	中国铁建大桥工程局集团有限公司	84	武汉市市政建设集团有限公司
57	中天建设集团有限公司	85	广西路桥工程集团有限公司
58	中交第三公路工程局有限公司	86	重庆建工集团股份有限公司
59	山东省路桥集团有限公司	87	中冶天工集团有限公司
60	中铁十九局集团有限公司	88	中国水电基础局有限公司
61	云南省建设投资控股集团有限公司	89	天元建设集团有限公司
62	陕西建工控股集团有限公司	90	浙江省建工集团有限责任公司
63	中国水利水电第八工程局有限公司	91	中国水利水电第三工程局有限公司
64	中国水利水电第十四工程局有限公司	92	中交第二航务工程局有限公司
65	中铁二十一局集团有限公司	93	中国电建市政建设集团有限公司
66	中铁八局集团有限公司	94	中铁二十二局集团有限公司
67	中铁二十四局集团有限公司	95	安徽四建控股集团有限公司
68	中铁广州工程局集团有限公司	96	中建新疆建工（集团）有限公司
69	江苏省建筑工程集团有限公司	97	中铁北京工程局集团有限公司
70	中国水利水电第九工程局有限公司	98	河北建设集团股份有限公司
71	湖南建工集团有限公司	99	四川公路桥梁建设集团有限公司
72	南通四建集团有限公司	100	济南城建集团有限公司

Civil Engineering

第 5 章

土木工程
建设前沿与
热点问题研究

本章基于中国土木工程学会、北京詹天佑土木工程科学技术发展基金会下达的年度研究课题，围绕工程建造数字化智能化、海洋岩土工程勘察技术发展、城乡建筑有机更新低碳化技术发展、铁路桥梁病害智能检测技术发展和中国低碳住宅技术发展五个土木工程建设年度热点问题，汇集了相应的研究成果。

水 电 站

根据住房和城乡建设部 2023 年的重点工作任务，同时考虑中国土木工程学会二级分支机构各自专业领域和当前我国土木工程领域的研究热点，中国土木工程学会、北京詹天佑土木工程科学技术发展基金会下达了一批年度研究课题，要求各课题承担单位开展相关领域发展成果的总结、发展趋势的预测和部分重点领域的技术研发。本章对这些课题的主要研究成果进行了摘编。

5.1　工程建造数字化智能化发展现状及趋势

本热点问题的分析根据中国建筑第八工程局有限公司承担的北京詹天佑土木工程科学技术发展基金会研究课题《工程建造智能门户研究与示范》的研究成果归纳形成。课题组成员：苏亚武、陈滨津、邵治国、卢闪闪、刘鹏、赵云凡、杨保华、陈云浩、李天元、杨新元、卜珂、巩浩、于恒、孟毅、王建龙、张绪林、王奕、王萌、李冰。

5.1.1　工程建造智能化面临的困境

经过长时间的发展和积淀，我国在智能建造领域取得了长足进步，形成一系列成果。但是，面对国内建筑业转型升级的需求，对照全球发达国家智能建造的发展势态，我国智能建造的发展仍然面临诸多困境：

在市场环境方面，建筑业企业已形成对国外相关产品的使用习惯，产生了数据依存，相关产品替换难度较大；国产产品用户基数小，缺少市场意见反馈，进一步加大了与国外同类产品在功能和性能等方面的差距。

在企业部署方面，国内厂商战略部署不清晰，未形成与上下游的深度沟通，不利于产品布局的纵深发展；国内厂商起步晚，生态基础薄弱，资源分散严重，不少国产产品在细分市场仍处于整体价值链的中低端位置；国内厂商的自主创新能力与意识仍然较弱，国际领先的创新成果相对较少。

在核心资源方面，智能建造标准体系有待健全，相关研发缺少基础数据标准，市场适应性和服务能力有待提高；核心技术薄弱，较多依赖在国外企业技术基础上的二次开发；缺乏完善的智能建造应用生态，无法形成面向项目全生命周期的智能化集成应用；缺少高端的复合型人才，尚未建立相关人才的引进、培养与储备方案。

5.1.2　工程建造智能化领域技术进展

智能建造作为新一代信息技术与工程建造融合形成的工程建造创新模式，在实现工程要素资源数字化的基础上，通过规范化建模、网络化交互、可视化认知、高性能计算以及智能化决策支持，实现数字链驱动下的立项策划、规划设计、施（加）工生产、运维服务一体化集成与高效协同，交付以人为本、智能化的绿色可持续工程产品与服务。

智能建造的实施能对工程生产体系与组织方式进行全方位赋能，促进工程建造过程的互联互通、线上线下融合、资源与要素协同，并积极推动建筑业、制造业和信息产业形成合力。这是提升产业发展质量、实现由劳动密集型生产方式向技术密集型生产方式转变的必经之路，也是对《国民经济和社会发展第十四个五年规划和 2035 年远景目标纲要》强调的加快数字化发展，以数字化转型整体驱动生产方式、生活方式和治理方式变革的适时回应。发展智能建造将打造"中国建造"升级版。在当前经济全球化、国际市场竞争趋于激烈的背景下，顺应国际趋势，抢占行业技术竞争和未来发展制高点，最终提升我国建筑业的国际竞争力。

智能建造体系基于以"三化""三算"为特征的新一代信息技术，发展面向全产业链一体化的工程软件、面向智能工地的工程物联网、面向人机共融的智能化工程机械、面向智能决策的工程大数据等领域技术，支持工程建造全过程、全要素、全参与方协同和产业转型。因此，作为连接底层通用技术与上层业务的枢纽，领域技术的发展将对智能建造的发展起到关键作用。

5.1.2.1　面向智慧工地的智能建造生态体系

智能建造的体系建设主要依靠 AI 中心，AI 中心通过对"人工作业行为、人工作业精度、人工作业效率"进行模拟与仿真，从"最佳工程实践"的角度，指导乃至替代人工完成现场作业。

AI 中心包括：算法创新中心、算法管理中心、数据样本中心等功能模块。作为智能化转型的重要基础设施，AI 中心为工程 EPC 全过程的人工智能场景化应用提供统一高效的 AI 算法生产和管理功能，同时提供 AI 资产（包括数据、算法、模型）的统一纳入管理服务。

（1）AI 平台能力。AI 平台包含了数据、模型、开发、服务、资源管理五大功能模块，是集样本管理、数据标注、模型训练、服务发布和资源配置等功能于一体的全链条 AI 生产线平台，是支持多类型硬件资源配置、多种类样本数据源接入、多格式模型纳管、多方式生产建模和全方位服务管理的综合性集成平台，是支撑智能建造乃至全局各类业务系统 AI 服务应用的基础设施和必要环境。

（2）AI 模型能力。主要包含通用服务和专用服务。通用服务是面向通用场景的成熟 AI 能力的集合，比如人脸识别、车辆识别等。专用服务则为具备建筑行业属性和业务特色的 AI 能力集合，比如工地物料识别点数、工地物资铭牌识别等。

5.1.2.2　面向全产业链一体化的工程软件

随着计算机技术的不断发展以及计算机使用的不断普及，工程建造领域逐渐形成了以建筑信息模型（BIM）为核心、面向全产业链一体化的工程软件体系。工程软件包括设计建模、工程分析、项目管理等类型，其作为工程技术和专业知识的程序化封装，贯穿工程项目各阶段。不同类型的工程软件相互协同，支持建设项目全生命周期业务的自动化和决策的科学化。

工程软件的主要特征包括：在服务对象方面，工程软件服务于建筑、市政、桥隧等各类工程项目；在内容专业性方面，工程软件反映了在工程建造发展过程中长期积累的专业知识；工程软件源于建筑业的实际需求，通过将工程实践中获得的专业知识转化为模型和算法，继而将模型和算法软件化，精确、快速地支持各类复杂的工程建造任务；工程软件研发与实际应用场景紧密结合，需要在使用中持续改进，不断提升其功能和性能。当前，我国工程软件存在整体实力较弱、核心技术缺失等诸多问题，呈现出"管理软件强，技术软件弱；低端软件多，高端软件少"的局面，市场份额较多被国外软件占据。在设计建模软件方面，国产工程软件依然面临着严重的"缺魂少擎"问题，71.78% 的受访人员选择 AutoCAD 为主要使用的 CAD 几何制图软件，超过 50% 的受访人员主要使用 Autodesk Revit、Civil 3D 等国外 BIM 建模软件。面对以 Autodesk 系列产品为代表的国外工程软件的冲击，国产设计建模软件很难在短时间内建立起竞争优势。在工程设计分析软件方面，接近 60% 的主流软件来自国外，国外软件以其强大的分析计算能力、复杂模型处理能力牢牢占据市场前端；在复杂工程问题分析方面，国产软件依然任重道远；在工程项目管理软件方面，得益于对国内规范、项目业务流程的高度支持，加之国内厂商的持续研发投入，国产软件已经形成了较完整的产品链。

5.1.2.3　面向智能工地的工程物联网

工程物联网作为物联网技术在工程建造领域的拓展，通过各类传感器感知工程要素状态信息，依托统一定义的数据接口和中间件构建数据通道。工程物联网将改善施工现场管理模式，支持实现对"人的不安全行为、物的不安全状态、环境的不安全因素"的全面监管。

在工程物联网的支持下，施工现场将具备如下特征：一是万物互联，以移动互联网、智能物联等多重组合为基础，实现"人、机、料、法、环、品"六大要素间的互联互通；二是信息高效整合，以信息及时感知和传输为基础，将工程要素信息集成，构建智能工地；三是参与方全面协同，工程各参与方通过统一平台实现信息共享，提升跨部门、跨项目、跨区域的多层级共享能力。当前，我国工程物联网的技术水平和国外相比仍有较大差距。美国、日本、德国的传感器品类已经超过 20000 种，占据了全球超过 70% 的传感器市场，且随着微机电系统（MEMS）工艺的发展呈现出更加明显的增长态势。我国 90% 的中高端传感器依赖进口。除传感器外，现场柔性组网、工程数字孪生模型迭代等技术均亟待发展。另外，我国工程物联网的应用主要关注建筑工人身份管理、施工机械运行状态监测、高危重大分部分项工程过程管控、现场环境指标监测等方面，然而本研究调研结果显示，工程物联网的应用对超过 88% 的施工活动仅能产生中等程度的价值。在有限的资源下提高工程物联网的使用价值将是未来需要解决的重要问题。

5.1.2.4　面向人机共融的智能化工程机械

智能化工程机械是在传统工程机械基础上，融合了多信息感知、故障诊断、高精度定位导航等技术的新型施工机械；核心特征是自感应、自适应、自学习和自决策，通过不断自主学习与修正、预测故障来达到性能最优化，解决传统工程机械作业效率低下、能源消耗严重、人工操作存在安全隐患等问题。

世界各国高度重视工程机械前沿技术，积极调整产业结构，加大了对工程机械的扶持力度，促使工程机械向数字化、网络化和智能化发展。然而，我国在工程机械智能化技术的研发应用上虽有一定突破，但在打造智能化工程机械所必需的元器件方面仍落后于国际先进水平。可编程逻辑控制器（PLC）、电子控制单元（ECU）、控制器局域网络（CAN）等技术均落后于发达国家，阻碍了我国工程机械行业的发展，也制约了我国工程建造的整体竞争力。我国工程机械整体呈现出"大而不强，多而不精"的局面，发展提升空间广阔。

5.1.2.5 面向智能决策的工程大数据

工程大数据是工程全寿命周期各阶段、各层级所产生的各类数据以及相关技术与应用的总称。工程大数据具有体量大、种类多、速度快、价值密度低等特征，应用重点在于将工程决策从经验驱动向数据驱动转变，从而提高生产力、提升企业竞争力、改善行业治理效率。工程大数据的价值产生于分析过程。数据分析指根据不同任务，从海量数据中选择全部或部分数据进行分析，挖掘决策支持信息。分析工程大数据除了应用传统统计分析，也需要人工智能的支持。其中，深度学习作为当前人工智能的重点方向之一，具有无需多余前提假设、能根据输入数据而自优化等优势，解决了早期神经网络过拟合、人为设计特征提取和训练困难等问题。深度学习利用海量数据提供的训练样本，在作业人员行为检测、危险环境识别等任务中获得广泛使用。值得注意的是，深度学习的复杂性使得模型容易成为黑箱，因而无法评估模型的可解释性，而机理模型的优点在于其参数具有明确的物理意义。因此，构建数据和机理混合驱动的数据分析模型，有助于从工程大数据中提炼具有实际物理意义的特征，提升计算实时性和模型适应性。

发达国家将大数据视为重要的发展资源，针对大数据技术与产业应用结合提出了一系列战略规划，如美国《联邦数据战略和2020年行动计划》、澳大利亚《数据战略2018—2020》等。我国发布了《促进大数据发展行动纲要》等一系列战略规划，但工程大数据的发展和应用仍处于初级阶段。在流程方面，我国工程大数据应用流程未能打通，数字采集未实现信息化、自动化，数据存储和分析也缺少标准化流程；在技术方面，当前主流数据存储与处理产品大多为国外产品，如HBase、MongoDB、Oracle NoSQL等典型数据库产品以及Storm、Spark等流计算架构；在应用方面，我国工程大数据仅初步应用于劳务管理、物料采购管理、造价成本管理、机械设备管理等方面，在应用深度和广度上均有不足。

5.1.3 工程建造智能化重点任务

为了推动我国迈入智能建造世界强国行列，应坚持推进自主化发展，遵循"典型引路、梯度推进"原则，通过补短板、显特色、促升级、强优势，研发智能建造关键领域技术。

工程软件加强"补短板"，解决软件"无魂"问题。具体措施有：在明确国内外工程软件差距的基础上，大力支持工程软件技术研发和产品化，集中攻关"卡脖子"痛点，提升三维图形引擎的自主可控水平；面向房屋建筑、基础设施等工程建造项目的实际需求，加强国产工程软件创新应用，逐步实现工程软件的国产替代；加快制定工程软件标准体系，完善测评机制，形成以自主可控 BIM 软件为核心的全产业链一体化软件生态。

工程物联网积极"显特色"，力争跻身全球领先。具体措施有：将工程物联网纳入工业互联网建设范围，面向不同的应用场景，确立工程物联网技术应用标准和规范化技术指导；突破全要素感知柔性自适应组网、多模态异构数据智能融合等技术；充分利用我国工程建造市场的规模优势，开展基于工程物联网的智能工地示范，强化工程物联网的应用价值。

工程机械大力"促升级"，提升"智能化、绿色化、人性化"水平。具体措施有：建立健全智能化工程机械标准体系，增强市场适应性；打破核心零部件技术和原材料的壁垒，提高产品的可靠性；摒弃单一的纯销售模式，重视后市场服务，创新多样化综合服务模式。

工程大数据及时"强优势"，为持续创新奠定数据基础。具体措施有：完善工程大数据基础理论，创新数据采集、储存和挖掘等关键共性技术，满足实际工程应用需求；建立工程大数据政策法规、管理评估、企业制度等管理体系，实现数据的有效管理与利用；建立完整的工程大数据产业体系，增强大数据应用和服务能力，带动关联产业发展和催生建造服务新业态。

5.1.4 工程建造智能化产业生态

现今的建筑行业生态系统是一个分散的、以项目为核心的离散状态。建筑业生态系统是小众且高度碎片化的，具体体现在：

（1）市场和行业准入门槛低，非职业化，低素质劳动力占很大比例，大小企业同质化竞争激烈。以项目为基础的建设过程涉及面广，项目参与人员众多，从不同专业的设计部门到许多个分包商和材料、设备供应商。由于整个价值链的各自独立、缺少合作和共享，结果就形成了一个深井式的生态系统，在这个生态系统中，各公司倾向于以自己的利益为重，所以相互之间的利益冲突在所难免。

（2）建设方通常会尽力控制成本，承包商通常只能把索赔当成获利的方式，而不是在项目的早期强调通过深化设计和优化方案来降低成本，他们通常的做法是在施工过程中通过变更来收取更多费用。建筑公司施工过程质量、安全、进度依赖民工素质和分包商能力，而不是从深化设计、优化方案来解决这些问题。公司主要管理成为工程过程不断对建设活动进行协调的方式。

通过分析市场特征的变化及新兴产业的冲击，可以得出建筑业未来发展的几种趋势。

对建筑行业造成冲击的原因：（1）市场饱和，市场增量几乎为零，倒逼各类承包商和供应商从注重市场份额转化为注重成本管理、客户感受和企业品牌；（2）熟练劳动力逐渐缺乏，人口老龄化日趋严重；行业吸引力对新生代缺乏；（3）越来越规范的质量、安全管控标准；（4）环境保护政府力度逐年加大；（5）建筑工业化；（6）新材料使用；（7）信息化、数字化技术日趋成熟；（8）资本及高维（互联网、制造业）企业跨界。

基于上述 8 种影响和冲击，未来建筑行业将会产生以下趋势：（1）产品生产方式；（2）专业化分工；（3）供应链、价值链的控制协调；（4）技术、设备投资改进；（5）人力资源建设；（6）经营规模化、市场可持续性；（7）注重企业品牌，以客户为中心。

上述发展趋势将使市场特征发生很大变化。不稳定因素将促使价值链的转型。建筑生态系统的需求在持续变化，但多数参与者的基本经营模式和管理方法没有发生变化。其结果是生态系统失稳，不足以有效支持日益增长的需求。此外，新的生产技术和材料、设备以及过程和产品的数字化以及价值链上新进资本和跨界的复合效应，有可能从根本上改变建筑业。

5.1.5 工程建造智能化产业科技创新典型案例

随着我们周围的世界迅速变化，建筑过程中对技术进步的需求也在以同样的速度发展也就不足为奇了。尤其是当前的危机导致建筑行业加速变化，随着时代的变化，对更高流程透明度和控制的需求被凸显出来。许多建筑公司投资于技术，最常见的重点是数字化和供应链控制，使它们作为企业能够适应不断变化的工作环境。除此之外，现场对安全技术的需求正成为一个重点。随着协作技术的发展，建筑企业可以在一个单一的集成平台上工作，使其成为行业增加的健康和安全风险及问题的关键解决方案。该行业一直在应对各种其他问题，这些问题需要该行业快速发展并具有适应性。其中包括熟练劳动力短缺，新的可持续性和减少排放法规、信息技术和软件的进步，以及持续的健康和安全风险与协议。

从产业创新角度讲，目前最具创新性的建筑技术形式分别为：激光雷达、连接的安全帽、智能基础设施、虚拟现实和增强现实、人工智能、BIM软件、3D印刷厂、外骨骼、建筑机器人、机器人群。这些技术是传统建筑工程产业链中诞生的新成长点。以下列举了这些技术领域的典型公司及其核心产品。

5.1.5.1　3D扫描技术领域

iScano（艾斯卡诺）是一支由工程师、建筑师和现场操作员组成的专门团队，专门从事LiDAR 3D激光扫描技术，提供竣工虚拟设计（CAD、Revit等）以及专注于降低运营成本的简单易用的工具并提高投资回报率。团队致力于为每个工程项目简化点云数据，核心技术是实现3D扫描到CAD/BIM，如图5-1所示。iScano团队在CAD和BIM软件及其点云用例方面拥有丰富的经验。通过使用

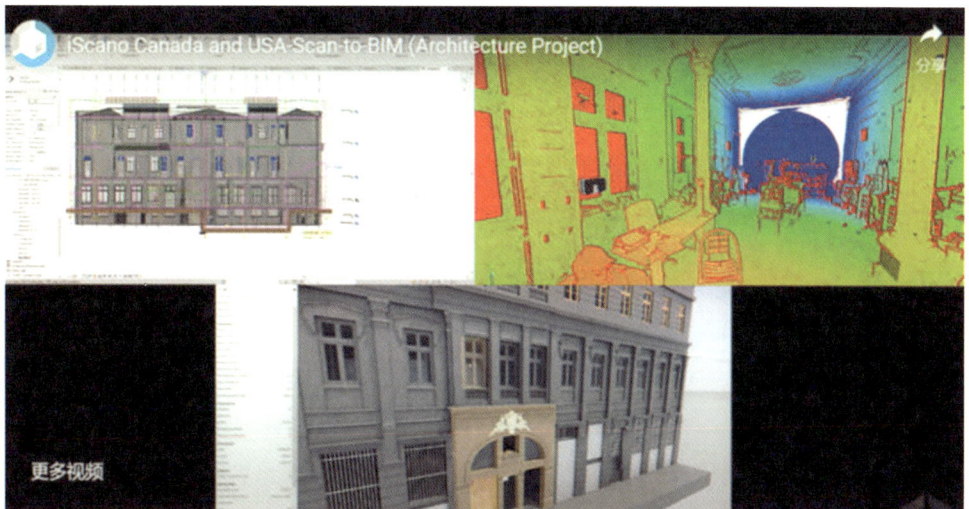

图5-1　3D扫描到BIM技术

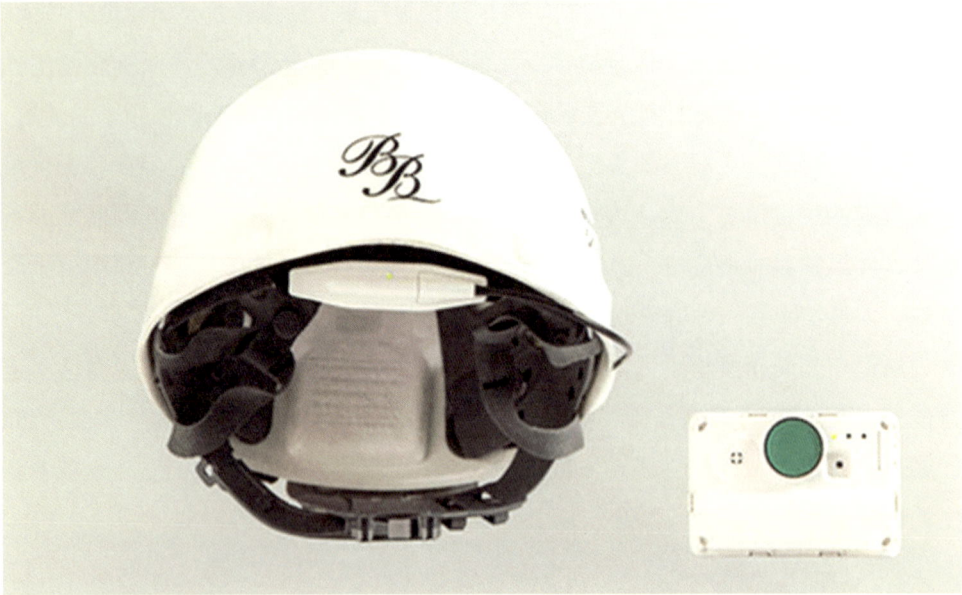

图 5-2 "高科技"安全帽

LiDAR 3D 激光扫描仪的强大功能，iScano 可以生成一个定制的 CAD 文件。另外，iScano 的 SCAN-TO-BIM 服务通过使用点云进行广泛的分析和建模，提供数字孪生体的竣工结构。

5.1.5.2 可穿戴安全帽领域

Shimabun（日本岛文株式会社）是从事钢铁回收、安全和劳工管理方面承包业务的顶级日本公司之一。业务主要涉及钢铁领域，包括从拆解到废料收集、分类、加工和交付的一系列过程。目前集团与大约 30000 家商业伙伴建立了长期稳定的业务关系。公司研发的用于监测工人身体状态（如体温和心率）的可穿戴"高科技"安全帽（图 5-2），可以监控工人的位置、运动和温度，在条件可能变得不安全时向工人发出警报，同时还具有紧急呼叫功能。

5.1.5.3 智能基础设施领域

Hexagon Aktiebolag（海克斯康 AB）是一家瑞典集团，总部位于瑞典斯德哥尔摩，是设计、测量和可视化技术的全球供应商，全球最大三坐标测量仪器制造商。公司创始人 Johan Torbj rn Ek 毕业于斯德哥尔摩经济学院，在 Old Hexa-

图 5-3　结构监测

gon 被 Munksj 收购后创建了新的海克斯康，并成为董事会主席。目前公司在 50 个国家和地区拥有约 22000 名员工，提供产品包括手动工具、固定和移动坐标测量机、GPS 系统、水平仪、激光取景器、全站仪、用于机载测量和服务的传感器以及软件，服务于建筑、汽车、航空航天、能源、医疗等领域。

公司的一大核心技术是结构监测系统（图 5-3）。通过传感器来监测特定结构，旨在帮助工人在结构问题发生之前预测问题，以便在场地变得危险之前引入正确的团队进行必要的维护，从而避免事故发生，降低安全风险。该技术还可用于自然环境，如落石和矿山，以评估场地的结构完整性，从而减少工人的风险暴露，并提醒现场的施工团队任何危险情况。

5.1.5.4　人工智能领域

ALICE Technologies 成立于 2013 年，是世界上第一个人工智能驱动的建筑模拟和优化平台。创始人 Renè Morkos 作为斯坦福大学的 Charles H. Leavell 研究员，从事人工智能建筑应用研究。他是第二代土木工程师，拥有超过 15 年的建筑行业经验，曾参与水下管道建设、阿布扎比价值 3.5 亿美元的天然气炼油厂扩建项目的自动化工程、ERP 系统实施以及各种虚拟设计和建设项目。公司目前拥有 50 多名员工，在美国加利福尼亚、捷克共和国和印度设有办事处。

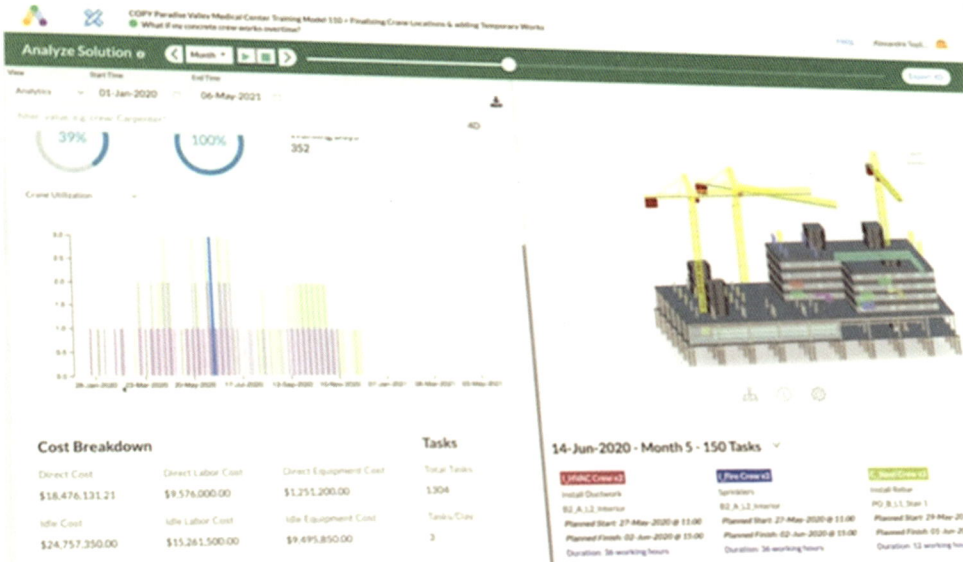

图 5-4　利用 AI 制订施工计划

　　公司核心技术是利用 AI 制订施工计划（图 5-4），降低风险，同时降低 11% 的成本和 17% 的建造时间。借助 ALICE，用户可以在施工前模拟多种策略，利用人工智能分析项目的复杂建筑要求，生成高效的建筑时间表，帮助降低成本、加快建造速度、优化劳动力、设备和材料等关键项目资源。同时由于 ALICE 是参数化的，因此在施工期间可以根据需要调整这些时间表，所做的任何更改都会立即同步更新，并且可以量化决策带来的影响。另外，在管理阶段，平台可以实现全流程的可视化，以便发现延迟并及时探索替代解决方案，最大限度减少对项目的影响。

5.1.5.5　无人机测绘领域

　　激光雷达是一种直接测量方法，在物理上用光击中一个特征并测量反射。无人机摄影测量使用无人机摄像头拍摄的图像，利用图像重叠和充分的地面控制，在精确的 3D 模型中重建地形，如图 5-5 所示。激光雷达产生类似点云的图像，而摄影测量使用真实地点的照片来创建实际地形的全 3D 视觉模型。如果正在测量植被茂密的土地，光脉冲可以穿透树枝和树叶之间，激光雷达可以产生很高的垂直精度。与摄影测量相比，这是一个显著的优势，因为摄影测量只有在现场植被稀疏时才能产生高垂直精度。但当涉及建筑、采矿和骨料行业更广泛的测量需

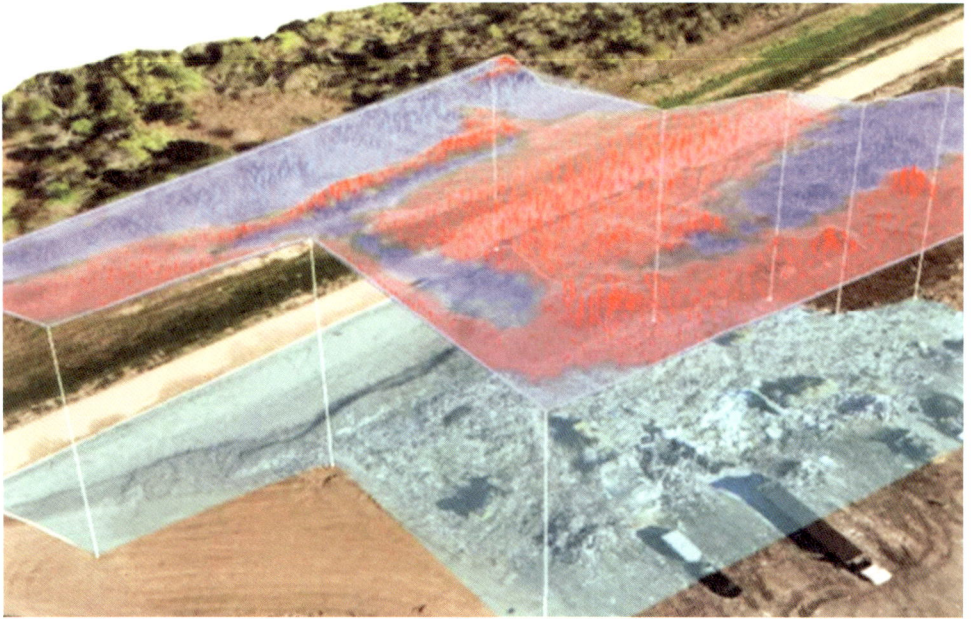

图 5-5　激光雷达测绘地形

求时，摄影测量是更实惠的解决方案，具有适合大多数团队的高精度和易用性。

　　Propeller 公司成立于 2014 年，主要研发土木工程和建筑领域的现代测量技术和产品，创始人将他们的无人机运营和企业 IT 专业知识相结合，通过聘请 GIS、3D 制图和摄影测量专家来扩展全球业务。公司提供端到端解决方案，帮助客户对他们的工地进行准确的现场勘测，将无人机收集的数据利用 3D 可视化模型展示，让技术人员和管理人员能够准确衡量现场进度，以便做出更好、更快的决策，有助于项目按时交付。建筑公司使用 Propeller 支持的无人机软件捕获高度准确的地理标记航空图像，以进行无人机测绘；将生成的数据拖放到 Propeller 中，之后利用公司设计研发的无人机 PPK 系统和摄影测量解决方案将其转换为施工场地的 3D 地图；在 24h 内，用户将收到一个由公司的 GIS 专家团队处理过的数据集，包括计算库存量、测量表面积并可视化挖方/填方（误差在 1/10 英尺，即 3cm 以内）；之后查看准确性报告以验证结果，通过后可开始土方工程。

5.1.5.6　机器人领域

　　（1）Advanced Construction Robotics（ACR）公司的 TyBOT 钢筋绑扎机

器人。ACK 是全球领先的自主机器人设备创新者，利用机器人和人工智能来创新和商业化各种自主产品，以引领建筑行业的长期转型，以提高生产力，提高安全性，增加利润并降低进度风险。公司创始人之一 Stephen M. Muck 在商业和建筑相关领域拥有 30 多年的经验，目前担任执行主席；另一创始人 Jeremy L. Searock 担任总裁兼首席技术官，确保技术创新团队有效地与业务运营部门合作。公司核心产品是 TyBOT 机器人（图 5-6），它是一款钢筋绑扎机器人，工作区域的自导航，无需预先映射或校准，生产率提高至少 150%，可连接多达 1100 个节点。另外，公司目前正在研发 IronBOT 机器人，它是一种钢筋搬运和放置机器人，通过自行放置高达 5000 磅的横向和纵向钢筋束来减轻繁重的起重负担，于 2022 年上市，IronBOT 和 TyBOT 的强大解决方案将能够使生产率提高至少 250%。

（2）森博尔科技（Semblr）公司的 Robot Swarms 机器人群。Semblr 是一家使用小型集群机器人实现建筑施工自动化的英国初创公司，成立于 2018 年。Semblr 公司的核心技术是现场施工机器人群 Robot Swarms，利用大量小型机器人和基于人工智能（AI）的自动调度，实现自动化传输材料和砌墙，并收集有关材料、天气条件等的信息，将 BIM 工作流程与现场施工机器人团队相结合，实现从设计到制造再到完成的全数字化施工过程，能够为建筑工人创造更高效、安全的工作环境。目前 Semblr 正在与几家英国领先的房屋建筑商进行现场原型测试

图 5-6　TyBOT 钢筋绑扎机器人

和数字试验，并与英国最大的砖制造商 Ibstock 建立了合作伙伴关系。

（3）Fastbrick Robotics（FBR）的 Hadrian X 自动砌砖移动机器人。德国技术公司 Fastbrick Robotics 由 Mike Pivac 和 Mark Pivac 创立，通过设计、开发、建造和操作动态稳定的机器人以满足全球需求。2005 年，Mark Pivac 申请了"自动砌砖系统"的专利，公司于 2015 年在澳大利亚证券交易所上市。FBR 公司研发了世界上第一台自动砌砖移动机器人 Hadrian X（图 5-7），利用 FBR 的动态稳定技术™（DST™），可以实时校正动臂和铺设头中的动态干扰及振动，能够在不受控制的户外环境中快速、准确、安全地工作。Hadrian X 从 3D CAD 模型构建块结构，产生的废物比传统施工方法少得多，同时显著提高了现场安全性，并且能够在短短一天内就地建造房屋的墙壁。FBR 凭借 Hadrian X 获得了机器人爱迪生金奖（爱迪生奖旨在表彰在新产品和服务开发、营销、以人为本的设计和创新方面取得卓越表现的企业）。目前，Hadrian X 已经在与 Architect Builders & Designers、墨西哥 Grupo GP Vivienda 等的合作项目中成功应用。

图 5-7　Hadrian X 自动砌墙移动机器人

（4）法如科技（FARO）和波士顿动力（Boston Dynamics）的 Trek 自动 3D 扫描机器人。FARO SINGAPORE PTE.LTD. 成立于 2004 年，作为三维测量、成像和实现解决方案的全球领导者，在建筑施工领域，公司致力于帮助 AEC 行业实现智能化建设，其核心产品是拥有高精确度的 FARO Focus 激光扫描仪，使用户能够对复杂物体和建筑物进行快速、准确的测量。Boston Dynamics 研发的 Spot 机器人模型在建筑领域备受关注。Spot 机器人具有自动行走功能，依靠传感器可自动扫描工作流程。一旦铺设了某条路径，机器人每次都可以自动收集该路径下的数据，如果遇到障碍物也可以进行微调。Trek 是由 FARO 和 Boston Dynamics 两家公司联合推出的一款自动 3D 扫描机器人，如图 5-8 所示。Trek 将 FARO Focus 激光扫描仪与 Spot 机器人的导航平台相结合，使用一系列集成传感器，机器人可以了解动态环境并避开障碍物或人。Trek 内置的 8M 像素 HDR 摄像头可捕捉详细的图像，同时在各种照明条件下为扫描数据提供自然的色彩叠加。未来的应用将允许 Trek 在危险、密闭空间和低氧环境中自动捕获 3D 激光扫描，帮助实现项目的按时交付。

（5）AIST 的 HRP-5P 人形机器人。日本最大的公共研究机构之一——国立先进工业科学技术研究院（AIST）作为日本国家创新体系的核心，专注于研发对日本工业和社会有用的技术，以及弥合创新技术与应用之间的差距，让技

图 5-8　Trek 自动 3D 扫描机器人

术实现商业化。由 AIST 设计的 HRP-5P 机器人是一个长 182cm、重 101kg 的人形机器人，旨在自主执行繁重的劳动或在危险环境中工作。HRP-5P 是在 HRP 系列技术的基础上融合了新的硬件技术。该机器人功能包括环境测量与物体识别、全身运动规划与控制、任务描述与执行管理、高可靠系统化技术。这些技术的集成让 HRP-5P 可以在建筑工地独立处理和搬运大型重物，例如自主完成石膏板安装。未来 HRP-5P 将作为人形机器人实际应用的研发平台，目标是使其成为住宅或建筑工地以及飞机和船舶等大型结构的组装中自主体力劳动的替代来源。这将弥补劳动力短缺，使人们摆脱繁重的劳动，并帮助他们专注于更高附加值的工作。

（6）OKIBO 的干墙修整机器人。OKIBO 是一家为建筑工地开发智能机器人的以色列公司，专为建筑工地的恶劣条件而设计，正在通过新的移动、多用途、自主机器人推动建筑行业的自动化。该公司的第一款产品是一款干墙修整机器人，用于抹灰、打磨和涂漆应用，用于解决建筑行业熟练专业人员的巨大短缺问题。该机器人具有 3D 扫描功能（2~3mm 精度）、计算机视觉、自主运动和灵活的工业机械臂。并且，它能够精确地识别应用区域，预先规划工作路径并以准确和快速的方式自主应用材料（例如，预混化合物、石膏、水泥）。

5.1.5.7　VR/AR 技术领域

Jasoren 是一家美国软件开发公司，专门从事构建虚拟和增强现实应用程序。公司在美国、英国和法国设有代表处。Jasoren 公司研发了建筑领域的协同虚拟现实应用程序，允许工程师在虚拟现实环境中协作，并使客户能够观察过程。该应用程序能够在做出最终决定之前更好地了解客户的流需求，可以远程处理项目，辅助团队内部实现更好的决策，提高质量，并且由于后期修改次数减少，节省了成本。另外，Jasoren 公司还研发了展示建筑物和房间布局 3D 模型的 AR 应用程序，允许在增强现实中可视化房间布局和建筑物，可以向客户进行演示并以更具说明性的方式展示项目，加强审查设计和规划并降低重做成本的可能性，使得在做出最终决定之前，有机会想象和探索不同的想法，并节省建筑物物理模型的时间和成本，提高演示质量。

对于建筑公司，VR 还可以创建虚拟"会议室"，团队成员可以在其中讨论项目而无需访问现场。团队可以随时开会，无需出差。在多用户 VR 应用程序中，每个人都会看到未来的建筑并分享他们的专家意见。此外，建筑公司可以对其人员进行虚拟培训。无需在真实的建筑工地上进行培训，也无需让受训者面临风险和危害，而是可以在 VR 中进行培训，而不会对班级造成任何危险。同时，VR 培训比现实生活中的培训更具成本效益，并允许更灵活的时间安排。

5.1.5.8　BIM 技术领域

Continuum Industries 是一家英国软件公司，成立于 2016 年。公司为工程师和基础设施规划人员开发并提供基于 AI 的工具，功能包括设计自动化、工作流程管理、数据管理等。

公司核心产品是 Optioneer，它为线性基础架构的桌面选项优化研究提供了一种新方法。它使项目团队可以自动化现有的选件流程，有效地捕获高水平的地理空间和工程细节，并迭代数千个设计选项以找到最佳选项。对于每个项目，第一步是选择一组参数化设计规则和单位成本，用于设计线性资产。一旦用户为每个设计规则和单位成本配置了他们的首选参数，他们的"模型"就可以使用了。此时，用户可以保存他们的模型并进入下一步，或者，使用配置的不同参数集或参数设计规则和单位成本的完全不同组合构建并保存更多模型。用户可以将其地理空间数据导入 Optioneer，以获取项目区域的关键地理特征、地形、现有资产和其他相关信息。完成后，用户可以将各个地理空间数据层链接到他们的模型，以配置处罚或其他措施，并将各个地理空间数据层指定为要避免的"禁区"。为了开始生成设计选项，用户定义他们的线性资产的起点 / 终点以及他们的走廊或路线内的任何航点，并选择他们希望用来驱动优化过程的模型。Optioneering 引擎是非确定性优化过程，通过使用提供的详细信息快速生成、评估和发展数百万个可能的设计选项来工作，以返回多个良好的设计解决方案。优化运行完成后，用户可以评估和比较生成的多个设计选项。每个选项与导入的地理空间数据一起显示在交互式地图界面中，为每个设计选项提供基于用户模型的关键性能指标（例如施工成本、交叉口数量、开挖量）的可视化。用户还可以更详细地分析水平和垂直剖面上沿走廊或路线的特定点。此外，如果用户想要改进一些单独的设计选项，他们可以直接在地图界面中绘制（或导入）新选项并提交以进行快速评估。最后，一旦用户选择了他们喜欢的设计选项以进行更详细的设计，他们就可以将这些选项和相关的元数据从 Optioneer 导出到 GIS 或 CAD 软件中，以便进一步分析和改进。导出文件格式很灵活，可以根据用户的需要进行配置。

5.1.6　工程建造智能化发展趋势

工程建造智能化发展要通过数字化手段提升核心竞争力，基于上述立场，工程建造智能化发展的蓝图就不能仅仅拘泥于细节或当下的技术状态，应该着重于创新和产业链资源的整合，具体规划包含以下内容：

5.1.6.1　建设开创性的开放业务平台与生态系统

工程建造数字化智能化需要建设开放性业务平台（以下简称"平台"）帮助企业利用以其他方式无法获得（因为规模、成熟度或资本等原因）的资源，从而建立竞争优势，并自行开发更强大的产品。平台可以覆盖单个组织中的多个职能领域、整个行业市场或一系列技术。在平台上，所有参与者都为其他参与者提供价值，同时利用网络的优势为自己收获更大的价值。生态系统是持续合作、共同创造和开放创新的基础。在生态系统中，平台参与者的集体智慧、能力和技术被用于增强价值主张和创造更大的价值。生态系统可以促进合作伙伴、供应商、客户和利益相关方之间的合作与信任。在组织内部，生态系统有助于打破孤岛，鼓励跨部门协作。

工程建造数字化智能化的最大战略理念是平台思维与生态系统概念的结合，需要将生态系统视为战略的核心，以促进创新、创造市场及大幅度提升企业能力。这就要求明确清晰地认识到企业之间建立战略关系所带来的增长潜力，以及通过统筹协调其他企业希望和需要参与的扩展业务平台所能获得的竞争优势。生态系统的开放性有助于扩大其范围，提升价值创造潜力，同时使平台内的实体能够在行业内环境以及新的跨行业组合环境中分享最大的业务成果。借助数字链接、信息共享和新数据组合的强大力量，生态系统与客户及参与者建立联系的潜力得到进一步释放。借助基于开放、安全的标准和软件定义网络的技术架构，这种合作变得越来越简单。外部化的业务流程和扩展的工作流程通过结合多种应用技术的强大力量，形成差异化优势，为所有参与者创造新的市场机遇。

未来的工程建造数字化智能化平台随着开放成为数字化转型企业的核心，生态系统逐渐成为提高整个经济体的效益和影响力的引擎。扩大的合作伙伴平台可以促进组织的敏捷性与弹性，带来新的收入机遇。企业必须采取经过深思熟虑的正确步骤，从现有和新的生态系统中创造和收获价值。只有适当地培养以价值为中心的战略→管理一系列价值商机及其风险，组织才能充分利用开创性业务平台与生态系统的变革性潜力。

建设开放开创性工程建造数字化智能化平台的关键点在于需要具备精通数字技术的现代运营模式和思维方式。通过让企业瞄准业务优先事项，并优化生态系统合作，就能够对绩效产生显著的影响。数字化转型企业将生态系统放在战略的核心地位，借此激励创新、创造市场以及大幅度提升企业能力。同时建立生态平台时要注意与产业合作企业建立更深层次的合作关系。合作关系已成为大多数企业寻找价值的必由之路。平台建设需要依靠合作关系，利用平台和生态系统的力量在最理想的状况下，连接生态系统中的所有参与者。生态系统的领先者并不只是狭隘地关注自己企业的短期交易收益，他们将眼光投向针对所有参与者的更广泛的生态系统价值机遇。合作关系是建立生态系统的重要战略工具。

平台的建立从技术底层应该考虑技术与开放性。例如可以考虑以开放和标准为原则的新兴技术，如区块链和混合云等加速平台的运营和价值提升。技术平台是数字化转型企业的支柱。现代业务生态系统乃是基于技术以及数字平台所提供的开放、可信、创新的合作。通过技术融合呈指数级发展的技术，比如 AI、区块链、边缘计算以及混合云，就能够使开放、扩展、可信的生态系统更紧密地结合在一起，实现更高的智能化水平，从而不仅能够提供解决方案，还可限制而不是加剧风险。在开展生态平台建设时，需要考虑如何将平台与生态系统转化为价值。数字化转型企业是未来经济的重要支柱。建立平台必须有开放性的思想以及战略性的思维，平台与生态系统必须处于企业的核心，而不是作为业务的附加方面处于边缘。扩展的生态系统战略变得越来越有吸引力，模式设计上需要让所有参与生态的人都受益。

搭建生态平台实践需要注意 5 项具体工作：（1）调整战略，确定平台价值创造的目标，检验并确认价值收获和价值实现过程满足特定的里程碑；（2）转变模式，评估新战略对运营模式的影响，准备调整模式，确保企业的所有部门协同工作，发展旨在实现生态系统价值的基础能力；（3）增强文化，培养强调协作和共同创造的思维模式转变，建立激励机制与目标，减少对短期交易机会主义的关注，支持协作与共同创造，把资源投入到那些能够推动内部与外部共享、合作与开放的项目；（4）统筹各参与方，定义各种合作伙伴角色、主要规则以及必要的协作工具，确认建筑企业在生态系统中的作用（和想要发挥的作用）以及新的或隐藏的价值可能存在的位置，利用共同创造、共同执行和共同运营，加速创意开发和价值收获；（5）技术上投资于开放和安全的技术架构，以满足快速整合、参与和扩展的需要，利用现有架构进行快速扩展。

5.1.6.2　工程建造智能化与建筑工业化协同发展

智能建造与建筑工业化协同发展是以建筑业转型升级为目标，在具备创新技术、专业人才等建造要素基础上，企业主体为适应外部环境开展智能建造与工业化协同发展活动，形成丰富的协作机制，在企业群体的迭代发展下，逐渐形成新的产业结构，最终实现建筑业高效有序发展。

工程建造智能化与建筑工业化协同发展需要注意以下方面：

（1）科技创新能力最为重要。在劳动力、资本等初级要素投入基础上，实现要素升级，通过创新能力的提升改善建筑业的要素禀赋，建立智能建造与建筑工业化协同发展的新的初始条件和比较优势基础，实现产业体系向更高层次新稳态的转型演进。

（2）企业之间要形成良好的竞合关系。智能建造与建筑工业化协同发展中对技术、专业人才等需求形成新竞争点，同时创新技术的应用也重构了企业的合作模式，例如 BIM 技术使设计单位与施工单位平台化协同，企业间的竞争与合作关系更加复杂和非线性，良好的合作竞争关系更易形成资源共享的新型企业群体，推动建筑业产业的调整。

（3）产业结构亟待完善。目前建筑业的产业结构单一，根本无法满足智能建造与建筑工业化协同发展需求。智能建造与建筑工业化协同发展所要求的产业结构包括产业上下游的供需关系与价值交换、主导产业与相关产业的对接，包括建造、制造、技术服务、技术研发、金融服务等多产业的协同，只有完善的产业结构才能推动智能化、工业化的建造活动流畅地开展。

（4）政策支持力度要加强。目前大部分企业意识到转型升级的必要性及发展前景，但由于传统生产方式的固化使企业直接进行智能建造项目需要付出巨额成本，部分企业一直处于观望状态。因此，政策是最关键的驱动因素，政策导向增强企业信心，优惠政策及补贴为项目开展提供资金支持。

5.1.6.3　加速科学和数据主导的技术创新

创新需遵循科学的试验方法（假设、检验、学习），既利用新技术，也利用由传感器、信息共享和其他连接方法带来的爆炸式增长的新数据。借助开放而严格的方法，进行数据与技术的交汇为曾经无法回答的问题带来解决方案。开放式协作是科学和数据主导的创新的核心推动要素和要求，说明如何充分发挥试验的力量，开展共同创造、共同执行和共同运营，从而产生大规模的影响。从根本上而言，数字化转型企业具有前瞻性和外向性的特征。数字化转型的过程需要通过结合基于海量数据的预测性分析和前瞻性分析以及新型集体智慧来提升科学分析水平。

科学和数据主导的创新探索活动都可通过生态系统和智能化工作流程实时执行，从而使数字化转型企业能够更迅速、更有效地发现并挖掘新的价值池。数据科学家利用数字化转型企业及其生态系统中的开放架构，成倍放大数据共享的优势。利用 AI 和机器学习的模式识别能力越来越强，工作流程优化解决方案变得更加清晰和有效。通过智慧地运用科学方法，可以进一步放大跨行业合作关系和联盟的作用，进而推动整个生态系统范围内的创新。

创新过程中，也需要组织变革，通过领先的组织架构依靠智能自动化，帮助降低成本，提高工作流程效率。构建由 AI 驱动的自动化和智能化的工作流程，在运营连续性和响应客户需求之间实现平衡。工作流程包含预测性智能，如动态客户响应、预防性维护和实时库存状态感知等。这种自动化能力有助于实现数字支持的决策，使企业能够快速确定下一步最佳行动、对其进行优先级排序并提出建议。来自机器传感器和物联网技术的数据有助于进一步增强工作流程自动化，实现实时洞察和预测。需要利用探索发现工具，消化吸收来自核心以外的信息以保护和扩展业务连续性与企业弹性。新兴的数字化转型企业由探索发现驱动，充分发挥价值链的优势。尤其是建筑行业企业都必须在信息的驱动下运营。通过大规模应用科学方法和试验，并以数据和人工智能为基础，可以获得有关市场和管理实践的新信息，从而在业务战略、产品开发和运营等领域推动关键的改进。

加速科学和数据主导的创新过程中，必须有的放矢地设计系统和流程，以便催生开放式协作和科学探索。扩展的智能化工作流程必须具备数字灵活性，确认工作流程的定义，以进行灵活的管理和部署流程，以及大规模加速推进科学探索。同时，科技创新活动一定要有与客户以及生态系统合作伙伴的开放式合作。行业企业一起依靠开放的科学实践，在生态系统中开展动态知识传播和精心协调的协作。最后加速创新的过程要利用好指数级发展的工具和系统加快创新速度。AI 和量子计算等新兴技术展现出加速科学探索发现的巨大潜力。利用现有的计算能力，可以对建造系统建模，移动单个资源，模拟某些设备材料在数百万次使用中的表现或反应。以实现建造技能和知识的不断积累和提升。

创新实践中，可以考虑的实践关键点包括开展大规模试验，鼓励在组织内部、合作伙伴网络和生态系统中开展协作，分享奇思妙想。联合生态伙伴一起对假设的检验、开展模拟以及使用作为探索发现活动核心的其他科学方法工具。通过开放的科学方法和实践，开发新的和改进的数据源。利用海量数据进行预测性分析与规范性分析，帮助做出更明智的决策。技术上部署 AI 和机器学习，显著改进模式识别、工作流程，优化和解决方案收集。实施过程也要注重重新定义员工队伍的角色，为将来以发现为导向的实践做好准备。调整系统性的流程，以适应持续快速的变化。

5.2　海洋岩土工程勘察技术发展

本热点问题的分析根据中国土木工程学会土力学及岩土工程分会承担的北京詹天佑土木工程科学技术发展基金会研究课题《海洋岩土工程发展现状和趋势》的研究成果归纳形成。课题组成员：张建民、龚晓南、汪明元、王立忠、高福平、张建红、王睿、张瑜、汪方。

5.2.1　海洋水文气象调查技术

海洋水文要素表征海水各种变化和运动的现象，主要包括海水温度、盐度、密度、海浪、潮汐、海流、海冰等。表明大气中物理现象与物理过程的物理量称为气象要素，以气温、气压、湿度和风最为重要。海洋水文仪器主要包括温盐深仪、测波仪、潮汐测量仪、海流测量仪、海冰测量仪等。

（1）测波仪。测波仪是观测波浪时空分布特性的仪器。波浪观测要素为浪的波高、周期、波形、波向和海况。常见的测波仪可分为视距测波仪、测波杆、压力式测波仪、声学式测波仪、重力式测波仪、激光式测波仪、测波雷达和卫星高度计等类型仪器。

压力式测波仪较早使用的压力传感器主要是弹簧式和气囊式，目前主要使用测量精度较高的压电传感器。声学式测波仪可分为水下声学测波仪（坐底式）和水上声学测波仪（气介式）。水下声学测波仪与压力式传感器和声学多普勒海流计结合的技术是目前波浪观测水下测波中较为先进和常用的一种方法。挪威

Nortek 公司生产的浪龙 AWAC 是声学多普勒剖面流速及海浪测量仪，多应用于沿海长期的波浪监测，并提供相应的剖面海流监测数据，波向精度为 2°，波高压力精度为量程的 0.25%。重力式测波仪是指放置在水面随波浪上下起伏的浮标，通过重力加速度传感器测量波浪。激光式测波仪是利用激光测距原理测量波高、波周期参数的仪器，一般应用在岸基、石油平台和飞机上。测波雷达是国内应用较多的一种海浪与表层流监测测波雷达。近年来遥感测波仪的应用发展很快，已经应用于飞机和海洋卫星，因而为大面积快速提供精确的海洋信息开辟了更加广阔的前景。

（2）潮汐测量仪。潮汐测量仪通常又称为验潮仪，主要用于测量海水水位参数。目前常用的验潮仪有水尺验潮仪、浮子式验潮仪、引压钟式验潮仪、声学验潮仪、压力验潮仪、雷达水位计、差分 GPS 验潮仪、卫星遥感等。目前已经很少使用水尺验潮仪，其主要用于短期的验潮。浮子式验潮仪和引压钟式验潮仪，两者属于井验潮，结构简单、使用方便，需要建立验潮井，适用于需要长期测量潮位的沿海区域；其余几种属于无井验潮，不需要高昂的建井费用，安装环境要求低，测量精度高，维护、运行成本低。利用卫星监测技术进行大面积潮汐测量是潮汐监测技术的重要突破，但岸边常规潮汐观测仍然依靠传统的验潮仪。

（3）海流测量仪。海流测量仪用于测量海流流速、流向等参数。海流测量仪多种多样，根据测量原理分为机械式、电磁式、声学式等类型海流计以及表面漂流浮标；根据测量维度分为二维和三维海流计；根据测量方法分为漂流法、定点法、走航法和岸基测量；根据测量范围分为单点海流计、剖面海流计。机械螺旋桨式海流计的测流原理是依据螺旋桨受水流推动的转速来确定流速，对低流速测量时存在较大的误差。电磁海流计利用法拉第电磁感应原理，通过测量海水流过磁场时的感应电动势来测定海水的流速。声学海流计主要分为 3 种。时差式声学海流计关键技术是精确测量两种换能器之间声波传播的时间差，精度一般在纳秒级，通常采用锁相环频计数法和相位差法来精确测量。聚焦式声学海流计最大特点是能测量近底海流，是研究海底近底异重流的重要工具。声学多普勒海流剖面仪（ADCP）是目前常用的海流计，也是当前测弱流的主要仪器。挪威 Nortek 公司生产的小阔龙流速仪（Aquadopp）流向测量精度为 3°，流速测量精度为 0.5cm/s。挪威 AANDERAA 仪器公司生产的 RCM9 海流计，流向测量精度为 5°，流速测量精度为 1cm/s。

（4）海冰测量仪。海冰测量仪主要用于测量海冰厚度、密集度和速度等海冰参数。目前常用的监测方法有目测法、直接测量法和遥感测量法。目测法是一种较为传统的测量方法，通过人眼对海冰进行观测。直接测量法是通过工具和仪器一起对海冰要素进行现场直接测量，常用的仪器有冰尺、冰钻、棒冰温度计、海冰浮标、海冰船等。遥感遥测法是通过卫星、飞机、船舶、浮标等平台上搭载测冰仪器或利用雷达对海冰进行测量。用于海冰厚度测量的电磁感应海冰厚度探测仪主要有加拿大 Geonics 公司生产的 EM31-ICE 型产品，该仪器依据海冰电导率与海水电导率之间存在明显的差异进行测量。卫星遥感是获取海冰覆盖范围、冰外缘线和密集度信息的有效手段，用于监测极地冰情变化。海冰浮标是一种常用的无人值守海冰观测设备，可以监测浮冰的运动轨迹，还可通过观测空气温度、海表面温度、气压、GPS 信号、雪厚等参数分析掌握冰灾形成和变化规律。

（5）海洋气象仪器。海洋气象仪器主要包括测风仪、气温湿度传感器、气压计、能见度仪等。测风仪用于获取海洋风速、风向。根据工作原理不同主要分为机械式、热线式、压力式、超声波式、激光式、遥感式等类型。气温的测量方法主要有电学测温法、磁学测温法、声学测温法、频率测温法等。目前，海洋测温主要采用电学测温法，主要温度计有热电偶测温仪、电阻测温仪和半导体热敏测温仪。湿度传感器主要有电阻式、电容式两大类。湿敏电阻的特点是在基片覆盖一层用感湿材料制成的膜，当空气中的水蒸气吸附在感湿膜上时，元件的电阻率和电阻值都会发生变化，利用这一特性即可测量湿度。气压是海洋气象观测的重要参数之一，气压计主要用来测量海面以上空气的压强大小，传统测量采用水银气压计和无液气压计，随着技术发展目前自动化程度高的数字气压计使用广泛，感应部分通常是采用硅压阻式或电容式压力敏感元件。

5.2.2　海洋工程测绘技术

海洋测绘的对象可分成两大类：自然现象和人文现象。自然现象包括海岸和海底地形、海洋水文和海洋气象等自然界客观存在的对象。自然现象可分解成各种要素，如海岸和海底的地貌起伏形态、物质组成、地质构造、重力异常和地磁要素、礁石等天然地物，海水温度、盐度、密度、透明度、水色、波浪、海流，海空的气温、气压、风、云、降水，以及海洋资源状况等。人文现象是人工建设、人为设置或改造形成的现象，如岸边的港口设施——码头、船坞、系船浮筒、防波堤等，海中的各种平台，航行标志——灯塔、灯船、浮标等，人为的各种沉物——

沉船、水雷、飞机残骸，捕鱼的网、栅，专门设置的港界、军事训练区、禁航区、行政界线——国界、省市界、领海线等，以及海洋生物养殖区。海洋测绘主要从定位、验潮及测深三个主要方向介绍相关测量手段。

（1）定位。现代微波测距、激光测距等先进仪器的使用，极大地提高了海洋定位精度。随着航海、海洋开发事业向深海发展，光学仪器和陆标定位已不能满足要求，多种无线电定位仪器大量发展，近程的如无线电指向标、无线电测向仪、高精度近程无线电定位系统等；中远程的如罗兰C、台卡、奥米加、阿尔法等双曲线无线电定位系统。这些系统定位距离较远，但精度较低。水声定位系统和卫星定位系统，尤其是全球定位系统引入海洋测量，可使海洋定位的精度达到米级，并且还在进一步提高。

（2）验潮。验潮也称水位观测，又称潮汐观测，目的是了解潮汐特性，应用潮汐观测资料，计算潮汐调和常数、平均海平面、深度基准面、潮汐预报，并提供不同时刻的水位改正数等。为掌握海区潮汐规律，首先需选择合适的位置布设验潮站，设立水尺或自动验潮站（井式自记验潮、超声波潮汐计验潮、压力式验潮仪验潮、声学式验潮仪验潮、GPS验潮、潮汐遥感测量）。验潮站分为长期、短期、临时和海上定点验潮站。长期验潮站主要用于计算平均海面和深度基准面，需要两年以上连续观测的水位资料。短期验潮站一般要求连续30d的水位观测。

（3）测深。海洋测深的方法和手段主要有测深杆、测深锤（水铊）、回声测深仪、多波束测深系统、机载激光测深系统等。

1）测深杆：主要用于水深浅于5m的水域。由木质或竹质材料支撑，直径为3~5cm，长3~5m，底部设有直径5~8cm的铁制圆盘。

2）测深锤（水铊）：适用于8~10m水深且流速不大的水域测深。由铅铊和铊绳组成，其重量视流速而定，铊绳一般为10~20m，以10cm为间隔。

3）回声测深仪：简称测深仪，根据回声测深原理设计的水深测量仪器，分为单波束、多波束、单频或双频测深仪等。其中多波束测深系统，也称"声呐列阵测深系统""条带测深系统"，可同时获得与测线垂直方向上连续的多个水深数据。

4）机载激光测深系统：又称机载主动遥感测深系统，是由飞机发射激光脉冲测量水深的系统。机载部分由激光测深仪、定位与姿态设备组成，用于采集水深数据；地面部分由计算机、磁带机等数据处理设备组成，用于对采集数据进行综合处理和分析。

5.2.3　海洋工程物探技术

5.2.3.1　海洋地球物理勘探技术

海洋地球物理勘探基于重力场、磁力场、地震波振动和海底热流开展，主要涉及导航定位技术、海洋重磁测量技术和海底声学探测技术、海底热流探测技术、海底大地电磁测量技术、海底放射性测量技术，以及海底钻井地球物理观测技术等。

（1）导航及定位。近岸海域内多使用无线电定位系统，海上接收陆地岸台发射的定位信号，用圆法或双曲线法定位。近年海域内普遍使用卫星定位系统，通过卫星接收机记录导航卫星发射的信号，在两个卫星定位点之间，依靠多普勒声呐测定航行中船只的速度变化，由陀螺罗经测定船只的航向。卫星定位的精度受多种误差影响：卫星通信带宽、数据刷新频率、地面参考站、电离层、对流层、太阳风暴等，可通过增加数据链带宽频率、地面站的数量、改进计算模型来提高定位精度。

（2）侧扫声呐探测。侧扫声呐是一种主动式声呐，从安装在船体两侧（船载式）或安装在拖鱼内（拖曳式）的换能器中发出声波，利用声波反射原理获取回声信号图像，根据回声信号图像分析海底地形、地貌和海底障碍物，识别海底沉积物类型，确定海底裸露基岩分布范围，识别裸露的海底管道等。侧扫声呐能直观提供海底形态的声成像，在海底测绘、海底地质勘测、海底工程施工、海底障碍物和沉积物的探测，以及海底矿产勘测等方面得到广泛应用。根据声学探头安装位置，侧扫声呐可分为船载和拖体两类。船载型声学换能器安装在船体的两侧，该类侧扫声呐工作频率一般较低（10kHz 以下），扫幅较宽。多数拖体式侧扫声呐系统为深拖型，拖体距离海底仅有数十米，位置较低，航速较低，但获取的侧扫声呐图像质量较高，侧扫图像甚至可分辨出十几厘米的管线和体积很小的油桶等，最近深拖型侧扫声呐系统也具备高航速的作业能力，10kn 航速下依然能获得高清晰度的海底侧扫图像。目前，数字式侧扫声呐仪主要有美国 EdgeTech 公司、英国 C-MAX 公司、美国 Klein 公司、芬兰 Meridata 公司和韩国 DSMEE&R 公司等的产品。

（3）浅地层剖面探测。浅地层剖面探测是一种基于声学原理的连续走航式探测水下浅部地层结构和构造的方法，通过换能器将控制信号转换为不同频率（一般在 100Hz ~ 10kHz 之间）的声波脉冲信号并向海底发射，声波在传播过程中遇到声阻抗界面时将产生回波信号，在走航过程中逐点记录声波回波信号，形成反映地层声学特征的记录剖面，根据声学剖面分析判断浅部地层的结构和构造。一般地层穿透深度达到 30 ~ 50m。根据声学探头安装位置的不同，浅地层剖面探测分为船体固定式和拖曳式两类。

（4）高分辨率单（多）道地震探测。高分辨率单（多）道地震探测法原理类同于浅地层剖面法，与浅地层剖面相对应，也称中地层剖面法，但人工激发的地震波比声波频率低、能量强，具有更大的穿透能力，一般地层穿透深度达到 200 ~ 300m，作业方式多采用船尾拖曳式。高分辨率单（多）道地震剖面仪一般使用电火花或空气枪震源，通过单道反射波信号组成的反射波图像，探测海底以下 150m 深度内的地层变化情况和不良地质现象，包括浅气层、古河床、滑坡、塌陷、断层、泥丘、基岩、浊流沉积、盐丘、海底软土夹层、侵蚀沟槽等地质构造与不良地质体。目前，高分辨率单（多）道地震剖面仪多为单道电火花震源系统，生产厂家有法国 SIG 公司、英国 CODA 公司和荷兰 Geo 公司等。

（5）海洋磁力探测。海洋磁力探测是通过测量海底磁性异常识别海底管道、电缆、井口、炸弹、沉船等铁磁性障碍物，结合侧扫声呐、浅地层剖面确定障碍物的性质、位置、形状、大小、走向及埋深等。目前，海洋磁力仪生产厂家主要有美国 Geometrics 公司和加拿大 Marinemagnetics 公司。

（6）水深测量。水深测量一般使用单波束回声测深仪或多波束测深系统，传统的单波束回声测深仪是记录声脉冲从固定在船体上或拖曳式传感器到海底的双程旅行时间，根据声波传播的双程旅行时间和声波在海水中的传播速度确定各测点的水深。通过声波发射与接收换能器阵进行声波广角度定向发射和接收，利用各种传感器（卫星定位系统、运动传感器、电罗经、声速剖面仪等）对各个波束测点的空间位置归算，从而获取在与航向垂直的条带式高密度水深数据，进行海底地形地貌测绘。

5.2.3.2　海洋地层剖面探测技术

浅地层剖面探测和高分辨率单（多）道地震探测（即中地层剖面探测）都以地震波反射理论为基础，根据声波或地震波反射波的到达时间形成时间剖面图，利用地层声速或地震波速度转换为深度剖面图。各方法的主要区别在于震源激发方式、发射能量、发射频率、波长，造成穿透能力和分辨率的差异。

（1）反射图像。浅地层剖面测量所获取的声学记录剖面是地质剖面的反映。

声地层层序是沉积层序在浅地层声学记录剖面上的反映。根据反射波的振幅、频率、相位、连续性和波组合关系等，界定声阻抗界面，进而划分声学反射界面。波在某个界面反射后可能在另一个界面或地面又进行一次或多次的反射，再返回声呐接收系统，形成多次反射。不整合面、基岩面、硬质土层等强反射界面容易产生多次波，多次反射波多为一种干扰信号，对资料解释有较大影响，处理不当也会得出不合理的推断。可利用相关钻井资料、区域地质资料或与其他海洋物探成果进行校正，也可采用速度谱分析、共反射点叠加等办法消除多次波。

（2）剖面声图层理特征。剖面声图的层理特征，是指剖面声图显示具有一定灰度的点状、块状和线状图形组成的图像，反映不同性质的海底地层图像的特征。简单层理特征：1）平行简单层理特征，沉积层界面呈现平行特征，其层位图像也呈平行特征，表明沉积物平稳且较均匀一致的下沉积淀，显示了在低能量沉积环境中细粒沉积物。2）发散简单层理特征，点状和线状图像由密集扩散成稀疏图像，表示沉积物沉积速率的区域变化。复杂层理特征：1）复杂斜层理特征，由点状、块状和线状图形组成的不平行倾斜状图形特征，通常表示河流及河流三角洲，近岸平原沉积物的沉积层图像特征。2）S形复杂层理特征，由形成S形的线状或块状组成的图像特征，通常表示三角洲及浅海环境的沉积层图像特征，沉积物的粒度从细到相对粗的粒度。3）杂乱层理特征，不连续、不整合的点状、线状图形组合的图像特征，表示相对高能量沉积环境，包括各种不同沉积速率，沉积后基底瓦解、崩积后残积堆积。

（3）反射图像同相轴追踪技术。同相轴是反射记录在时间剖面上各道振动相位相同的极值（波峰或波谷）的连线，有效波的同相轴具有以下特征：1）振幅显著增强，2）波形相似，3）同相轴圆滑且有一定延伸长度。反射图像同相轴主要表现如下特征：1）反射波同相轴平行或圆滑起伏，正常情况，水深变化、沉积层或基岩埋深变化的一般表现为时间剖面上反射波同相轴平行或圆滑起伏，无明显错动或缺失。2）反射波同相轴发生明显的错动，断层或其他大型构造会造成正常地层发生突变，表现为时间剖面上反射波同相轴明显错动，或反射能量特征、频率特征、相位特征突然变化，且往往存在断面反射波伴生，一般来说断层两侧差异越大，反射波同相轴的错动就越明显。3）反射波同相轴局部缺失，破碎带、地层突变和风化状况的改变会对反射波的吸收和衰减产生影响，可能会造成连续追踪的反射波同相轴局部缺失或不易识别，或伸延范围较大时甚至可能产生新的连续或不连续的反射波同相轴。4）反射波波形发生畸变，地层内部不均或掏空时，反射波在时间剖面上的表现特征为波形畸变。5）反射波频率发生变化，沉积层矿物成分、砂石含量及盐碱性质对于地震波（声波）的衰减和吸收影响差异较大，对反射波波形改变的同时也会使反射波频率发生变化。以上各种现象在反射波时间剖面上往往是多种形式同时存在，在不同的地质情况下表现出不同特征，需要物探解释人员充分了解区域地质条件，并需要具备丰富的解释经验。

（4）浅、中地层地震剖面技术。浅、中地层地震剖面技术是大规模划分海底沉积地层的重要手段，还可同时进行海水深度的探测，是水深、定位及其他海洋勘察手段的重要校验方法。基岩与海水和沉积物之间的物性差异较大，地震波发生折射和反射现象更为明显，反射波回波能量也较强，同相轴也更容易识别，在地震波激发能量较大的情况下，海底基岩延伸和埋深的探测效果较为理想。

（5）浅层气探测。浅层气是储存在沉积物中的天然气。滨海浅层气形成后经过一定时间的运移和聚集，以层状浅层气、团块状浅层气、高压气囊、气底辟等形式存在于海底。利用含气地层与非含气地层的波阻抗（密度和波速的乘积）差异和吸收衰减性质不同，根据声反射信号或地震波反射信号的幅度、频率、相位以及同相轴形态，分析与识别海底浅层气及其赋存形态。通常利用浅地层剖面、单道地震和侧扫声呐等物探方法识别浅层气。在浅地层剖面上的状态主要表现为声学幕布、声学空白、声学扰动、不规则强反射顶界面和两侧相位下拉等。

5.2.3.3　海底障碍物探测技术

根据障碍物特性分别采用磁力仪、重力仪、侧扫声呐等。侧扫声呐也适用于高出海底平面的凸出物或水体中的物体，如沉船、礁石、水雷甚至鱼群等。海底凸起的目标，其朝向换能器的一面，波束入射角小，回波能量强，显示在声呐图像上较暗；相反，背向换能器的一面，波束入射角大或目标遮挡了声束的传播，被遮挡部分的目标没有回波信号或回波很弱，显示在图像上很浅，声呐图像呈现浅色调或白色。

（1）渔网定位。定置渔具的种类多，规模大小不一，以中、小型居多。小型定置渔网一般以单独形态或按规则分散分布，分布范围十米或数十米，根据侧扫声呐图像纹理形态和相关渔汛资料可以较容易地判断简单定置渔网的位置和分布该类定置渔网示意图。大型定置渔网一般大面积分散在海底，范围可达数十米甚至上百米，虽然覆盖范围很大，但侧扫声呐图像仍不能识别出其网络，根据其可能对海底泥、沙造成了扰动和自身的收缩，产生的侧扫影像形态依然能够可清晰地识别，同时参考相关渔汛资料和经验，可准确判断出该类定置渔网的位置和分布。

（2）海底落沉物。海底落沉物种类很多，根据侧扫声呐图像纹理特征与实体外部影像的相似性和规模的一致性可进行判断。1）水下大型物件。其判断主要还依靠图像形态、规模等明显特征，这类物体只要未被掩埋，一般来说极易识别和寻找。2）水下缆绳。海产养殖用于固定的绳索的影像，这些绳索的直径一般为 2 ~ 4cm，在特定条件下清晰可辨。3）杂物。还有一类水下落沉物由于其外形不规则，又缺乏相关参考信息，无法对其进行准确的识别。

（3）海底管线探测。海底管线主要包括供水、供油、供气、排污等铁质管线和水泥质管线以及供电、通信等电缆和光缆，均存在明显的磁异常状况，可以用磁力探测快速、准确探明海底管线的平面位置和走向，完全不受海底管线的埋深限制。对露于海底面的管道，因较强的散射，侧扫声呐会形成黑色条状目标物，凸出海底面管道对声线的屏蔽。采用管道自埋和人工埋设方式施工的海底管道，在一定阶段其下方有沟槽存在，侧扫声呐可对这种自然回淤状态进行检测。

5.2.3.4　海底微地貌及地质结构探测技术

（1）海底地质分类。当研究区的地质取样资料稀少或因是沙质海底而难以取样及需要了解大面积沉积物类型面上分布时，声学方法显示出极大优越性，我国在海底地质分类方面的研究程度还较低。

（2）海底起伏识别。利用声学探测时，地形起伏除了会引起透视收缩等几何畸变，也会产生形状各异的阴影。一般而言，海底地形凸起时，阳面回波信号强而阴面回波信号弱，形成先黑后白的图像特征，相反，海底地形为凹陷的坑时，阴面在前，阳面在后，形成先白后黑的图像特征。

（3）泥波沙波识别。沙（泥）波又称"波痕"，广布于河滩、海滩、湖滩及风成沙地表面的波状微地貌，泥沙颗粒在流水、波浪作用下沿地表移动中形成。按成因可分为流水沙波、浪成沙波，按形态可分为直线状、链状、菱片状、舌状、新月状等。其运动和变化对海底水力阻力、输沙(泥)能力和冲淤演变有重要影响。

（4）潮流冲刷地貌识别。海底潮流冲刷地貌与水沙交换活跃有关。海底潮流冲刷地貌的侧扫声呐图像纹理具有相对较粗糙、不规则、图像对比强烈且有较明显的亮暗变化、大多可找到有一定形状的边界等特点。

5.2.4 海洋工程钻探技术

海洋钻探是地质环境调查、资源调查和工程地质勘察的必要手段之一。海洋钻探可分为近海浅钻钻探、海上石油钻探和大洋钻探。近海浅钻钻探一般以工程建设需要为目的，通过地质钻探取芯查明地层结构，再通过室内土工试验获得地层的物理力学参数，也称岩芯钻探。而为开采海洋能源和资源所进行的钻探，一般称钻井工程。为研究海底地壳结构和构造及大洋底部的矿产，用动力定位船对深洋底部进行的钻探称为大洋钻探。

5.2.4.1 海洋钻探设备

受水深、风浪、潮流、地形等限制，应结合海域地形地貌、水文条件和气候特点，本着安全、经济的原则，根据滩涂、近海、远海作业环境的特点，选择合适的钻探设备，并采取相应的钻进技术。

（1）海上平台与勘探船。近海海域勘探不同于潮间带，适用的勘探平台主要有自航双体勘探船、自航单体勘探船和自升式平台。自航双体勘探船为两艘吨位和尺寸相同的钢质船拼装而成，单艘吨位不应小于55t，两船用工字钢和钢筋绳固定，特别适用于海域地形地貌变化大，沙脊分布较多的海域，具有适用性好、作业效率高、抛锚和起锚时间短、定位快速等特点。自航单体勘探船吨位一般不小于200t，船长、船宽需满足作业要求，作业区与生活区分开，勘探平台搭建于船体一侧或中间，平台四周设置防护栏杆和安全防护网。可根据不同钻探环境需求，考虑吨位足够大、自稳能力好的船只。当水深在30m以上100m以内时，应选择500t以上的自航式工程船。自升式平台由平台、桩腿和升降机构组成，平台能沿桩腿升降，一般无自航能力。桩腿插入土中承受平台和设备自重，平台可根据海面自由升降。该平台稳定性好，除可满足钻探作业外，还可进行多种原位测试，但受水深影响较大，一般适应水深小于90m。远海钻探主要包括：以科学考察为目的的大洋钻探；以石油、天然气、可燃冰等为目的的油气井钻探；以海底矿产资源勘探开发为目的的钻探。

（2）海洋钻机。海洋勘探开发经历了一个由浅水到深水的过程，海洋钻探设备也由简单到复杂、由固定向移动发展，目前的海上钻机主要分为海底支撑钻机和浮动钻机两大类。其中，海底支撑钻机包括固定平台钻机、自升式钻井平台钻机、潜水式钻机等；浮动钻机主要配置于半潜式钻井平台、步行式钻井平台、自升式组合气垫钻井平台、浮式钻井船、钻井供应船、钻井驳船等。世界钻机的发展方向除了智能化方向，目前也正向深水发展，自动化海底钻机是新一代钻机的趋势所在。

5.2.4.2 海洋钻探工艺

（1）勘探船抛锚定位及位移。在潮间带区域，可利用陆地控制点进行定位。当海洋钻探远离海岸，岸上控制点无法满足，可直接利用卫星定位，满足海洋钻探的需要。为减小勘探船抛锚定位受到水深、潮流、波浪、风暴等因素影响，应选择在平潮定位，船头应朝向潮流和风浪的方向。近海钻探用的双船平台需6只锚，前后各布置2只锚，锚链成八字形，锚重及型号需一致，在船头部位应布置1只锚。单船平台需4只锚，抛锚后钢丝绳与水面夹角控制在10°左右，主锚钢丝绳与船轴线夹角控制在35°～45°。抛锚前需在每个锚上系上尼龙绳，并且在绳的另一端接上一个泡沫浮标，以确定锚的具体位置和便于起锚。起锚时，需先起船尾两只锚，再起船头两只锚。平台位移应选择风浪较小时，当风力大于5级，勘探船不得移动和定位。

（2）钻孔放样。钻探点定位，远离海岸，宜选用全站仪或星站差分GPS卫星定位，再通过勘探船的GPS系统校核。水位变化大时，在钻探点附近设置水深探测仪，多次读取平均值，并用水中套管的长度作校核，定时进行水位观测，校正水面高程，计算钻进深度。探点孔位变动时，应进行孔口高程和孔位的复测。

（3）简易升沉补偿护孔。为减轻波浪和潮汐对钻探的影响，可采用双套管组合的简易升沉补偿护孔技术。将外套管深入海底地层一定深度，内套管套入外套管内，并在最高潮水位时，内外套管重叠长度不小于3.0m，内套管上端与平台固定。为解决两套管的间隙返浆问题，在外套管上端加装导向装置，通过导向装置调节套管间的间隙。常见钻井船水下护孔，从海底井口到水上平台构成隔绝海水的通道，以供起下各种钻探工具、返回与导出钻井液。由防喷器组、压井一防喷管线对海底井口与井内压力实行控制。由球接头、滑动短节、张紧系统的偏斜和伸缩，以适应钻井船的升沉与摇动。井口装置与防喷器组、防喷器组与隔水管系统之间，采用液压连接器，紧急状态下钻井船与隔水管系统快速脱开。

（4）石油钻探补偿器。波浪作用下海洋浮式平台前后左右摇摆，并产生上下升沉运动。采用升沉补偿系统，以减少钻杆柱和隔水管系统与海底的相对运动，并保持恒定的张力载荷。

（5）海上钻探冲洗液护孔。可采用护孔管和冲洗液护壁的裸眼钻进法。配制冲洗液泥浆一般用海水，而普通膨润土为酸性，会出现膨润土与水分离的现象，无法满足护孔的要求。需要根据海上地层，有针对性地配制浆液。海洋石油钻井由于采取全断面不取芯钻进，而且钻孔深度达上千米，一般采取混合型多种类外加剂泥浆护壁。

5.2.4.3 海洋取土技术

（1）取土器结构分类。按取土器侧壁层数分为单壁式和复壁式，其中单壁式为一般的活塞取土器，适用于砂层；复壁式为最常见的取土器。根据取土管结构不同分为圆筒式、半合焊接式、可分半合式三种。圆筒式取土器带有两对退土槽，退土时，将退土棍插入退土槽中，用退土器顶退土棍将取土衬筒顶出，这种退土方法可能会引起二次扰动，在软土地层中一般不宜采用；半合焊接式取土器的取土管分成两半，一半的下端与管靴焊在一起，另一半可抽出，取土管上部用螺钉固定，这种形式可避免退土时的人为扰动；可分半合式取土器在软土地层中普遍使用，取土管上部用丝扣与余土管连接，下部用丝扣与管靴对接，卸土时只需将余土管和管靴拧下。按取土深度来划分，可分为浅层取土器和深层取土器。浅层取土器又分为柱状取样和表层取样两种：柱状取样有振动式和重力式，表层取样有蚌式和箱式。海洋钻探过程中使用的深层取土器主要分为贯入式和回转式两种。其中，贯入式取土器可分为敞口取土器和活塞取土器两大类型：敞口取土器按照管壁厚度分为厚壁式、薄壁式和束节式三种；活塞取土器则分为固定活塞薄壁式、水压固定活塞式、自由活塞薄壁式等几种。回转取土器可分为单动和双动两类。

（2）海上常用取土器。蚌式采泥器是专为表层沉积物调查而设计的底质取样设备，用于海底 0.3~0.4m 深的浅表层采样。振动活塞取样器是一种柱状取样器，适用于水深 5~200m 以内水底致密沉积物取样，采用 7.5kW 交流垂直振动器。利用高频锤击振动将取样管贯入沉积物中获取柱状样品，取样管内使用标准 PVC 衬管，采用活塞、单向球阀门和分离式刀口技术以提高采样率，减少扰动和漏失。重力活塞柱状取样器在软土地层中广泛应用，取样长度可达 8m，试样直径 104mm，适用于水深大于 3m 的各类水域软~中硬底质取样。海上钻探需要护孔管，浅表层土一般呈松散或流塑状，取样时应减少扰动。通过对多种取土器的研究，能满足原状取土要求的有敞口式薄壁取土器、自由活塞式薄壁取土器、固定活塞薄壁取土器，取样管直接安装在取样器底部，采样后与取样管相连部位拆除后分离。

5.2.5 海洋原位试验技术

5.2.5.1 海洋静力触探试验

静力触探试验（Cone Penetration Test，CPT）是采用静压形式以恒定贯入速率 20mm/s 将圆锥探头压入土中，同时测量并记录贯入过程中的探头阻力等测试结果来反算土体参数的一种原位测试方法。静力触探试验具有数据连续、对土体扰动小、再现性较好、作业速度快等特点。随着海洋工程勘察发展，传统的单桥（仅量测探头阻力）和双桥（量测探头阻力和侧摩阻力）静力触探已不能满足工程需要，因此常在传统的静力触探探头上增加孔压、电阻率、剪切波速等不同传感器，形成多功能静力触探探头。目前海洋工程勘察使用最多的是孔压静力触探（Piezocone Penetration Test，CPTU）探头，其可以同时测量锥尖阻力、锥肩孔压和侧壁摩阻力，由于可以量测贯入过程的土体孔压，因此可以用于土类分层。CPTU 不仅可以用于土样分类，还可以获取土的天然重度。对于黏性土，可以对前期固结压力和超固结比、侧压力系数、不排水抗剪强度、灵敏度、压缩模量、不排水杨氏模量、小应变剪切模量、渗透系数、固结系数等进行估算。对于无黏性土，可以估算相对密实度、状态参数（描述高应变下砂土的压缩性和剪胀性）、有效内摩擦角、割线杨氏模量、测限模量、小应变剪切模量。除此之外，CPTU 还可以用于桩基承载力计算和砂土液化可能性判别分析等。

根据作业方式，海洋静力触探可分为三类：（1）平台式 CPT（Platform Mode CPT）；（2）海床式 CPT（Seabed Mode CPT）；（3）井下式 CPT（Downhole Mode CPT）。平台式 CPT 与陆上 CPT 类似，区别在于平台式 CPT 需要依托自升式勘探平台开展作业，同时为了保护探杆不受海浪的拍击影响，需要增设外套管保护 CPT 探杆。海床式 CPT 一般采用勘探船，利用船上的吊车或者 A 型吊架将其放入至海床上，测试设备直接在海床上进行试验，测试时首先需要将探头进行真空饱和 4~6h，吊起主机，同时将探头安装至主机，将主机放入海中后，可进行测试。井下式 CPT 是一种钻探和 CPT 测试相结合的系统，一般依托大型综合勘探船（带波浪补偿）开展工作，其探头可从钻孔底部压入土中，如遇到 CPT 无法贯入地层（密实中粗砂、砂砾层等），可采用钻头扫孔钻探取样替代。

5.2.5.2 海洋球形静力触探试验

球形静力触探试验适用于灵敏度较高的软黏土，球形静力触探试验与 CPTU

类似，区别在于其探头为球形，而 CPTU 为锥形。球形静力触探试验也是通过静压的形式以 20mm/s 的恒定速率将球形探头逐渐贯入土层中，通过量测球形探头受到的阻力来计算软黏土强度的一种满流形原位测试方法。标准球形触探探头的直径一般是 113mm，对应的最大横截面面积为 100cm^2，探头的粗糙度一般为 0.4m±0.25m，一般配套采用直径 36mm（横截面面积 10cm^2）的探杆。

海上球形触探系统由球形探头、探杆与外套管组成，外套管起到保护探头的作用。球形触探探头刺入土体引起周边土体流动，测试阻力受土体刚度和各向异性影响较小；探头上下断面的上覆压力基本相同，测试精度受上覆压力影响小；探头刺入和拔出过程均受到阻力，单次贯入－上拔试验可用于测定原状土的不排水抗剪强度，反复贯入－上拔试验可用于测定扰动土的不排水抗剪强度，并计算得到土体的灵敏度。

球形静力触探试验的测试方式与孔压静力触探试验基本类似，区别在于其探头形状为球形，球形探头的受力面积比锥形探头受力面积大，因此在软黏土区域有更高的测试精度，但是其适用范围受限，一般只适合 0~50kPa 的黏土，中间如果遇到硬夹层，无法穿透，需要进行清孔操作，因此仅在浙江海域深厚软黏土区域适用性较好。球形静力触探试验不仅可以测定软黏土连续的不排水抗剪强度，还可以通过单次贯入－上拔测定软黏土连续的灵敏度。

5.2.5.3　海洋十字板剪切试验

十字板剪切原位测试具有以下显著优势：（1）不用取样，特别是对难以取样的灵敏度高的黏性土，可以在现场对基本上处于天然应力状态下的土层进行扭剪，对测试土体不易产生扰动，所求软土抗剪强度指标与其他方法相比较可靠；（2）野外测试设备轻便，操作容易；（3）测试速度较快，效率高，成果整理简单。十字板剪切试验与静力触探试验相比，具有数据非连续的缺点，在海洋工程勘察中常作为辅助测试手段，与 CPTU 结合来确定软黏土的强度参数。海洋十字板剪切试验设备一般由驱动主机、探杆、十字板头、扭力装置和数据采集器组成。十字板头的高宽比为 2∶1，尺寸越大的十字板头的量程越小。根据扭力装置和数据采集器的类型可以分为扭力弹簧式和电测式。扭力弹簧式一般为手动施测设备，通过标定扭力弹簧的转角与扭矩的关系、扭力弹簧转动的角度得到剪切过程的扭矩，然后计算得到软黏土的不排水抗剪强度，其缺点在于需要人工扭动十字板头，无法准确控制速率，结果可靠性低。电测式十字板设备是目前海洋勘察中的主流设备,电测式十字板设备配备有扭转驱动设备,可以匀速控制十字板头的扭转速率。

十字板剪切试验需要采用固定式平台或海床式设备消除风浪影响。采用固定式平台时,常采用外套管保护探杆消除海浪拍击影响,将套管预先贯入海床表层土中,再将探杆和十字板头缓慢压入土中直至指定位置,而后维持扭转速率（1°～2°）/10s 转动十字板头,数值达到峰值后再测计 1min 停止,原状软黏土的不排水抗剪强度采用峰值计算。采用海床式设备作业时,需要通过勘探平台的起重装置将设备吊装入水中,待海床式设备稳定坐落于海床表面后,将十字板板头缓慢贯入土中的指定位置进行试验,试验结束后将直接吊装回收。

5.2.5.4　标准贯入试验

标准贯入试验可用于判断砂土、粉土物理状态（密实度）,评价砂性土的有效内摩擦角,判别砂土和粉土的液化可能性；评价黏性土的不排水抗剪强度；估算地基承载力和桩基础的侧阻和端阻等；还可以对桩基础的沉桩可行性进行评价。

海洋勘察环境相较于陆地更为复杂且恶劣,因此仅推荐在固定式平台（例如自升式勘探平台）上进行,漂浮式平台（例如小型勘察船）受到风浪的影响较大,得到的标贯击数波动较大且失真。另外,海洋勘察作业时环境对标准贯入试验的影响因素更多,例如自升式平台与海床面的距离越大,在标准贯入试验进行时其杆长越长,其能量的传递会随着杆长增加而衰减,因此采用标准贯入试验数据分析土体参数时应考虑锤击能量的传递效率,同时也应具有场地经验性。

5.2.5.5　海洋扁铲侧胀试验

扁铲侧胀试验(Flat-plate Dilatometer Test, DMT)适用于松散至中密的砂土、粉土和黏性土。在海洋工程中,扁铲侧胀试验可代替标准贯入试验,配合静力触探试验使用,是海洋工程原位测试中一种可靠的测试手段。扁铲侧胀试验原理与旁压试验类似,适用于松散至中密的砂土、粉土和黏性土,对于砂砾、碎石土等粒径更大的土体则无法使用。扁铲侧胀试验设备主要包括测量系统、贯入系统和压力源：

（1）测量系统包括扁铲侧胀板头、气电管路和控制装置。扁铲侧胀板头一般采用不锈钢钢板制作,一般规格为厚度 15mm、宽度 95mm,长度为235mm,在板头的一侧中心安装一块直径约 60mm 的圆形钢膜,厚约 0.2mm。

（2）贯入系统包括主机、探杆和附属工具,在海洋岩土工程中,一般直接采用静力触探的静压贯入设备，通过安装变径接头将扁铲侧胀板头安装于静力触探探杆上，可实现一台贯入设备两用，降低使用成本。

（3）压力源一般采用氮气瓶。由于试验的耗气量随着管路的增长而增加，试验前需要对氮气瓶中气量进行检查，避免试验中途更换压力源，增加操作难度。扁铲侧胀试验一般用静压将扁铲形探头贯入到预定的地层深度，通过气压将扁铲侧胀板头侧面的圆形钢膜向外扩张，测读侧胀至不同位置时的实测压力值大小，得到土体受力与位移（变形）的关系，计算土体的参数指标（侧胀模量、侧胀水平应力指数、侧胀土性指数和侧胀孔压指数）。

S波地震扁铲侧胀试验设备是在扁铲侧胀试验设备中增设地震波速测量模块与激震器形成的。在测量压力与位移关系时，还可以测量地层的剪切波速。风浪较平稳时可采用漂浮式平台作业，配合伸缩外套管，通过静压设备将扁铲侧胀板头缓慢贯入地层中进行试验，同时通过船头放置的剪切波震源激励后测量剪切波速。风浪较大时需要采用固定式平台，其操作方法与漂浮式平台一致。海床式扁铲侧胀试验设备是将S波地震扁铲侧胀试验设备安装于海床式作业平台上形成的，海床式扁铲侧胀试验设备可在水深较深的海域（>30m）作业。

5.2.6　海底管线路由勘察技术

5.2.6.1　海底管线路由勘察方法

海底管线包括海底电缆和海底管道。海底电缆包括铺设于海底用于通信、电力输送的电缆，如海底光缆、海底输电电缆等。海底管道包括海底输水、输气、输油或输送其他物质的管状设施。海底管线路由勘察包括路由预选勘察和铺设后调查。勘察工作程序包括：前期资料收集、勘察方案策划与编制、海上勘察、实验室测试分析、资料解译、图件与报告编制、成果验收、资料归档。海底管线路由勘察方法主要包括：（1）水深测量、水下地形地貌测绘；（2）侧扫声呐探测；（3）地层剖面探测；（4）磁法探测；（5）底质与底层水采样；（6）工程地质钻探；（7）原位测试；（8）土工试验与腐蚀性环境参数测定；（9）海洋水文与气象要素观测。

5.2.6.2　海底管线路由预选勘察

路由预选应收集路由区的地形地貌、地质、地震、水文、气象等自然环境资料，尤其要收集灾害地质因素等，如裸露基岩、陡崖、沟槽、古河谷、浅层气、浊流、活动性沙丘、活动断层等；应尽可能收集路由区已有的腐蚀性环境参数，并评估它们对电缆管道的腐蚀性；同时收集路由区海洋规划和开发活动资料。

（1）登陆段勘察。登陆段的勘察范围包括登陆点岸线附近的陆域、潮间带及水深小于 5m 的近岸海域，以预选路由为中心线的勘察走廊带一般为 500m，自岸向海方向至水深 5m 处，自岸向陆方向延伸 100m。登陆段勘察内容：1）平面位置测量精度达到 GPS-E 等级要求，高程精度达到四等水准要求；2）登陆段陆域地形、地物测绘，重要地物拍照、标识；3）垂直岸线布设 3~5 条剖面，对潮滩进行地形测量、地貌调查、底质采样，详细描述底质类型及其分布，分析岸滩冲淤动态；4）登陆段水下区域（水深小于 5m）地形测量、底质采样、浅地层探测。

（2）海域路由勘察范围。包括近岸段、浅海段和深海段。近岸段指岸线至水深 20m 的路由海区；浅海段指水深 20~1000m 的路由海区；深海段指水深大于 1000m 的路由海区。勘察沿路由中心线两侧一定宽度的走廊带进行。勘察走廊带的宽度在近岸段一般为 500m，在浅海段一般为 500~1000m，在深海段一般为水深的 2~3 倍，海底分支器处的勘察在以其为中心的一定范围内进行，在浅海段勘察范围一般为 1000m×1000m。在深海段勘察范围一般为 3 倍水深宽的方形区域，路由与已建海底电缆管道交越点的勘察在以交越点为中心的 500m 范围内进行。

（3）海域路由导航定位。海域路由导航定位分为走航式地球物理导航定位和定点式导航定位。导航定位应满足作业误差要求：当测图比例尺大于 1∶5000 时，定位误差应不大于图上 1.5mm；当测图比例尺不大于 1∶5000 时，定位误差应不大于图上 1.0mm。定位作用距离覆盖作业区域，并需连续、稳定、可靠。定位数据更新率不小于 1 次/s。

（4）海域路由物探调查。工程地球物探调查包括水深测量、侧扫声呐探测、地层剖面探测、磁法探测，其中磁法探测可根据需要进行。对不埋设施工的深海区，可仅进行全覆盖多波束水深测量。近岸段和浅海段主测线应平行预选路由布设，总数一般不少于 3 条，其中一条测线应沿预选路由布设，其他测线布设在预选路由两侧，测线间距一般为图上 1~2cm。检查线应垂直于主测线，其间距不大于主测线间距的 10 倍。多波束水深测量时，应全覆盖路由走廊带。主测线布设应使相邻测线间保证 20% 的重复覆盖率；检测线根据需要布设，间距一般不大于 10km。勘察方法应符合现行国家标准《海底电缆管道路由勘察规范》GB/T 17502。其中，水下地形测量分为单波束测深和多波束测深。深度测量中误差应满足水深 20m 以浅不大于 0.2m，20m 以深不大于水深的 1%。侧扫声呐探测要求根据测线间距选择合理的声呐扫描量程，在路由勘察走廊带内应 100% 覆盖，相邻测线扫描应保证 100% 的重复覆盖率，当水深小于 10m 时适当降低重复覆盖率。地层剖面探测可获得海底面以下 10m 深度内的声学地层剖面记录；海底管道路由勘察时，根据需要同时进行浅地层剖面探测和中地层剖面探测，以获得海底面以下不小于 30m 深度内的声学地层剖面记录。磁法探测用于确定路由区海底已建电缆、管道和其他磁性物体的位置和分布。磁力仪灵敏度应优于 0.05nT。探测海底已建电缆、管道等线性磁性物体时，测线应与根据历史资料确定的探测目标的延伸方向垂直，每个目标的测线数不少于 3 条，间距不大于 200m，测线长度不小于 500m，相邻测线的走航探测方向应相反。探头离海底的高度应在 10m 以内，海底起伏较大的海域，探头距海底的高度可适当增大。采用超短基线水下声学定位系统进行探头位置定位；在近岸浅水区域也可采用人工计算进行探头位置改正。

（5）海域路由地质钻探。钻探沿路由中心线布设钻孔。近岸段钻孔间距一般为 100~500m，浅海段一般为 2~10km。站位布设需考虑工程要求和物探成果。钻孔孔深根据管道的埋深而不同，一般为 8~10m 或管道埋深的 5 倍。

5.2.6.3　海底管线铺设后调查

海底管线铺设后或重大地质灾害发生后需进行调查，采用多波速测深仪、侧扫声呐探测和地层剖面探测等物探方法，查明海底沟槽开挖与管线附近的海底面状况、管线平面位置、埋设深度、悬跨高度、悬跨长度及管道保护层外观状况等。对于重要或复杂的海底管道工程，应同时采用水下机器人（ROV）调查。ROV 配备运动传感器、水下声学定位系统、水下罗经、水下摄像机，可搭载水深测量设备、高分辨率导航声呐、侧扫声呐、浅地层剖面仪、管线跟踪仪等设备，具有数据传输通道。调查作业前，应进行 ROV 工作母船、导航定位系统与 ROV 等调查设备的联调，直至检测目标、ROV 工作母船、ROV 的相对位置在 ROV 控制室和调查船驾驶室有正确的显示。根据水下能见度和设备采样率，调整前进速度达到最佳探测效果。进行海底电缆调查时，距离海底高度应不大于 0.2km。进行海底管道调查时，距离海底高度应不大于 1.0m。作业中 ROV 的所有仪器参数和视频信息都应传输到 ROV 控制室和工作母船驾驶室，并及时保存数据。相邻区段调查的重叠范围应不小于 50m。

5.3 城乡建筑有机更新低碳化技术发展

本热点问题的分析根据浙江省建设投资集团股份有限公司和浙江联泰建筑节能科技有限公司承担的北京詹天佑土木工程科学技术发展基金会研究课题《城乡建筑有机更新低碳化策略及关键技术研究》的研究成果归纳形成。课题组成员：金睿、周海泉、丁宏亮、林晶晶、陈艳秋、董海军、范哲文、王凯、王栋、张斌、陈海南、甘淇匀、赖强、代可、王甜甜、毛祎政、芦露、周进。

5.3.1 城乡建筑有机更新逆向建模关键分析技术

5.3.1.1 建筑逆向建模技术

建筑逆向建模是指通过对已有建筑物进行测量、拍照、扫描等手段，将建筑物的实际形态、构造、材料等信息进行系统采集和整理，并通过计算机技术进行数字化的重建，从而生成与原建筑物高度相似或准确的三维模型。该方法可以提高建筑信息化的水平，同时减少了建筑物的拆除、重建的成本和浪费。

5.3.1.2 实景建模技术

使用特殊的传感器和相机捕捉物体或场景的图像和视频，通过图像处理和模式识别技术，识别物体或场景的特征，如形状、纹理、颜色等，根据识别到的特征和数据，生成数字化的三维模型，优化模型的细节和准确性，进行着色和渲染，最终呈现出真实的场景和物体。实景三维建模可以帮助建筑师和设计师更好地了解场地和环境，提高设计效率和准确性。

5.3.1.3 三维激光扫描技术

三维激光扫描技术，又称为实景复制技术或高清晰测量技术，该技术主要是利用激光测距原理对物体表面进行扫描，生成点云数据，在专业软件中获得高精度的三维点云数字模型。该技术突破了传统测绘的单点测量方法，具有高效率和高精度的特点，是测绘领域的一项重大技术变革。三维激光扫描技术在各个领域都有广泛的应用，通过结合专业软件对生成的点云模型进行处理，使得点云数据能够在不同领域中得到有效应用。目前，该技术已经在文物数字化保护、测绘工程、结构测量、建筑与古迹测量、娱乐业和采矿业等领域得到广泛应用。三维激光扫描技术相对于传统测量而言，一方面，三维激光扫描技术将传统单点测量变成面式、体式测量，可以快速捕获三维数字信息，而不需要如传统测量一般逐点测量；另一方面，三维激光扫描仪实现了一机多用，拥有水准仪和经纬仪的功能，在能够获取海量点云数据的同时还可以获取扫描点的三维坐标信息，其中就包含距离与角度信息。相较于 BIM 技术，三维激光扫描技术具有快速建模的优势，并能够通过点云模型更真实地反映建筑的现状。相较于实景建模技术，三维激光扫描技术的点云模型精度更高，可以达到亚毫米级别，远超实景模型的厘米级精度。对于高精度要求的对象来说，实景建模技术已经不再适用。

5.3.1.4　无人机倾斜摄影技术

倾斜摄影实景三维建模技术将传统测量从二维平面提升至三维立体层次，同时也将部分外业测绘工作转化到内业数据处理，极大程度地提高了效率。颠覆了以往正摄影像只能从垂直角度拍摄的局限，通过在同一台无人机上搭载多台传感器，同时从一个垂直、四个倾斜五个不同角度或全景摄影采集影像，再通过配套软件的应用，可直接基于成果影像进行包括高度、长度、面积、角度、坡度等的量测。相较于三维 GIS 技术应用庞大的三维数据，倾斜摄影设计获取影像的数据量要小很多。

5.3.2　建筑拆除及垃圾处理技术

5.3.2.1　无损拆除技术

通过采用先进的设备、工具和方法，以及精确的拆除计划，实现对建筑的有选择性、有控制性的拆除。强调在拆除过程中最大限度地减少对建筑结构和材料的损坏，以便将拆下的部件重新利用或回收。这种技术包括精确的拆除计划、使用先进的工具和设备，以及人工操作的精细控制。无损拆除技术不仅有助于减少噪声、振动和粉尘的产生，还可以降低对周围环境的干扰，实现对建筑材料的最大回收和再利用。无损拆除技术在实践中具有多项优势，包括：（1）资源回收：通过精细的拆除，可以最大限度地保留原有建筑材料，实现资源的再利用和回收。（2）环保减排：无损拆除过程中产生的噪声、振动和粉尘较少，可以减少对周围环境的污染和干扰。（3）保护周围结构：通过精确控制拆除过程，可以最小化对周围结构和设施的影响，降低意外风险。（4）节约成本：有效的无损拆除可以减少建筑拆除过程中的损失，节约拆除成本。

无损拆除技术在城乡建筑有机更新中应用广泛，包括：（1）建筑拆除：将老旧建筑进行部分拆除，以便进行更新和改造。例如，将旧楼房的顶部拆除，然后增加新的楼层。（2）设备拆除：在工业和商业建筑中，将老旧的设备和机械进行拆除，为新设备的安装腾出空间。（3）部件拆卸：在建筑更新过程中，将原有建筑部件进行拆卸，如门窗、楼梯等，进行修复和再利用。虽然无损拆除技术在环保和资源回收方面具有显著优势，但在实际应用中仍然面临一些挑战。例如，无损拆除需要高度的技术和专业知识，对施工人员的要求较高。此外，对建筑结构的准确分析和评估也是一个挑战，需要充分了解建筑的材料和结构。

5.3.2.2　建筑垃圾高效分类减碳资源化技术

建筑拆除过程中产生大量建筑垃圾，高效分类减碳资源化技术强调在拆除后将垃圾进行分类处理，实现资源的再利用和减少对环境的负担。这包括将可回收材料如金属、玻璃、塑料等进行分类收集和回收，将有机物进行堆肥处理，最大程度地减少对填埋场的需求。此外，还可以采用先进的垃圾处理技术如焚烧、气化等，将部分垃圾转化为能源。

建筑垃圾高效分类减碳资源化技术是基于功能提升的城乡建筑有机更新拆除方式及垃圾处理低碳化技术的重要组成部分，旨在将拆除过程产生的垃圾进行有效分类、资源化利用和碳减排，减少对环境的不良影响。建筑垃圾高效分类减碳资源化技术通过采用先进的分类设备、工艺和管理方法，将拆除产生的建筑垃圾按照不同种类进行分类处理。这包括可回收物、有机物、危险废弃物等。分类后，可回收物可以进行再生利用，有机物可以进行堆肥处理，危险废弃物可以进行专门的处理和处置。同时，利用垃圾分类的数据，可以对不同种类的垃圾进行碳排放计算和减排分析，为低碳化资源化提供科学依据。

建筑垃圾高效分类减碳资源化技术优势与特点包括：（1）碳减排，通过有效分类和资源化利用，减少填埋和焚烧带来的碳排放，实现低碳减排目标；（2）资源回收，对可回收物进行分类回收，最大限度地利用废弃物中的资源，减少新材料的生产；（3）环保减污，有机物堆肥处理可以降低堆填场产生的污染和甲烷排放；（4）节约能源，通过减少焚烧和填埋等处理过程，节约能源消耗。

建筑垃圾高效分类减碳资源化技术可应用于：（1）分类处理厂，建立垃圾分类处理厂，采用先进的分类设备和工艺，对建筑垃圾进行分类、回收和资源化利用；（2）堆肥设施，建立有机物堆肥设施，将有机废弃物进行堆肥处理，获得有机肥料和生物能源；（3）再生建材生产，对可回收的建筑材料如钢筋、砖块等进行再生利用，生产再生建材。

在建筑垃圾高效分类减碳资源化技术的应用过程中，仍然存在一些挑战。例如，垃圾分类的流程需要社会各界的共同参与和合作，需要建立起完善的分类收集和处理系统。此外，一些特殊种类的垃圾如危险废弃物的处理还需要更加专业的设备和技术支持。随着绿色建造理念的普及和可持续发展要求的提高，拆除方式及垃圾处理低碳化技术将得到进一步发展和完善。未来，可以预见这些技术将更加注重资源的循环利用和能源的转化，为城乡建筑的有机更新提供更多环保和可持续的解决方案。

5.3.2.3　BIM 技术清除旧有建筑桩基技术

旧有建筑拆除后，仍在地下遗留大量旧有桩基础，这些地下障碍物已经成为新建拟建建筑的地下工程和桩基础施工的棘手问题。运用 BIM 技术的可视化特性，来指导拔桩清障施工的施工计划、施工顺序流程；利用 BIM 技术的冲突检测功能，来确定拔桩清障施工的范围，提高拔桩清障施工效率。

5.3.2.4　固废热解技术

热解是在隔绝空气（氧）的情况下，在一定的温度环境下，使有机物受热分解。有机质根据其碳氢比例被裂解形成气相（热解气体）、液相（热解液）以及固相物质（固体残留物），使固废处理做到无害化、减量化、稳定化和资源化。热解技术广泛应用于木材、泥炭及页岩的气化。根据化工工艺不同，可分为干馏、焦化、气化以及热分解等。该技术具有以下特点：（1）固相产物是利用价值较高的生物炭，资源化程度高；（2）热解设施运行过程清洁无污染，无二噁英及恶臭等二次污染；（3）产生的烟气量和烟尘量较少并可做到超低排放；（4）模块化设计，占地小；（5）系统可靠性强，处理对象范围广。能够应用于生活垃圾、城镇污水处理厂污泥、一般工业固废、生物质等处理处置。

5.3.2.5　建筑废弃物管理与再生利用

在城乡建筑有机更新的设计中，考虑建筑废弃物的处理和再生利用。通过设计可拆卸的建筑结构和模块化构件，方便拆除和替换，降低废弃物产生。同时，将废弃建筑材料进行分类处理和回收，促进资源循环利用。

5.3.2.6　回收循环再利用技术

绿色建材倡导循环利用和再生建材技术，将废弃建筑材料进行分类回收。再生建材如再生骨料、再生砖块等可以用于新建筑的建设，减少新材料的生产。循环利用技术将废弃建筑材料进行处理，如混凝土的碎石再利用、废弃玻璃的熔化再制造等，降低资源浪费。

5.3.3　绿色建材组合应用技术

绿色建材是城乡建筑有机更新中的重要组成部分，通过选用环保、可持续的建材，可以降低碳排放、减少资源消耗，促进建筑产业的可持续发展。通过引入装配式拼装、地面无损修复、管网修复更新、外立面翻新、智能自动监测和能源综合利用等技术提升建筑功能性、舒适性和安全性，可以实现城乡建筑的有机更新，为城市的可持续发展做出贡献。绿色建材的种类包括：

（1）建筑围护结构节能材料与技术。节能材料包括保温隔热材料、高效节能门窗等。保温隔热材料如岩棉、聚氨酯泡沫等可以有效降低建筑的能耗，提高室内舒适度。高效节能门窗采用多层隔热玻璃、气密密封技术，减少能量在室内外的传递，降低取暖和冷却能耗。

（2）绿色低碳建筑材料。传统水泥生产过程产生大量的二氧化碳，对环境造成不良影响。采用低碳水泥和绿色混凝土技术可有效降低碳排放。低碳水泥采用新型矿物掺合料替代部分水泥，减少二氧化碳排放。绿色混凝土采用高性能掺合料、矿渣粉等，提高混凝土的抗压强度和耐久性，降低水泥用量。使用环保涂料和装饰材料有助于减少挥发性有机化合物（VOCs）的排放。环保涂料采用水性涂料、无机涂料等，降低有害气体的释放。装饰材料如环保瓷砖、木质地板等，减少对环境的影响，提高室内空气质量。

（3）智能建材与可穿戴材料技术。智能化和可穿戴材料技术的应用可实现建筑的智能管理和能源监测。智能建材如可调光玻璃、自适应遮阳系统等可以根据光照和温度自动调整，降低能耗。可穿戴材料如光伏纺织品、压电材料等可以将能量收集和转化与建筑结合，实现能源的可持续利用。

（4）可再生资源材料利用技术。包括竹木材料、再生混凝土、生物质材料等。其中竹木材料具有生长快、资源丰富的特点，可以替代传统木材，减少砍伐原始森林。再生混凝土采用再生骨料代替传统骨料，降低了对天然石材的需求，减少资源开采。生物质材料如麻绳、稻壳等可以用于制作隔热材料、装饰材料等，减少对化石能源的依赖。

5.3.4 有机更新建造方式

为响应国家"碳达峰、碳中和"目标，绿色建造作为未来建筑主要的发展方向之一，采用装配式施工、减污降耗生产工艺、绿色低碳循环及数字化、智能化应用等绿色建造和安全关键技术，提升建筑的功能性、舒适性和安全性。依托工程项目应实施设计、生产和运营维护协同联动的项目管理机制，开展 BIM 正向设计、绿色施工和数字化交付工程应用示范及绿色建造效果评估。

5.3.4.1 高星级绿色建筑施工技术

从创建高星级标准绿色建筑的要求出发，根据住房和城乡建设部推广应用及建筑节能专项规划要求，结合实际工程载体，以"四节一环保"为重点，对绿色理念下的施工技术的关键环节进行了系统研究，特别重视建筑节能"四新"成果在节能环保方面的实施推广，不断整理、总结，形成具有集团特色的系统化的绿色施工技术，并使其制度化、标准化、常态化。该技术先后应用于中国低碳科技馆、坤和中心、浙江音乐学院、中信银行、乌镇互联网国际会展中心等项目，取得了省部级绿色施工示范工程，实现了施工阶段的绿色建筑、LEED 标准创建。

5.3.4.2 智能建造集成技术

智能建造是通过一系列自动化施工与智能监测系统、无人机巡航等技术集成，促使建造及施工过程实现数字化设计、机器人主导或辅助施工的工程建造方式。基于数字化和智能化发展理念，通过融合 BIM 技术、物联网技术、虚拟仿真技术、视频监控技术、传感监测技术、系统集成技术的综合应用研究，自主研发建立了建筑行业数字化平台、智慧工地公共平台、智能信息采集工具、H 型钢智能自动化生产线设备和钢结构制造智能管理平台，形成了包含数字建造、智能制造等技术在内的智能建造集成技术。该技术能实现多方智能协同，提升管理水平，提高管理效率，降低人工成本，实现对传统建筑业的改造升级。成功在丽水公租房项目、湖州钢结构制造加工基地宿舍、龙游钢结构智能生产线等集团众多项目中应用。

5.3.4.3 建筑装配式工业化关键集成技术

以工业化建设项目为研究平台，通过对装配式建筑体系进行创新性、集成化、综合性研究和应用，形成工业化体系 ZJG3.5，具有建筑设计标准化与个性化、部品部件模数化和通用化、结构构件标准化与系列化、现场安装装配化和智慧化、建造运维信息化等特点。该体系包含以 BIM 为载体的建筑信息存储和使用技术、以 IoT 为核心的部品部件实况感知技术、装配式建筑标准化与模数化户型研究应用、PC 标准化图集、高预制率和低预制率装配式混凝土建筑成套建造技术、异型钢管混凝土柱住宅结构体系、装配式 PC 外挂式复合墙板的研究应用、机电安装数字化工厂加工技术、装配式内装体系的研究应用、平急结合模块建筑体系研究应用、工业化建筑项目管理平台等关键技术。

该技术在城乡建筑有机更新中得到广泛应用，涵盖了住宅、商业、文化等多个领域，体现结构安全可靠、施工安全高效、造价合理经济的优势。例如，老旧住宅小区的装配式改造，通过更换外墙板、屋顶构件等，提升建筑的外观和功能。商业建筑的更新，可以利用预制构件快速搭建新的商业空间，缩短租赁周期。文化建筑的翻新，可以采用装配式拼装技术，保留原有建筑风貌的同时，提升内部的展示和活动功能。

尽管工业化内装技术在城乡建筑有机更新中具有诸多优势，但仍然面临一些挑战。例如，预制构件的运输和组装可能受到限制，特别是在狭小的城区环境中。另外，工业化内装技术需要更高的技术水平和设备投入，对工人和设计师的要求也更高。随着建筑工程技术的不断创新和发展，工业化内装技术有望进一步完善，解决现有的技术难题，为城乡建筑有机更新提供更加可行和有效的解决方案。

5.3.4.4 地面无损修复技术

地面无损修复技术是在不破坏原有建筑结构的情况下，对建筑外观和内部设施进行更新和维修的技术。它强调在不破坏原有建筑结构的情况下，对建筑的外观和内部设施进行更新和维修，以延长建筑的使用寿命、提升功能性和舒适性。

这种技术可以延长建筑的使用寿命，减少废弃和重建，降低碳排放。通过地面无损修复，可以保持建筑的历史价值和文化特色，提升建筑的功能和价值。通过应用各种无损检测技术，如红外热像技术、超声波检测技术、雷达扫描技术等，对建筑的结构和设施进行全面、精准的检测。通过对检测数据的分析和处理，确定建筑存在的问题和隐患，制定相应的修复方案。修复过程中，可以采用精准的施工方法，如激光修复技术、无损补漆技术等，对建筑进行修复，确保修复效果和质量。

地面无损修复技术优势与特点包括：（1）无破坏性，地面无损修复技术在修复过程中不会对原有建筑结构造成破坏，减少了对建筑的干扰和影响；（2）准确性高，通过精密的无损检测技术，可以准确地探测到建筑存在的问题，避免了盲目修复和不必要的开挖；（3）节约时间和成本，地面无损修复技术可以快速确定问题和隐患，减少了修复周期和成本，提高了施工效率；（4）环保可持续，通过地面无损修复技术，可以避免大量的废弃材料产生，减少了对环境的影响，符合可持续发展的原则；（5）保持建筑历史价值，地面无损修复技术可以保护建筑的历史价值和文化特色，延续建筑的生命力。

地面无损修复技术在城乡建筑有机更新中得到广泛应用，包括：（1）外墙修复，对老旧建筑外墙进行无损检测，发现渗漏、开裂等问题，采用无损修复技术进行补漆、补抹等，保持外墙的完整性和美观性；（2）屋顶维护，对建筑屋顶进行无损检测，发现破损、渗水等情况，采用无损修复技术进行涂层、防水材料修复，延长屋顶的使用寿命；（3）室内设施更新，对室内设施如管道、电缆等进行无损检测，发现老化、腐蚀等问题，采用无损修复技术进行修复或更换，提升室内环境的舒适性和安全性。

尽管地面无损修复技术具有许多优势，但在实际应用中仍然存在一些挑战。例如，无损检测技术的精度和可靠性仍有待提高，特别是对于深层结构的检测。此外，无损修复技术的成本相对较高，需要专业设备和技术人才的支持。随着科技的不断进步和绿色建造理念的深入推广，地面无损修复技术有望得到进一步发展和完善，为城乡建筑有机更新提供更加可靠和有效的解决方案。

5.3.4.5　管网修复更新技术

城乡建筑的管网系统是建筑功能的重要支撑，包括水、电、气、热等。管网修复更新技术通过采用先进的检测和修复方法，提升管网系统的安全性和效率。

强调在更新过程中对建筑的管道系统进行检测、修复和更新，以提升建筑的能源效率、安全性和可持续性。这种技术可以减少管网泄漏和故障，降低能源浪费，实现能源的有效利用。通过采用先进的检测手段，如无损检测、摄像探测等，对建筑内的管道系统进行全面的评估。通过对检测数据的分析，确定管道存在的问题，如老化、腐蚀、泄漏等。随后，可以采取不同的修复方法，如管道内衬、局部修复等，对管道进行修复和更新。在修复过程中，可以使用绿色建材和环保技术，确保修复效果符合绿色标准。

管网修复更新技术具有多项优势，包括：（1）延长使用寿命，通过及时修复和更新，可以延长建筑的管道系统使用寿命，减少漏水和故障风险；（2）节约能源和资源，修复更新后的管道系统可以提高能源效率，减少能源浪费，降低对资源的需求；（3）提升安全性，修复老化和腐蚀的管道可以减少泄漏和事故的发生，提升建筑的安全性；（4）环保可持续，采用绿色建材和环保技术进行管道修复，符合环保标准，减少对环境的影响；（5）适应多样化需求，管网修复更新技术可以根据不同建筑用途和需求，选择合适的修复方法，满足多样化的需求。

管网修复更新技术在城乡建筑有机更新中应用广泛，包括：（1）供水管道修复，对老旧建筑的供水管道进行修复更新，修补漏水点、更换腐蚀部分，确保水质安全和供水稳定；（2）排水管道更新，对建筑的排水系统进行更新，采用环保材料进行内衬，防止漏水和污染；（3）暖通空调系统修复，对建筑的暖通空调系统进行修复，更换老化部件、清洗管道，提升室内环境质量；（4）能源管道优化，对能源管道系统进行优化，增加隔热层、减少能量损失，提高能源利用效率。

在管网修复更新技术的应用中，仍然存在一些挑战。例如，对于深埋地下的管道系统，无损检测技术可能受到限制，影响检测的准确性。此外，管道修复更新涉及多个专业领域的知识，需要协调不同的专业人员和技术手段。随着绿色建筑理念的推广和技术的进步，管网修复更新技术有望得到进一步发展和完善，为城乡建筑有机更新提供更加可行和可持续的解决方案。

5.3.4.6 外立面翻新技术

外立面翻新技术是通过改变建筑外部的材料和结构，提升建筑的外观和功能。这种技术可以改善建筑的隔热隔声性能，降低能耗，同时提升建筑的美观性和舒适性。外立面翻新技术可以使老旧建筑焕发新的活力，适应城市发展的需求。

外立面翻新技术具有多项优势，包括：（1）外观改善，通过改变外部材料和造型，可以让老旧建筑焕发新的活力，提升建筑的外观美观性；（2）隔热隔声，外立面翻新可以增加隔热材料，提高建筑的隔热隔声性能，降低室内能耗；（3）节能环保，改善隔热性能可以降低室内供暖和冷却的能耗，减少碳排放，符合绿色建造的理念；（4）适应需求，外立面翻新可以根据不同用途和需求进行定制化设计，满足建筑功能的多样化要求。

外立面翻新技术在城乡建筑有机更新中应用广泛，包括：（1）外墙涂料更新，通过更换外墙涂料，改变建筑的外观色彩，提升建筑的美观性；（2）外墙保温层增加，增加外墙保温层厚度，提高建筑的隔热性能，减少室内供暖和冷却能耗；（3）外墙材料更换，更换外墙材料，如石材、玻璃幕墙等，改变建筑的外观风格，提升建筑的档次；（4）外墙绿化装饰，在外墙表面增加绿化装饰，既美化了建筑外观，又降低了环境温度。

外立面翻新技术在实际应用中也存在一些挑战。例如，外立面翻新可能受到城市规划和历史保护的限制，需要考虑与周边环境的协调。此外，外立面翻新的成本和工程量较大，需要综合考虑投资回报和可行性。随着绿色建造和可持续发展理念的不断深入，外立面翻新技术有望进一步发展和完善。未来，可以预见外立面翻新技术将更加注重能源效率和环保，采用更先进的材料和设计手法，为城乡建筑的有机更新提供更多创新和可持续的选择。

5.3.5 可再生能源利用技术

整合可再生能源，如太阳能、风能等，将其转化为可供建筑使用的电能。在建筑屋顶、立面、庭院等位置布置太阳能光伏板，通过光伏发电系统将太阳能转化为电能，供应建筑内部用电需求。风能发电系统则利用风力资源，将风能转化为电能，为建筑提供清洁的能源支持。

通过采用多种能源，如太阳能、风能、地热等多能互补、能量集成，将不同能源资源进行协调和优化配置，实现能源的高效利用和碳减排。这种技术可以为建筑提供清洁能源，降低对传统能源的依赖，减少能源消耗和碳排放。能源综合利用技术可以提升建筑的自给自足能力，增强建筑的可持续性。能源综合利用技术具有多项优势，包括：（1）能源多样性，利用多种能源资源，降低对某一种能源的依赖，提高能源供应的可靠性；（2）高效利用，通过能源互补和集成，最大限度地提高能源利用效率，降低能源消耗；（3）碳减排，利用可再生能源，减少对化石燃料的使用，降低碳排放，符合低碳发展的要求；（4）经济效益，利用多种能源资源，可以降低能源采购成本，提高经济效益。

能源综合利用技术在城乡建筑有机更新中应用广泛，包括：（1）太阳能利用：在建筑顶部或墙面安装太阳能光伏板，将太阳能转化为电能，供给建筑的电力需求；（2）地源热泵系统：利用地下稳定温度的地热能，进行供暖和制冷，提高能源利用效率；（3）风能利用：在建筑或附近安装风力发电机，将风能转化为电能，为建筑供电；（4）能源储存系统：利用电池等能源储存技术，将多余能源存储起来，在需要时供应能源。

能源综合利用技术在实际应用中也面临一些挑战。例如，不同能源之间的协调和匹配需要复杂的控制系统，需要考虑能源的不稳定性和波动性。此外，能源综合利用技术需要一定的投资成本，需要综合考虑经济和环境效益。

城乡建筑有机更新低碳设计技术涵盖了多个方面的创新和实践，通过被动式设计、高效隔热隔声、可再生能源利用、数智化监管等手段，实现碳减排、能源节约和资源优化，为城乡建筑的可持续发展注入了新的活力。

5.4　铁路桥梁病害智能检测技术发展

本热点问题的分析根据中铁大桥局集团有限公司和中铁大桥局武汉桥梁特种技术有限公司承担的北京詹天佑土木工程科学技术发展基金会研究课题《基于计算机视觉的铁路桥梁病害智能检测技术研究》的研究成果归纳形成。课题组成员：王戒躁、马晓东、吴运宏、娄松、舒昕、杜君、孙志勇、沈翔、向阳、李晓行、陈耀、姜煜超、吴鹏、方子为、杨灿。

5.4.1　铁路桥梁病害检测主要技术

目前，铁路桥梁病害检测技术主要有以下几种：

（1）目视检测法。为了检测螺栓的连接状态，可以通过检测人员对节点部位进行目视检测。除了检测人员直接对螺栓连接部位进行目视观察以外，还存在划线标记法和磁附法两种辅助目视检测方法。划线标记法是在螺栓拧紧后，在螺母和螺栓上划一条直线，检测人员通过观看竖线是否错位来判断螺栓的连接状态。划线标记法需要检测人员具有良好的视野，无法对隐蔽部位的螺栓进行检测。磁附法是在螺栓拧紧后在底部安装带有编号的磁块。螺栓松动到一定程度时，磁块从螺栓上掉落。检测人员可根据掉落磁块的编号确定发生松动的螺栓。磁附法的问题在于磁块容易受到环境因素的影响而掉落。

（2）敲击回声法。有经验的检测人员可以对结构节点部位进行敲击，通过敲击回声的音色判别螺栓的连接状态。传统的敲击回声方法对检测人员的要求较高，检测结果受人员主观影响较大。

（3）压电阻抗法。螺栓病害会导致构件间的连接被削弱，引起结构高频段（通常大于 20kHz）阻抗信息的变化，通过检测阻抗的变化可以实现对螺栓病害的检测。压电阻抗法使用压电材料（PZT）将结构的机械阻抗通过电阻抗反映出来。压电阻抗法在螺栓的病害检测中得到了很多应用。

（4）声发射法。结构材料在应力作用下产生变形或裂纹时，会因能量的释放而产生弹性波，这称为声发射现象。声发射传感器可以将传播到结构外表面的应力波转换成电信号，通过对电信号进行处理分析，可以对结构的损伤进行识别。

（5）超声波检测法。超声波的传播速度与传播介质的应力状态有关，这称为超声波的声弹性效应。通过超声波可以对应力进行测量，实现对结构的无损检测。使用超声波检测螺栓损伤的研究虽然较多，但为了实现螺栓损伤检测，需要很高的超声波测量精度，在环境复杂的桥梁结构中还没有广泛应用。

（6）基于动力测试的检测方法。基于动力测试的检测方法是目前损伤识别领域的热门研究方向，检测的方式有很多，例如，可以通过量化各冲击位置的固有频率和边频响应幅值的差异确定螺栓扭矩的度量指数，从而识别卫星面板中是否存在松动的螺栓，或者对不同螺栓的松动组合情况进行数值模拟和试验分析，利用模态频率的变化进行螺栓松动的检测。

通过上述对基于动力测试的螺栓病害检测方法的介绍，可以将其大致分为两类：

（1）通过对各螺栓连接部位的局部振动信号进行分析处理，得到表征螺栓病害的特性指标，信号的处理方法有小波分解、HHT 分解等。这种方法的研究目前还停留在实验室内，研究分析的对象也只是简单的试件或结构，并不适用于桥梁结构的螺栓病害检测。

（2）通过频率、振型等结构的整体动力学特征进行螺栓病害的检测。这种方法的识别对象一般是结构的节点，应用的方法有动力指纹、模型修正和智能算法等。这种方法更适用于桥梁结构的螺栓病害检测，但复杂结构的节点数量众多，如何根据有限的测试数据对螺栓病害进行有效检测，是尚需解决的问题。

综上所述，目前常见的螺栓病害检测方法有目视检测法、敲击回声法、压电阻抗法、声发射法、超声波检测法和基于动力测试的检测方法，多针对简单结构，且为局部检测，对复杂结构的检测效率较低，而目前的铁路钢桁梁桥的节点数量较多，局部检测难以有效识别螺栓脱落损伤。

5.4.2 铁路桥梁病害检测技术的不足

近几年我国铁路交通的建设运营有了很大提高，给人们出行带来更多便捷，铁路工程的建设速度与建设规模较之前有了质的飞跃。铁路桥梁作为重要的交通纽带为铁路网的畅通与安全行驶提供了保障，但是建成使用后很容易受自然与外界因素的影响出现功能退化，譬如雨雪天气与自然灾害，车辆碾压振动破坏，先天施工技术欠缺等，这种功能退化会导致铁路桥梁某些部构件出现病害或损坏，高强度螺栓的松动、脱落、断裂就是其中的一种典型病害，它不仅会影响铁路桥梁的结构安全，并且脱落的螺栓掉落至轨道上，还会严重影响列车的行车安全。

我国的铁路线路长，铁路桥梁分布广，而且许多桥梁周围环境都非常复杂，对所有铁路桥梁实行全方位实时监控不太现实，一方面成本太高，另一方面不便于管理，也不便于维护，因此在易发生高强度螺栓损伤的梁段设置监测点进行监测符合实际的需求。目前我国许多铁路桥梁采用视频方式进行监测，即在事故易发地段设置摄像机采集视频，通过对所采集的视频实时分析，判断是否发生异物侵限事件，而螺栓病害的检测手段主要依靠人工巡检和定期检查的方式。这几种监测方式都需要人工观测处理，耗费了大量的人力，往往存在难以看到、难以定位、难以测量、难以记录、难以对比等问题。（1）难以看到：目前由于检测手段的缺失，巡检人员对于桥梁高栓的检测基本上都采用肉眼观察，而由于视角高、光线差等因素，往往难以检测；（2）难以定位：看到高强度螺栓上有病害，但是这个病害的位置数据难以得出；（3）难以测量：看到病害，除了人手能够达到的地方，剩下地方的病害，比如高处螺栓的旋转角度、脱落程度，都难以得出；（4）难以记录：因为病害的定位和数据都是模糊的，所以桥上的技术人员也无法记录，或记录数据主要凭主观估算；（5）难以对比：在现有条件下，再加上如果两次检测的人员不一样，主观感受不同，也无法得出裂缝有无发展等结论。综上，传统的高强度螺栓检测方法已难以满足日益增长的桥梁检测需求，需要引进新的技术来提升螺栓病害检测效率。

5.5 中国低碳住宅技术发展现状

本热点问题的分析根据亚太建设科技信息研究院有限公司等承担的北京詹天佑土木工程科学技术发展基金会研究课题《中国低碳住宅技术发展研究》的研究成果归纳形成。课题组成员：张军、程莹、薛晶晶、熊衍仁、梅阳、王琳、张可文、李浩、王长军、王云燕、周巍、庞森、许丹丹、徐蕾、王欣、刘云佳、谭斌、祖巍。

5.5.1 住宅设计阶段低碳化技术

在建设项目的全生命周期中，规划设计阶段属于战略部署阶段，决定项目的生命周期概况。在住宅设计阶段，可以根据住宅建筑的定位考虑全生命周期每个阶段的碳足迹，利用低碳材料、零碳能源和负碳技术实现住宅建筑碳中和。该阶段通过对建筑场地规划布局、建筑本体、建筑设备与系统、可再生能源应用等方面进行低碳化设计，由上而下落实具体的适应性技术，实现低碳目标。据美国能源署的一项针对 67 栋绿色建筑的调研结果表明，在绿色建筑 303 项技术中，有 57% 的技术措施需要在设计阶段落实，这些技术措施都需要在建筑设计方案中得到具体体现。

低碳住宅设计应采用整合性设计和设计施工协同。整合性设计不是单目标导向或单专业导向，需要系统性的思考，要尽可能保证使用者、建设单位、设计方、施工方、咨询方等各相关方参与，其中最重要的基础是：跨领域的设计团队与客户、最终用户的共同工作。跨领域的设计团队应覆盖项目的各个重要专业，如建筑师、结构工程师、机电工程师、绿色建筑材料专家、建筑物理专家或建筑设备专家。这样的专家设计团队不是松散的组织结构形式，而是一种密切的工作团队，需要经常的沟通协调，定期召开讨论会、分析会、协调会。客户或最终用户参与到设计过程中，以调研、说明会、谈论会等的形式获得他们的意见，满足其要求。设计与施工的协同，需要施工技术人员尽早参与到设计工作中，使设计的可施工性得到落实，优化设计，满足绿色施工基本要求，减少施工阶段的设计变更和建筑垃圾产生量。

近十年来，我国低碳建筑事业得到长足发展，在低碳技术应用中呈现出"重设计、轻运行"的现象，设计师对建筑节能、绿色建筑、低碳建筑的理念认可度很高，并在实际的设计工作中不断融合总结，已经发展出比较系统的应用模式。但是，在应用中也仍然存在技术堆砌、适应性不强、各专业协调程度低等问题。

5.5.1.1 规划布局技术

规划布局技术主要包括场地规划技术、自然光利用技术和自然风利用技术。

（1）场地规划技术。场地规划技术主要用于在选址与规划时重视场地生态安全及日照环境、充分合理利用地下空间、利用绿化技术营造场地生态环境，关注场地的生态修复与现存资源利用，合理配套交通设施与公共服务等方面，从而实现优化场地风环境、热环境及功能体系的基本需求，为实现建筑本身降耗减排、提升舒适性等低碳技术合理应用提供良好的区域微环境。

（2）自然光利用技术。如何充分利用自然光来节约建筑照明用电是国内外建筑环境领域研究的热点。自然光作为公认的节能、环境友好、符合人体工程学的光源，越来越受到国内外照明领域专家的重视。同时，充分利用自然光还有利于人们精神和健康方面的发展。

（3）自然风利用技术。不消耗能源而取得令人满意的通风效果，需要通过外部气候条件的配合和精心合理的建筑设计来实现。对于通风生态化设计，可以将常见的生态式通风方式分成大循环、小循环、微循环三类。它们在不同层面上实现建筑生态化通风。大循环指的是从建筑物尺度上考虑的通风设计，主要表现为建筑造型上对通风的考虑。小循环指的是从空间尺度上考虑的通风设计，主要表现为替换式通风等形式。微循环指的是从建筑构件尺度上考虑的通风设计，主要表现为双层幕墙等形式。在新时代的建筑中，通风生态化设计正在被日益广泛地采用，它在不同尺度上把握建筑的形体、结构与构造，降低了能耗，提升了建筑内部空气环境质量，最大限度地改善建筑内部微气候，保护使用者的健康。

5.5.1.2　建筑本体设计技术

（1）外墙节能技术。外墙节能技术具体包括外墙保温技术和外墙热桥处理技术。外墙保温技术的形式包括外保温、内保温、中间保温和自保温。其中，外墙内保温和外保温在我国应用最为广泛，而中间保温在传统建筑中较少使用，装配式住宅建筑中采用的"三明治"预制外墙板就是中间保温的典型代表。外墙外保温系统被证实是提高建筑围护结构热工性能的有效手段之一，在我国建筑工程项目中应用广泛，技术比较成熟。应用最为广泛、技术成熟度最高的外保温技术是粘贴保温板薄抹灰外保温系统。保温板的类型主要有：模塑聚苯板（EPS 板）、挤塑聚苯板（XPS 板）、硬质聚氨酯板（PUR 板）、岩棉板、酚醛板等单一类型保温板及保温装饰一体化复合板。由于建筑中保温条件薄弱的局部（如窗洞口、女儿墙、外挑构件），热量散发快，形成热桥，如不加以处理则不但局部温度低、影响使用，而且会增加整个建筑的热损耗，因此需要使用外墙热桥处理技术，减少热桥。无热桥设计应遵循以下基本原则：①避让规则，尽可能不要破坏或穿透外围护结构；②击穿规则，当管线等必须穿透外围护结构时，应在穿透处增大孔洞，保证足够的间隙进行密实无空洞的保温；③连接规则，保温层在建筑部件连接处应连续无间隙；④几何规则，避免几何结构的变化，减少散热面积。

（2）屋面节能技术。我国常见的屋面节能技术有架空板隔热屋面、种植绿化屋面、蓄水屋面等。屋面采用的保温隔热材料一般分为三类：①松散型材料，如炉渣、矿渣、膨胀珍珠岩等；②现场浇筑型材料，如现场喷涂硬泡聚氨酯整体防水屋面、水泥炉渣、沥青膨胀珍珠岩等；③板材型，如 EPS 板、XPS 板、PUR 板、岩棉板、泡沫混凝土板等。架空板隔热屋面在夏热冬冷地区和夏热冬暖地区应用较多，架空通风隔热间层设于屋面防水层之上，架空层内的空气可以自由流通。其隔热原理是：一方面利用架空板遮挡阳光，另一方面利用风压将架空层内被加热的空气不断排走，从而达到降低屋面内表层温度的目的。种植绿化屋面技术是一种融建筑艺术和绿化为一体的现代技术，它使建筑物的空间潜能与绿化植物多种效益得到结合，是城市绿化发展的新领域，可以大幅度降低建筑能耗，减少温室气体的排放，同时可增加建筑的绿地面积，既美观，又可改善城市气候环境。蓄水屋面是在刚性防水屋面的防水层上蓄水深度 0.3~0.5m，其目的是利用水蒸发时带走大量热量，消耗屋面的太阳辐射得热，从而有效地减弱屋面向室内的传热量并降低屋面温度。

（3）外窗节能技术。外窗属于轻质薄壁构件，是由窗框、玻璃、胶条等多个部分组合制作而成的复合构件，常用的建筑外门窗型材有未增塑聚氯乙烯塑料、木材、隔热铝合金型材。对应组合而成的建筑外门窗称为塑料窗、木窗、铝合金窗等。其他窗框型材与玻璃的组合很多，只要能满足相应气候区的能耗指标要求，且技术经济分析合理，均可选择使用。外窗的玻璃配置应考虑玻璃层数、Low-E膜层、真空层、惰性气体、边部密封构造等加强玻璃保温隔热性能的措施。严寒和寒冷地区应采用三层玻璃，其他地区至少采用双层玻璃。当需要 K 值较小时，可选择 Low-E 中空真空玻璃，与普通中空玻璃相比，Low-E 中空真空玻璃传热系数可降低约 2.0W/（m^2·K）。中空玻璃间层采用惰性气体填充时，宜采用氩气填充，填充比例应超过 85%。中空玻璃应采用暖边间隔条，通过改善玻璃边缘的传热状况提高整窗的保温性能。

（4）建筑遮阳技术。遮阳是控制夏季室内热环境质量、降低制冷能耗的重要措施。遮阳装置多设置于建筑透光围护结构部位，以最大限度地降低直接进入室内的太阳辐射。将遮阳装置与建筑外窗一体化设计便于保证遮阳效果、简化施工安装、方便使用保养，并符合国家建筑工业化产业政策导向。活动遮阳产品与门窗一体化设计，主要受力构件或传动受力装置与门窗主体结构材料或与门窗主要部件设计、制造、安装成一体，并与建筑设计同步。主要产品类型有：内置百叶一体化遮阳窗、硬卷帘一体化遮阳窗、软卷帘一体化遮阳窗、遮阳篷一体化遮阳窗、金属百叶帘一体化遮阳窗及各种电控镀膜遮阳材料一体化窗等。

（5）低碳选材技术。低碳选材技术主要是在生产和使用过程中采用低资源和能源消耗、无污染的材料，目前常见的材料包括：

1）绿色高性能混凝土。绿色高性能混凝土是在大幅度提高常规混凝土性能的基础上采用现代混凝土技术，选用优质原材料，除水泥、水、集料外，必须掺加足够数量的活性细掺料和高效外加剂的一种新型高技术混凝土。绿色高性能混凝土主要有生态环境友好型混凝土（如透水混凝土）、再生骨料混凝土、大掺量粉煤灰高性能混凝土、节能型混凝土等。

2）绿色建筑玻璃。绿色建筑玻璃不是单一的节能产品，而是一个全系统、全生产加工过程和全寿命的节能降耗，减少对环境的破坏，为人类提供安全、健康、舒适的工作与生活空间的建筑部品，可达到建筑节能、舒适与环境三者的平衡优化和可持续发展。常见的有吸热玻璃、热反射玻璃、辐射玻璃、真空玻璃、中空玻璃、调光玻璃、泡沫玻璃等。

3）绿色建筑卫生陶瓷。绿色建筑卫生陶瓷是指在原料选取、产品制造、使用或再循环以及废料处理等环节中对地球环境负荷最小并有利于人类健康的建筑卫生陶瓷。陶瓷产品装饰技术、装饰材料的前景，将朝着以下 5 个方向发展：多样化，表面装饰和立体装饰、仿真装饰、金属化装饰、复合装饰、胶辐印花、喷墨印刷、花纸、雕花和刻花等；功能化，表面耐磨、防污、防滑，釉面荧光和蓄光、闪光、偏光、色彩变幻，表面抗菌环保和抗静电等；复合化，瓷和釉与玻璃、微晶玻璃、高分子等多元材料的复合；环保型、无公害、人性化，无放射性和重金属溶出等危害，抗菌保健、防污、防滑等；特种装饰技术，如喷镀、离子溅射、物理气相沉积法、化学气相沉积法和激光施釉等。

4）绿色墙体材料。绿色墙体材料是指在产品的原材料采集、加工制造过程、产品使用过程和其寿命终止后的再生利用 4 个过程均符合环保要求的一类材料。绿色墙体材料主要有利用工业废渣代替黏土制造空心砖或实心砖，用工业废渣代替部分水并使用轻集料制造混凝土空心砌块，用蒸压法制造的各类墙体材料，用工业副产品化学石膏代替天然石膏生产石膏墙体材料，发展符合节能、轻质、多功能与施工便捷等要求的建筑板材等。

5）绿色木材和竹材。木材是一种可再生的工程材料，建筑木材的绿色化生产与传统木材生产工艺有所区别，可以归结为原料的软化、干燥、半成品加工和储存、施胶、成型和预压、热压、后期加工、深度加工等。木材的绿色化生产侧重于对工艺进行改造，以先进的和自动化程度高的工艺流程，降低木材工艺的污染和对环境的压力，并在后期使用过程中不会造成二次污染。竹子具有生长快、强度高、韧性好等特点，在全世界广泛分布。我国竹子种类、种植面积、生物储量都居世界首位。随着科学技术的进步，竹材的用途日益广泛，已经由从原竹利用和制造生活用品进入了工程建材的行列。竹材是一种可再生的工程材料，与传统的可再生工程材料——木材相比，具有强度高、韧性好、硬度高、生长快等优点，是一种具有良好前途的新型生物建材。建筑竹材是以竹为原料制造的用于建筑领域的各类产品的总称，包括各类结构用承重竹构件（如梁、柱等）和非承重结构竹构件、型材和板材（如墙板、屋面板、地板和建筑模板等）。

6）绿色化学建材。化学建材通常是指以合成高分子材料为主要成分，配以各种改性材料和助剂，经加工制成的适合于建设工程使用的各类材料，包括塑料管道、塑料门窗、建筑防水材料、建筑涂料、塑料壁纸、塑料地板、塑料装饰板、泡沫塑料隔热保温材料、建筑胶粘剂、混凝土外加剂和其他复合材料。由于化学建材是高分子的合成材料，其老化性能、组成成分中是否含有对人体健康有害物质等问题一直为人们所担心，而绿色化学建材对这些指标有更高的要求。

（6）装配式建筑技术。装配式施工是指将从工厂加工制作好的建筑用构件和配件在施工现场上通过可靠的连接方式进行装配的一种施工方式，其成品即为装配式建筑。装配式建筑避免了传统施工产生的噪声、粉尘污染、泥水横流的弊端，同时缩短了施工周期，减少了原材料消耗，是一种低碳环保的施工技术。目前装配式建筑结构形式主要为混凝土、钢结构和木结构，常用技术体系有内浇外挂体系、装配整体式剪力墙套筒灌浆连接体系、叠合墙板体系、浆锚搭接连接体系、钢框架－支撑框架体系、钢框架－剪力墙（芯筒）体系、模块化体系等。

5.5.1.3　暖通空调设备与系统

（1）供热节能技术。主要包括：

1）天然气供热技术。天然气供热主要有3种形式，即燃气锅炉、燃气热电联产和燃气热泵。燃气锅炉是采用天然气燃烧产生的热量直接供热，是最简单的一种供热方式，适用于一家一户和小片区域供热的小型燃气锅炉以及大片区域集中供热的区域性燃气锅炉；燃气热电联产系统则是发电的同时将燃料燃烧所产生的余热用于供热，实现了对能量的梯级利用，因此其能源利用率比燃气锅炉要高得多，可达到80%以上；燃气热泵采用燃气作为驱动力，收集环境中的能量用于供热，其供热量是燃气热量和环境热量的总和，因此能效比较高，环境介质可以是空气、地热、水源或余热等。

2）余热利用供热技术。工业生产过程中排出的低品位余热也是清洁供热的重要热源，工业余热的利用实现了对热能的梯级利用，提升了热能的整体利用效率。据估算，我国北方地区冬季按4个月计算，低品位工业月热量折合约为1亿tce，可以满足北方供热地区近1/2的供热热量需求，是供热领域未来发展的重要方向。

3）烟气余热回收技术。燃气锅炉的烟气温度通常在150℃左右，既含有显热，也有大量的水蒸气携带的潜热，可以用设在锅炉烟道上的冷凝式换热器来回收热量。其原理是将锅炉给水与烟气通过板壳式换热器进行热交换，一部分烟气显热传递给水，使烟气温度降至80~90℃。另一部分是潜热，通过水蒸气冷凝成水的相变来实现回收利用。两者综合作用效果是提高锅炉给水温度，并使锅炉热效率提高3%~8%。

（2）高效制冷技术。主要包括：

1）变制冷剂流量的多联机系统。由一台或者多台室外机和多台室内机对其他多个或者单个房间通过直接蒸发和改变冷媒达到制冷和制热的效果。目前变制冷多联机的主要形式有：单冷型、热泵型和热回收型。多联机空调系统的主要优点是布置灵活、外形美观、占地小、省设备用房，目前应用比较广泛。

2）"免费供冷"技术。"免费供冷"技术分为冷却塔"免费供冷"技术和离心式冷水机组"免费供冷"技术。免费冷却塔系统是当室外温度较低时，直接利用冷却水直接或间接与冷冻水换热达到空调制冷的效果，有较好的节能效果，近年来国内应用比较普遍，适用于全年供冷或供冷时间较长的建筑物。离心式冷水机组的"免费供冷"是巧妙利用外界环境温度，在不启动压缩机的情况下进行供冷的一种方式，适用于秋冬季仍需要供冷的项目，并且冷却水温度低于冷冻水温度；离心式冷水机组"免费供冷"可提供45%的名义制冷量，因此无需启动压缩机，故机组能耗接近于零，能效比COP接近于无穷大；若室外湿球温度超过10℃时，则返回到常规制冷模式；该"免费供冷"冷水机组有换热效率高、系统简单、维护方便、机房空间小的优点，适用于冷却水温度低于冷冻水出水温度的秋冬季节仍需要供冷的场合。

3）磁悬浮离心机组技术。磁悬浮变频离心式中央空调机组技术指利用直流变频驱动技术、高效换热器技术、过冷器技术、基于工业微机的智能抗喘振技术以及磁悬浮无油运转技术等，从根本上提高离心式中央空调的运行效率和性能稳定性的一种技术。主要特征是采用了磁悬浮轴承取代了传统的机械轴承，压缩机内没有了机械摩擦，大大提高了压缩机的效率。

（3）输配系统与末端技术。主要包括：

1）循环水泵变频技术。变频水泵通过改变叶轮转速而调整泵的扬程和流量。其原理是在水泵的电机上连接一个变频器，它可以改变电源的频率，从而使电机的转速发生变化。在安装变频器的同时，还需要安装相应的控制设备，如在管网末端的压差控制点安装压差变送器，并将数据传到循环泵的控制系统以调节转速。由于水泵的功率与转速的3次方成正比，因此水泵的变频特别是变低频将会节省更多的电能。

2）末端及调节技术。辐射末端具有节能和高舒适性等诸多优势，逐渐被应用于高档办公、住宅、酒店客房、医院病房等建筑中。辐射空调通过水将冷量或热量以导热方式传递至建筑内表面或吊顶板，再通过辐射方式对室内温度进行调节。辐射末端布置方式有以下几种：活性混凝土内设置水管、建筑内表面铺设毛细管、金属吊顶上设置毛细管或铜管。辐射末端只能处理室内部分湿热负荷，室内湿负荷必须依靠新风除湿系统进行处理。毛细管网换热器属于辐射型换热器。采用热量辐射传递原理，利用由毛细管网辐射单元与毛细管网空气循环单元组合而成的全水毛细管网空调系统，实现毛细管网辐射和毛细管网空气循环以及除湿。本产品适用于通过技术经济合理性分析的居住及公共建筑场所，已在沈阳奥园新城项目、上海朗诗美兰湖别墅及绿岛别墅、苏州朗诗绿郡及绿色街区项目、包头诺德国际花园、北京万通新新家园等项目中应用。

3）供热系统 PB 管材。供热系统 PB 管材由聚丁烯-1 树脂添加适量助剂挤出成型，外径 25~225mm。该管材节能保温性能好、水力损失小、耐压耐温性良好、耐磨性能佳、耐腐蚀性好、柔韧性好，安装灵活，施工工艺便捷，环保安全无毒，可直接用于自来水、纯净水输送，适用于供热管网（二次网）、空调管网、饮用水管、生活水管。该管材已在北京热力集团永泰小区二次管网改造工程、东戴河佳兆业、廊坊开发区热力供应中心某换热站节能改造项目中应用。

4）建筑热回收技术。建筑中有可能回收的热量有排风热（冷）量、内区热量、冷凝器排热量、排水热量等。新风排风热回收技术是通过排风（低温冷源）和新风（高温冷源）进行热量交换达到节能的目的，这种方式在国外和国内应用都比较普遍。新风排风热回收分为潜热回收和显热回收两种方式。回收装置分为转轮热回收系统、板翅式热交换器热回收系统、热管式热交换器热回收系统以及热媒循环热回收系统。空调冷凝热回收是利用其他介质将高温冷凝器的热量加以利用的热回收机制。应用比较多的案例是生活热水预热和泳池加热。该部分冷凝热回收可采用以下方案：冷却水热回收，此方案是在冷却水出水管路中加装一个热回收换热器；排气热回收，此方案是在冷凝器中增加热回收管束以及在排气管上增加换热器的方法来回收热量。内区排热量回收，建筑物内区无外围护结构，四季无外围护结构冷热负荷，而内区的人员、灯光、发热设备等形成全年余热，冬季，建筑物外区需要供热而内区可能需要供冷。因此，可采用水环式水源热泵系统将内区的余热量转移至外区，为外区供热。内区热量还可以利用双管束冷凝器的冷水机组进行回收。排水热回收，建筑排水中蕴含着大量的热量。利用热泵技术可将污水中的热量提取出来用作生活热水加热或供暖。

（4）给水排水设备节能技术。主要包括：

1）节能供水技术。节能供水技术包括叠压供水技术和无负压供水技术等，在变频恒压供水基础上，在市政管网压力波动的允许范围内，直接从市政管网取水，通过设置稳压补偿罐中的水带有一定压力来补充市政管网水的不足，充分利用市政管网的压力、节省能耗，并解决了水箱供水易二次污染的问题。

2）同层排水技术。同层排水系统是指在建筑排水系统中，器具排水管和排水支管不穿越本层结构楼板到下层空间、与卫生器具同层敷设并接入排水立管的排水系统，器具排水管和排水支管沿墙体敷设或敷设在本层结构楼板和最终装饰地面之间。

3）雨水利用技术。建筑屋面和小区路面径流雨水应通过有组织的汇流与传输，经截污等预处理后引入绿地内以雨水渗透、储存、调节等为主要功能的低影响开发设施。因空间限制等原因不能满足控制目标的建筑与小区，径流雨水还可通过城市雨水管渠系统引入城市绿地与广场内的低影响开发设施。低影响开发设施的选择应因地制宜、经济有效、方便易行，如结合小区绿地和景观水体优先设计生物滞留设施、渗井、湿塘和雨水湿地等。

（5）供配电系统节能技术。主要包括：

1）非晶合金变压器（Amorphous Metal Transformer）。非晶合金变压器是一种低损耗、高能效的电力变压器。此类变压器以铁基非晶态金属作为铁芯，由于该材料不具长程有序结构，其磁化及消磁均较一般磁性材料容易。因此，非晶合金变压器的铁损（即空载损耗）要比一般采用硅钢作为铁芯的传统变压器低70%~80%。由于损耗降低，发电需求亦随之下降，二氧化碳等温室气体排放亦相应减少。基于能源供应和环保的因素，非晶合金变压器在中国和印度等大型发展中国家得到大量采用。以中印两国目前的用电量来计算，若配电网全面采用非晶合金变压器，每年可节省25~30TWh发电量，以及减少2000万~3000万t二氧化碳排放。

2）变频器（Variable-frequency Drive，VFD）。变频器是应用变频技术与微电子技术，通过改变电动机工作电源频率方式来控制交流电动机的电力控制设备。变频器主要由整流（交流变直流）、滤波、逆变（直流变交流）、制动单元、驱动单元、检测单元、微处理单元等组成。在建筑行业，变频器节能主要应用在风机和水泵上，负载采用变频调速后，节电率为20%～60%。当用户需要的平均流量较小时采用变频调速使其转速降低，节能效果非常明显。而传统的风机、泵类采用挡板和阀门进行流量调节，电动机转速基本不变，耗电功率变化不大。据统计，风机、泵类电动机用电量占全国用电量的31%，占工业用电量的

50%。在此类负载上使用变频调速装置具有非常重要的意义。

3）功率因数补偿技术。静止无功发生器（Static Var Generator，SVG），又称高压动态无功补偿发生装置或静止同步补偿器，是指自由换相的电力半导体桥式变流器来进行动态无功补偿的装置。SVG 是目前无功功率控制领域内的最佳方案。相对于传统的调相机、电容器电抗器、以晶闸管控制电抗器 TCR 为主要代表的传统 SVC 等方式，SVG 有着无可比拟的优势。SVG 采用可关断电力电子器件（如 IGBT）组成自换相桥式电路，经过电抗器并联在电网上，适当地调节桥式电路交流侧输出电压的幅值和相位，或者直接控制其交流侧电流，迅速吸收或者发出所需的无功功率，实现快速动态调节无功的目的。作为有源型补偿装置，不仅可以跟踪冲击型负载的冲击电流，而且可以对谐波电流进行跟踪补偿。

4）谐波治理技术。谐波治理设备包括无源滤波器和有源滤波器 2 种。无源滤波器由 LC 等被动元件组成，将其设计为某频率下极低阻抗，对相应频率谐波电流进行分流，其行为模式为提供被动式谐波电流旁路通道；而有源滤波器是由电力电子元件和 DSP 等构成的电能变换设备，检测负载谐波电流并主动提供对应的补偿电流，补偿后的源电流几乎为纯正弦波，其行为模式为主动式电流源输出。

（6）照明系统节能技术。节能电光源是我国积极倡导和推广的节能产品，其种类和规格包罗万象，比较突出的优点有普遍光通量高，显色指数高，光效高，能耗小，电压适用范围大，节能效果明显。比如紧凑型荧光灯对标同一光通量的白炽灯，可实现 80% 节能效果。若采用 LED（Light Emitting Diode）作为电光源，其节能效果一般可以再提升 50% 以上。LED 灯又称发光二极管，可以将电能直接转换为光能，是一种十分高效的辐射光源。LED 灯是场致发光（又称"电致发光"）的一种，场致发光是指由于某种适当物质与电场相互作用而发光的现象。LED 体积小、寿命长、耗电少、亮度高、可靠性高，可以在低电压下工作，同时可以与外部电路进行配合，方便控制。OLED（Origanic Light Emitting Diode）即有机发光二极管，是近年来开发研制的一种新型 LED 设备。其原理是在两电极之间夹上有机发光层，当正负极电子在此有机材料中相遇时就会发光，OLED 通电之后就会自行发光。与一般 LED 相比，OLED 除了具有省电、超薄、重量轻、响应速度快、易于安装等特点，还具有制备工艺简单、发光颜色随意可调、易于大面积和柔韧弯曲、不存在视角问题等优点。OLED 被认为是将来重要的平板显示技术，并已经在手机、数码相机、电视机等方面获得了应用。

（7）电梯节能技术。电梯实现低碳运行，主要技术要点有：采用节能的动力设备；优化电梯运行策略。电梯宜采用变频调速拖动方式，以降低电梯能耗；在楼层较高、梯速较高、电梯使用频率较高的建筑中，推荐使用能量回馈装置。在电梯平稳运行的过程中产生巨大的机械位能，在电梯靠近目的地时，会将行进过程中产生的机械能一部分释放出来。对这一机械能加以利用的装置即为能量回馈装置。发展电梯驱动、控制及能量回收一体化系统，并利用物联网数据、楼宇数据提高调度系统能效。未来应持续挖掘电梯节能潜力，发展如低能耗的电梯及电梯环境照明与显示系统，根据运行参数变化进行预先动作的电梯新型导向系统等技术。

（8）建筑智能化系统技术。主要包括：

1）能耗及碳减排监控系统。能耗及碳减排监控系统是为耗电量、耗水量、耗气量、集中供热耗热量、集中供冷耗冷量、其他能源应用量及相应碳减排量的控制与测量提供解决方案的系统。能耗及碳减排监控系统能够集成和融合智能配电、智能表计、设备监控、智能家居控制、储能设备接入、分布式能源设备接入、汽车充电设备接入等多方面的技术，能够进行低碳运行、需量控制、需求响应管理，形成针对用户端能源管理系统解决方案，实现用户端电网供配电和用电情况的实时监控。

2）智能安防系统。居住的安全和消防安全是居民的生命线，基于互联网技术的智能安防系统能够满足远程安防查看、控制和响应功能技术，包括门禁系统、闭路电视监控系统、防盗报警系统和防火报警系统等。它可任意扩充选择报警、巡更、门禁等功能模块，并通过计算机串口连接相应的安保系统设备，在统一的多媒体计算机平台和移动端上进行集中管理，并可以通过软件实现各系统之间的联动、协调工作，大大减少了硬件设备数量，提高整个系统的自动化程度和安保管理中心的工作效率。通过集成温度传感器和危险气体传感器等"感知触角"的智能消防系统，可实时监测住宅敏感区域温度和有害气体，当发生温度过高、有害气体浓度失常等状况时及时报警，有效预防火灾、爆炸等事故，也能够在灾害发生时及时触动报警系统，最大程度保障居民生命及财产安全。

3）智能环境控制系统。智能环境控制系统倡导"无缝＋智能"互联互控的新概念，所有主控设备和触摸显示设备及部分外围设备都自带网络接口并实现了 TCP/IP，解决了传统的多媒体控制系统不能联网的问题，实现了多媒体控制系统真正意义上的集中控制和远程控制。智能环境控制系统通过对各种末端电器设备（如灯光、电动窗帘、空调等）的控制，实现对灯光环境、遮阳环境、温度环境的最佳一体化控制。智能环境控制系统功能强大、应用广泛、使用灵活，用户通过可视化的编程系统，能够根据用户的控制意愿和控制逻辑实现智能远程控制。智能环境控制系统适用于从简单的单个房间到多个实时控制指挥中心的复杂控制。

4）地下空间空气质量监控系统。地下空间空气质量监控系统是在地下车库、停车场等公共场所设置与通风设备联动的一氧化碳浓度监测装置及湿温度监测装置。当车库内的一氧化碳浓度或空气湿度达到或超过设定的指标时，通过专用空气质量控制器对通风设备进行自动科学的运行管理，针对性地改善空气质量，从而有效节约能源，使通风系统更安全可靠、经济地运行，改善人们的生活质量。

（9）可再生能源应用技术。主要包括：

1）太阳能光热利用技术。基于物联网控制的储能式多能互补高效清洁供热技术，是一种利用太阳能和热泵实现"阶梯"供热的技术，不仅可满足各类供热需求，而且借助太阳能和储能设施可大幅降低传统能源消耗，实现清洁供暖。该技术具有热利用效率高、安全系数高、稳定性和持续性强、耗能低、用电成本少等优点，并且具有较好的经济和环境效益。目前，该技术已在北京、山西、河北、内蒙古等地 30 多个清洁供暖项目上推广应用，累计供热面积达到 100 万 m^2，应用效果良好。此外，还可以利用太阳能光热制冷系统技术，利用太阳能产生热能，再把热能转换为空调冷量或对空气进行除湿。

2）太阳能光电利用技术。光伏发电是将太阳能直接转化为电能的发电方式，以光伏电池板作光电转化装置，将太阳光辐射能量转化为电能，是太阳能的一次转化。依据和电网的关系，光伏发电系统可以分为独立式发电系统、并网式发电系统以及具备以上两种特征构成微电网系统的一部分。独立式发电系统不与电网连接，连接有负载；并网式发电系统直接与电网连接，不一定具有直接负载；微电网系统在不与电网连接或与电网连接的情况下都能运行，且都连接有负载。

3）太阳能热电联供技术。太阳能热电联供系统是一种集太阳能光伏发电与太阳能低温热利用于一体的太阳能复合利用技术。太阳能热电联供系统实现了太阳能光热、光电资源的同时同步深度开发利用，提高太阳能的综合利用效率，另外，可减少 50% 的组件占地面积，有效节省屋顶资源，具有独特优势。PVT 组件下层集热器内的流动介质还可以带走一部分电池片因自身发热产生的热量，起到为电池片冷却降温的作用，又能将这部分热量吸收加以利用。

4）"光储直柔"（PEDF）综合低碳技术。光储直柔技术，即在建筑领域综合利用太阳能光伏（Photovoltaic）、储能（Energy Storage）、直流配电（Direct Current）和柔性交互（Flexibility）四项技术。目前，实验室条件下，太阳能光伏组件光电转化效率已高达 47.1%，量产单晶硅组件的效率也可达 22%，且单位容量成本下降。采用直流电与交流电相比具有形式简单、易控制、传输效率高的特点，便于光伏、储能电池等分布式电源灵活高效接入和调控，从而实现太阳能这一可再生能源在建筑中的大规模应用。同时，利用低压直流安全性好的优点，可打造安全高效的用电环境。柔性技术根据清洁能源的发电情况，柔性调节建筑用电需求，使建筑用电与清洁能源发电实现实时匹配。

5）地源热泵技术。根据《地源热泵系统工程技术规范》GB 50366—2005，地源热泵系统是以岩土体、地下水、地表水或空气为低温热源，由水源热泵机组、地热能交换系统、建筑物内系统组成的供热空调系统，其基本原理一致。

5.5.2　住宅施工阶段低碳化技术

工程项目施工是人们利用各种建筑材料、机械设备按照特定的设计蓝图在一定的空间、时间内为建造建筑产品而进行的生产活动。它包括从施工准备、破土动工到工程竣工验收的全部生产过程。这个过程中将要进行施工准备、施工组织设计与管理、土方工程、爆破工程、基础工程、钢筋工程、模板工程、脚手架工程、混凝土工程、预应力混凝土工程、砌体工程、钢结构工程、木结构工程、机电安装工程以及装饰装修工程等工作。其中施工工艺是指施工人员利用各类生产工具对各种原材料、半成品进行加工或处理，最终使之成为建筑成品的方法与过程。工程管理是指以建筑物、市政、基础设施、电站等工程建设为管理对象的管理活动。

住宅施工阶段确保低碳性的实施包括两方面的内容，一是按图纸低碳施工，二是现场低碳施工。设计阶段通过各专业的协调工作，设计出的"低碳住宅"在进入建造期后，施工人员应当按照图纸要求完成施工工作，对材料选择、构件配置及构造方式等按图施工，满足设计要求。另外则是通过现场的施工组织和管理，严格现场管理，杜绝浪费，同时通过改进施工技术、提高机械设备效能等方式节能减排。建筑施工过程中的碳排放包括材料运输、施工现场设备和照明用电、设备用能以及建筑材料制造过程中形成的碳排放。设计阶段形成图纸上的全生命周期的低碳住宅，而施工则是低碳建筑得以具体实施的第一步，也是确保低碳住宅得以实现的关键一步。住宅施工阶段低碳化技术主要包括绿色施工技术、装配化施工技术和信息化建造技术。

5.5.2.1 绿色施工技术

（1）节地与土地资源利用技术。绿色施工的"节地技术"主要通过优化现场作业空间和土地资源保护来实现。目的是为缓解施工现场作业空间紧张，多机具之间互相影响，减少施工作业活动对土地资源的影响。目前技术成熟且被广泛应用的节地施工技术和措施包括：优化作业空间的技术和措施，如现场堆场和临时设施的合理布置、现场装配式多层用房应用技术、土方就地存放和回填应用，顶升式钢平台应用技术，充分、合理利用现场的立体空间；土地资源保护技术，如耕织土壤保护利用技术、地下资源保护技术和透水地面应用技术等，减少施工对现场及周边土壤的改造和影响，保持原有地貌。

（2）节能与能源利用技术。绿色施工的"节能技术"主要通过在施工过程中优化工艺流程、研发替代技术、推广应用高能效的施工机械和充分利用再生能源等手段来实现。同时，加强现场管理，减少损失浪费，提高能源综合利用效率。目前技术成熟且被广泛应用的节能施工技术和措施包括：节能型装置，如用电限电装置、智能化开关控制器装置、无功补偿装置等；节能型设备选用和布置，如变频式塔式起重机、势能存储式升降机和LED灯具等的选择及相应的优化布置方案，提高施工效率的管理措施；新能源设施，如空气源热泵、太阳能热水器、太阳能充电桩、风光互补型LED路灯等。

（3）节水和水资源保护技术。绿色施工的"节水技术"主要通过节水型设施和工艺的应用，以及非传统水源的综合再利用来实现，强化雨水、基坑降水和施工废水的收集和处理，即通过再利用减少新水的使用量，同时减少排放量，降低市政管网的处理负担，起到保护环境的目的。目前技术成熟且被广泛应用的节水技术和措施包括：节水型技术和措施的应用，如车辆清洗用水重复利用设施、混凝土无水和喷雾养护技术、节水绿化灌溉和节水型生活设施的应用等；非传统水源利用技术，如基坑降水的存储再利用设施、雨水收集利用设施和现场生活污水区处理设施及现场中水综合利用措施等。

（4）节材与材料利用技术。绿色施工的"节材技术"主要包括两个部分：①在设计和施工准备阶段通过优化施工方案，减少建材的施工量，即减量化措施；

②通过回收和处理施工垃圾，重新在施工过程中使用，即资源化措施。目前技术成熟且被广泛应用的节材施工技术和措施包括：标准化的临时防护设施和材料贮存保护措施，如临边防护可周转使用、减少材料搬运和贮存过程的损坏及损耗等；材料下料优化和使用控制，如钢筋、板材等优化下料方案，预拌砂浆和混凝土进料、运输过程的精准控制，减少浪费；使用新型模板体系，如应用铝合金模板、塑料模板和铝框木模板等；建筑垃圾回收利用，将废弃钢筋头、砂浆和混凝土块用于制作马凳、沟盖板、过梁、反坎、钢筋保护层垫块、基坑回填和道路垫层等；限额领料和施工精度控制，避免返工和浪费；工厂化预制构件，可以减少施工现场的材料加工量，减少废弃量。

（5）环境保护技术。施工过程中产生的污水、扬尘、噪声和废弃物等对现场作业及周边环境造成严重影响。根据施工作业的污染物排放特征，绿色施工的"环境保护"涉及扬尘控制、噪声振动控制、光污染控制、水污染控制、土壤保护、建筑垃圾控制、资源保护7个方面。目前技术成熟且被广泛应用的环境保护施工技术和措施包括：扬尘防护措施，如现场喷洒降尘技术、现场绿色防尘措施、钢结构现场免焊接技术、裸土和堆场防尘网遮蔽措施等；噪声振动控制措施，如全封闭隔声罩措施、施工机械消声改造等；水污染控制措施，如地下水清洁回灌技术、管道设备无害清洗技术、泥浆环保处理和排放技术以及生活污水处理设施等。

5.5.2.2　装配化施工技术

近年来，装配化施工的发展取得了较好的成效，部分龙头企业经过多年研发、探索和经验积累，形成了与装配式建造相匹配的施工工艺工法，生产施工效率和工程质量不断提升，由施工主体发展成为含设计、生产、施工等板块的总承包企业。引导企业研发应用与装配式施工相适应的技术、设备和机具，提高部品部件的装配施工连接质量和建筑安全性能；鼓励企业创新施工组织方式，推行绿色施工，应用结构工程与分部分项工程协同施工新模式；支持施工企业总结编制施工工法，提高装配施工技能，实现技术工艺、组织管理、技能队伍的转变，打造一批具有较高装配施工技术水平的骨干企业等手段是促进装配式施工发展的合理选择。

在现场施工过程中，使用现代机具和设备，以构件、部品装配施工代替传统现浇或手工作业，实现工程建设装配化施工。相对传统施工方式方法，装配化施工是科技密集型和管理密集型建造方式，相当于工业制造的总装阶段，需要具备更多高素质专业技术管理人员，遵循设计、生产、施工一体化的原则，并与设计、生产、技术和管理协同配合。施工组织管理、施工工艺和工法、施工质量控制要充分体现工业化建造方式，通过全过程的高度组织管理，以及全系统的技术优化集成控制，全面提升施工阶段的质量、效率和效益。

5.5.2.3　信息化建造技术

信息化建造是指综合或集成应用信息技术、工具软件、管理系统等，为项目建设团队从规划、设计、生产、施工、运营等建造全过程提供技术支撑的系统方法。信息化建造为提高建造质量和效率、降低建造实施风险、节能环保提供了技术手段和支撑，也带动了建筑设计方法和设计工具的创新、施工管理模式的创新、建造技术的创新，以及协作关系的创新，所以信息化建造是建筑业转型发展的重要组成部分。

以往信息化建造，多由项目各参与方根据本企业自身的开发及生产需要而在某些环节上使用信息技术，是分散化、碎片化的应用，其过程数据不能多方传递，也不能形成多参与方之间的协同。随着 BIM、物联网、移动通信等技术的发展，目前信息化建造已经逐步具备贯穿建筑全生命周期的条件。为实现各参与方的信息传递、实现数据复用，信息化建造建议由项目建设单位牵头组织策划，由项目建设过程中各阶段的实施主体单位进行具体实施。

5.5.3　住宅运行阶段低碳化技术

根据国际能源署对于全球建筑领域用能及排放的核算结果，2021 年全球建筑业建造和建筑运行相关的终端用能占全球能耗的 41%，其中建筑运行占全球能耗的比例是 30%，建筑运行相关的 CO_2 排放占全球总 CO_2 排放的 28%。根据中国建筑节能协会建筑能耗与碳排放数据专业委员会发布的《2022 年中国建筑能耗与碳排放研究报告》，2020 年，建筑运行的能耗及 CO_2 排放占全社会能耗及 CO_2 排放的比例分别为 21.3% 和 21.7%。可见我国建筑运行阶段的能耗和碳排放占比较高，说明建筑运行阶段低碳化技术合理应用的重要性。

住宅在终端用能途径上，主要有家用电器、照明、空调、生活热水、炊事等。随着居民生活水平不断提高，我国住宅建筑设备形式、室内环境营造方式和用能模式与西方发达国家越来越相似，近几年高档住宅、高端小区和别墅等类型的住宅建筑面积迅速增加，这类建筑多采用中央空调，保持"恒温恒湿"的室内环境，能源消耗量大大高于一般住宅。改变既有建筑改造和升级换代模式，由大拆大建改为维修和改造，可以大幅度降低建材的用量，从而减少建材生产过程的碳排放。建筑产业正积极转型，从造新房转为修旧房。这一转型将大大减少房屋建设对钢铁、水泥等建材的大量需求，从而实现这些行业的减产和转型。优质的物业管理系统、高能效的家用电器和使用者的低碳生活方式，是低碳住宅实现低碳运行的关键。低碳化的拆除回收和改造修缮技术是降低拆除和改造产生碳排放的关键手段。

运行维护工作是建筑全生命周期中经历最长的一个阶段，也是能源消耗最大的一个阶段。运行是指通过设备进行供暖、制冷、通风、照明、炊事等维持人类生活所需。维护的含义较为宽泛，可以包含日常维修保养，也可以包括翻新和改造。因此整个住宅运行阶段的低碳化技术包含运行维护技术、改造修缮、加固技术。

5.5.3.1 绿色运维管理技术

绿色运维管理的重点在于对已经建成的建筑进行绿色节能管理，在完善传统的运维管理的基础上，进一步做到降低能耗、保护环境的效果。绿色运维管理依托先进的信息技术，通过软硬件结合，实现高效的检测、报警、控制和管理的过程。管理人员通过平台优秀的集成能力，可以将各系统内容进行信息汇总统一展示和管理，各系统数据可交叉使用，优化控制策略。

5.5.3.2 智慧家居系统技术

综合利用传感器、有线及无线通信等技术，将家居内部生活设施统一集成管理，通过设备之间的联动以及系统的自学习、自适应，实现住宅设施与日常事务操作的自动化、智能化的技术称为智慧家居系统技术。智慧家居系统包括终端设备层、感知层、传输层和应用层四个部分，各部分应满足下列要求：终端设备层应由照明、空调新风、窗帘、影音设备等家用电器组成，接受系统的统一控制；感知层应由有线或无线传感器设备组成，接收来自控制终端的操作指令，感知和上传家用电器状态信息，并可对家用电器做出打开 / 关闭、参数调节等操作；传输层应由家庭内部网络、小区局域网或互联网组成，将中控主机、传感器、家用电器状态等智慧家居系统设备信息传输到本地或云服务器；应用层应由智慧家居云管理中心、数据库以及应用服务组成，对接入的智慧家居设备进行统一的管理。应用层应为小区管理中心、社区管理中心、城市应急管理部门以及其他第三方业务系统提供接口。

5.5.3.3 住宅用能设备能效提升技术

加快更高效的照明设备普及。提升住宅中使用 LED、OLED 等高效照明光源的使用比例，强化照明智能调节控制，使得住宅照明在健康和环保两方面均有较大突破。提升具有一级能耗等级的家用电器的普及率。针对我国当前普遍应用的家用电器，如电视机、洗衣机、燃气灶、各类电炊具等，以及部分新兴的家用电器，如洗碗机、烘干机、电烤箱、智能马桶等，通过用能设备产品管理和标准制定，继续提升和完善现有用能产品能效约束，对新兴用能设备补充制定相关能效标准，并逐步纳入能效标识管理目录。对不适用我国国情的高耗能设备，试点制定相关约束措施，控制其市场发展。持续提升家用空调能效等级。通过财政补贴、宣传教育等形式持续推广高能效等级空调，同时依靠技术创新不断降低居民对高能效家用空调的购置成本，逐渐提升高能效等级空调使用率。

5.5.3.4 建筑综合用能系统技术

建筑综合用能系统为面向住宅建筑空间单元起居室与厨卫的综合用能需求，综合利用建筑给水排水与暖通空调等专业的分质排水、热泵、测试、控制与建筑能源物联网等新技术，结合既有公寓的改装工程，完成建筑能源应用系统供给侧的结构性改革方案设计与实施，主要包括：（1）结合建筑空间单元内厨卫的布局，完成了供楼分质排水方案的设计与实施，实现建筑物内的灰、黑分离，为进一步实施雨污分流、中水利用及灰水热能循环利用创造条件；（2）结合建筑空间单元环境空调用冷、用热与厨卫热水、用热的负荷分布特征，进行集中供冷与供热水系统的综合能源方案设计与实施，实现了楼内热水供应系统循环用热，大幅提升住宅的冷热源系统效率；（3）融合集中空调水系统与集中热水给水系统的水箱、水泵与管路系统，完成公寓楼消防给水系统的设计与实施，实现了多专业设备系统的协调、开放与共享；（4）实施分户冷、热计量与计费系统，实现了生活热水用热、空调供冷与供热用能的实时计量和自动计费；（5）采用智能监控系统，实现按照用户侧的用冷与用热需求来供冷和供热。

5.5.3.5　既有住宅节能改造技术

随着我国城市化进程的加快，大量现存的既有建筑功能落后，舒适性较差等问题日益突出，但是既有建筑往往占据城市核心地段的土地资源，而通过一些新的技术手段对既有建筑进行改造，不仅可以提升建筑的品质，提高建筑的舒适度，而且对于改善城市环境、节约能源等也有重要的意义。既有住宅节能改造涉及的内容包括：外墙、外面、外门窗及设备系统等。其改造的技术类型与新建建筑类似。实施的关键是根据既有建筑的特点选择适宜的技术体系。

（1）外墙与外门窗改造技术。现阶段，大量的既有建筑外围护墙体在早期未设置保温隔热材料或者保温隔热材料已经遭到破坏，造成外墙保温隔热性能差，建筑整体热量损耗大，室内热环境和舒适度都较差。外墙外保温改造是既有建筑节能更新改造最常用的技术措施和最有效手段。门窗是建筑围护结构的主要部件中绝热性能最差的构件，既有居住建筑的门窗工程改造多采用更换的方式，替换掉既有的保温隔热性能差的产品。

（2）屋面改造技术。目前，在既有建筑改造中使用较多的屋面节能更新改造方式有下列三种：1）保温屋面。将保温隔热层设置在建筑顶部围护结构的外侧是保温屋面的常用技术措施。通常有正置式屋面和倒置式屋面两种做法。在既有建筑节能更新改造中适用于原有建筑防水层未被破坏，在防水层上直接设置保温隔热层。这种做法有工序简单、改造后保温屋面使用寿命较长等特点。2）通风屋面。通风屋面是提高了屋面的隔热能力的技术手段。通常在原有屋面上再设置一层架空层形成通风屋面，架空层间的空气流动可以带走太阳直接作用于建筑屋面形成的热量，因架空层的隔绝作用，可以降低房间温度，尤其是顶层房间的温度。3）加设坡屋面。在平屋面上再加设一层坡屋面的做法是改善屋面隔热性能较常用的技术手段，一方面坡屋面可以隔绝空气中的热量，避免直接与建筑物接触，降低建筑物的温度，而且坡屋面做成可以通风的通风屋脊或者在坡屋面上开设老虎窗，形成坡屋面内的对流风，起到降低温度的效果；另一方面，对于既有建筑防水层出现破坏的情况，也有利于建筑排水的组织，解决屋面漏水的问题。

（3）供热系统改造技术。我国北方城镇供暖能耗占全国城镇建筑总能耗的40%，并且多采用不同规模的集中供热。大部分既有建筑集中供热系统存在以下问题：户间供热不均匀，供热管网散热损失大，集中供热系统和热源效率不高。供热系统调节不当，管网缺乏有效调节手段，热损失严重。大量小型燃煤锅炉的燃烧效率较低，且缺少有效的调控措施。供热系统的改造内容包括室内系统、室外热网和分户控制与计量。对于小型分散、效率不高的锅炉，进行连片改造，实行区域供热，以提高供热效率，减少对环境造成的污染。热电联产是世界各国极力推崇的一种发电供热方式。它具有节约能源、改善环境、提高供热质量、增加电力效应等综合效益。建筑室内供暖系统的节能改造可采用双管系统和带三通阀的单管系统，并进行水力平衡验算，采取措施解决室内供暖系统垂直及水平方向水力失调，应用高效保温管道、水力平衡设备、温度补偿器及在散热器上安装恒温控制阀等改善建筑的冷热不均。推行温控与热计量技术是集中供热改革的技术保障，既可以根据需要调节温度，从而平衡温度解决失调，又可以鼓励住户自主节能。对不适合集中供热的系统，可考虑改为各种分散的、独立调节性能好的供热方式。

5.5.4 住宅拆除阶段低碳化技术

建筑的拆解回收工作既是现有建筑全生命周期中的最后一个环节，也可以是新的建筑的开始的第一个环节。在该阶段碳排放来源于建筑的拆除、拆解机械及材料损耗等，低碳技术主要为废旧建筑垃圾的处理及回收利用。因此住宅拆除阶段涉及的低碳化技术主要为既有建筑的拆除优化和建筑垃圾回收利用技术。

5.5.4.1 既有建筑拆除优化技术

（1）"拆解"代替"拆毁"。在拆除阶段，通常拆毁的方式使大部分废旧材料破碎、混合，变为很难回收、只能填埋的建筑垃圾。因此建议使用拆解的方式替代拆毁的方式，尽可能以小型机械将构件从主体结构中分离。这样虽然在工作时间上延长了，但是极大地减少了碳排放量。拆解步骤按照"由内至外，由上至下"的顺序进行，即"室内装饰材料—门窗、暖气、管线—屋顶防水、保温层—屋顶结构—隔墙与承重墙或柱—楼板，逐层向下直至基础"。在技术、设备层面上拆解与拆毁两种方式大致相同，但在废旧建材的循环利用率上，差别很大。研究显示，拆毁方式下钢铁的回收利用率仅为70%，而水泥、碎石、砖瓦等材料的利用率更低，拆毁方式使这些材料混合为渣土而无法回收，砖瓦的再利用率仅为10%，远远低于拆解方式下的建材回收率。

（2）建筑物移位技术。建筑物移位技术是指在保持房屋建筑与结构整体性和可用性不变的前提下，将其从原址移到新址的既有建筑保护技术。建筑物移位具有技术要求高、工程风险大的特点。建筑物移位包括以下技术环节：新址基础施工、移位基础与轨道布设、结构托换与安装行走机构、牵引设备与系统控制、建筑物移位施工、新址基础上就位连接。其中结构托换是指对整体结构或部分结构进行合理改造，改变荷载传力路径的工程技术，通过结构托换将上部结构与基础分离，为安装行走机构创造条件；移位轨道及牵引系统控制是指移位过程中轨道设计及牵引系统的实施，通过液压系统施加动力后驱动结构在移位轨道上行走；就位连接是指建筑物移到指定位置后原建筑与新基础连接成为整体，其中可靠的连接处理是保证建筑物在新址基础上结构安全的重要环节。

（3）结构无损性拆除技术。无损性拆除技术主要包括金刚石无损钻切技术和水力破除技术，这两种技术对结构产生的扰动小，对保留结构基本无冲击，不损坏保留结构的性能状态，同时它具有低噪声、轻污染、高效率的特点。主要用于既有建（构）筑物结构改造时部分结构与构件的无损性拆除。

5.5.4.2 建筑垃圾资源化处理技术

建筑垃圾资源化是指以建筑垃圾为原料，经过分类、工业加工形成再生产品，使其重新应用于建设工程的行为。建筑垃圾包括施工过程和旧建筑的拆除及改造过程产生的废弃物。

（1）废木料资源化技术。废木料是建筑垃圾的一个重要组成部分，虽然所占比例较小，但由于其物理化学性质与建筑垃圾的主要成分（碎石块、废砂浆、砖瓦碎块、混凝土块等）相差很大，一般是将其分选出来另行处理或重新加工利用。首先，可以将废木料作为木材直接利用。从建筑物拆卸下来的废旧木材，一部分可以直接作为木材重新利用。废旧木材的利用等级一般需作适当降低。其次，可以将碎木料进行资源化。旧建筑物拆除垃圾中的碎木，可作为燃料、堆肥原料和侵蚀防护工程中的覆盖物。未经防腐处理和无油漆的废木料不含有毒物质，可直接作为燃料利用。碎木还可作为堆肥原料。将碎木粉碎至一定粒径的颗粒，掺入堆肥原料中可以调节原料的碳氮比。一些含特殊成分的废木料掺入堆肥原料中，对堆肥化过程有促进作用。废木料还可作为侵蚀防护工程中的覆盖物。将清洁的木料磨碎、染色后，在风景区需作侵蚀防护的土壤上摊铺一定的厚度，既可使土壤不受侵蚀破坏又可造景美化。第三，可以用废木料生产复合材料。将废木料与黏土、水泥混合可生产出质量轻、导热系数小的黏土 – 木料 – 水泥复合材料（黏土混凝土），可作为特殊的绝热材料使用。由于废木料中含有一定的纤维，废木料的掺入率越大，复合材料的可塑性越好；同时也增大了复合材料的空隙率，从而导致复合材料的导热系数下降。最后，可以将经防腐剂处理的木材资源化。含铬酸盐的砷酸铜溶液（简称 CCA）和硼盐是最常用的木材防腐剂。经 CCA 防腐处理的废木材可用作堆肥原料。CCA 处理的废木材可用于生产木料 – 水泥复合材料，而且其性能优于由其他不经 CCA 处理的废木材生产出的复合材料。经 CCA 处理的废木材的锯末还可作为土壤改良剂，在经改良的土壤上种植花卉和蔬菜时，蔬菜中的铜、铬和砷含量很低，不影响食用。

（2）废旧建筑混凝土资源化技术。第一，可以用废旧建筑混凝土制造再生骨料。用废弃混凝土块制造再生骨料的过程和天然碎石骨料的制造过程相似，都是把不同的破碎设备、筛分设备、传送设备合理地组合在一起的生产工艺过程。实际的废弃混凝土块中存在钢筋、木块、塑料碎片、玻璃、建筑石膏等杂质，为确保再生混凝土的品质，必须采取一定的措施将这些杂质除去，如用手工法除去大块钢筋、木块等杂质；用电磁分离法除去铁质杂质；用重力分离法除去小块木块、塑料等轻质杂质。同天然砂石骨料相比，再生骨料由于含有 30% 左右的硬化水泥砂浆，从而导致其吸水性能、表观密度等物理性质与天然骨料不同。第二，可以用废旧混凝土做骨料拌制再生混凝土。废弃混凝土再生骨料可部分或全部代替天然骨料配制再生混凝土。与普通混凝土相比，再生混凝土拌合物密度小、和易性低，其密度和坍落度减小值随着再生混凝土配合比中再生粗骨料掺量增加而增大。再生混凝土表观密度降低有利于其在实际工程中的应用，因为混凝土表观密度降低对降低建筑物自身质量，提高构件跨度有利。同时再生粗骨料表面粗糙，增大了拌合物在拌和与浇筑时的摩擦阻力，使再生混凝土拌合物的保水性与黏聚性增强。第三，将废旧混凝土作粗骨料应用于喷射混凝土。将再生粗骨料应用于喷射混凝土中，再生粗骨料喷射混凝土具有回弹率较小、荷载在压应力 – 应变曲线的后峰值部分下降缓慢且比较平稳，在压应力 – 应变曲线的后峰值部分的变形能力和延性较大的特点。第四，废旧混凝土其他用途。用粉煤灰和原生混凝土强度等级为 C100 的再生骨料可配制出坍落度 245mm，28d 抗压强度达 54.9MPa 的粉煤灰再生骨料混凝土。可直接用废旧混凝土骨料和粉煤灰生产无普通水泥的混凝土，再生混凝土的强度较低，强度增长缓慢，可用作填料和路基。第五，特种废旧混凝土的再生。废旧耐火高铝混凝土已在高温下使用，耐火矿物已经稳定，可将其破碎成一定粒度代替 50% 左右的新耐火集料，拌制新的耐火混凝土；也可以直接作二级或一级矾土，用于生产高铝水泥或硫铝、铁铝水泥。废旧硫铝酸盐水泥混凝土，主要水化产物都是钙矾石晶体，在将其用于重新拌制硫铝酸盐水泥砂浆或混凝土时，这部分钙矾石可起到晶种作用，将其称为"晶种材料"，可促使新水泥水化形成的新钙矾石发育更好、缺陷更少。第六，再生骨料及混凝土改性。目前再生骨料的应用范围很窄，主要用来配制中低强度的混凝土。若要拓宽其应用范围，将再生骨料用到钢筋混凝土结构工程中，则对其强度、粒径、洁净水平等要求较高，因此，再生骨料及再生混凝土的改性研究将成为未来的重要研究课题之一。

5.5.4.3 废旧砖瓦资源化

（1）碎砖块生产混凝土砌块。利用碎砖块和碎砂浆块可生产多排孔轻质砌块。砌块强度等级越高，砌块的吸水率和干缩率越低，体积密度越高。砌块的保温隔热性能较好。废旧碎砖块和碎砂浆块作为集料也可生产出混凝土小型空心砌块。将废旧丝切砖和模具制砖分别加工成粗骨料，与普通水泥、天然河砂以及适量水混合配制成再生混凝土砌块，其抗压强度基本超过 10 MPa，可以用作承重墙体的砌块。

（2）废砖瓦替代骨料配制再生轻集料混凝土。废黏土砖密度小，强度较高，吸水率适中，完全符合普通轻集料各项技术指标。若辅以密度较小的细集料或粉体，可用其制作具有承重、保温功能的结构轻集料混凝土构件（板、砌块），透气性便道砖及花格、小品等水泥制品。

（3）破碎废砖块作骨料生产耐热混凝土。用废红砖作粗骨料可配制出理想的耐热混凝土。用废红砖作粗骨料配制的混凝土，其强度主要取决于骨料与水泥石之间的界面连接。

5.5.4.4 废旧屋面材料的资源化

（1）回收沥青废料作热拌沥青路面的材料。热拌沥青路面性能与沥青屋面废料的掺入率密切相关，掺入率越高，则路面性能下降越大。在热拌沥青中使用再生的沥青屋面废料掺和物的优点：沥青屋面废料含有纤维素材料，有助于减轻混合物的重轴载形成的车辙和推挤（高温路面变形）及反射裂缝；屋面材料中的沥青含量高，有助于减轻混合物的温缩裂缝（低温路面变形）；屋面材料的高沥青含量易引起沥青胶泥的氧化，有助于延缓混合物的老化。

（2）回收沥青废料做冷拌材料。回收的沥青屋面废料可用作生产填补路面坑洞的冷拌材料。除了填补坑槽之外，冷拌屋面废料还用于修补车行道，填充公用事业的通道，修补桥梁和匝道，并用于养护停车场。冷拌产品也能用作沥青路面下面的集料底基层的替换物。将沥青屋面废料用作冷拌材料的优点：成本低；料堆延性大且允许较长的施工时间；搅拌和操作方便，铺筑之后能马上恢复交通。

5.5.4.5　建筑垃圾微粉的资源化

建筑垃圾微粉，一般是指在建筑工地或建筑垃圾处理中心产生的粒径小于5mm 的微小粉末。废旧混凝土微粉单独用作细骨料可拌制再生混凝土，或将建筑垃圾微粉用于生产硅酸钙砌块和用作生活垃圾填埋场的覆盖材料。

5.5.4.6　建筑垃圾填料加固软土地基

建筑垃圾具有足够的强度和耐久性，置入地基中，不受外界影响，不会产生风化而变为疏松体，能够长久地起到骨料作用。将旧城区改造中的旧建筑物拆除建筑垃圾用于软土地基加固工程，具有造价低、工期短、施工设备及施工工艺简单、振动小和效果好的特点，既能节省垃圾清运费用，又能降低地基加固费用，而且还能避免大量的土地被侵占，具有较高的经济、社会及环保效益。

（1）建筑垃圾作为复合载体夯扩桩填料加固软土地基。复合载体（建筑垃圾）夯扩桩由上部桩身和下部复合载体组成。桩身是钢筋混凝土结构。复合载体是以碎石、碎砖、混凝土块等建筑垃圾为填充料，在持力层内夯实加固挤密形成的挤密实体。复合载体夯扩桩能较大幅度地提高地基承载力。

（2）建筑垃圾作建筑渣土桩填料加固软土地基。建筑渣土桩是利用起吊机械将短柱形的夯锤提升到一定高度，使之自由落下夯击原地基，在夯击坑中填充一定粒径的建筑垃圾（一般为碎砖和生石灰的混合料或碎砖、土和生石灰的混合料）进行夯实，以使建筑垃圾能托住重夯，再进行填料夯实，直至填满夯击坑，最后在上面砌 30 cm 厚的三七灰层（利用桩孔内掏出的土，与石灰拌成）。

Civil Engineering

第 6 章

2022 年土木工程建设相关政策、文件汇编与发展大事记

本章汇编了土木工程建设 2022 年颁布的相关政策、文件，总结了土木工程建设年度发展大事记和中国土木工程学会年度大事记。

6.1 土木工程建设相关政策、文件汇编

本章从国务院、国家发展改革委、住房和城乡建设部、交通运输部和财政部的官方网站搜集 2022 年各政府部门颁发的土木工程建设领域的相关政策文件，并对政策文件进行筛选，筛除一般性企业处罚通告、资格考试通过名单、资质评定等非重要性政策文件。同时，为避免和第 4 章内容重复，筛除国家标准和行业标准。

6.1.1 中共中央、国务院颁发的相关政策、文件

2022 年中共中央、国务院颁发的土木工程建设相关政策、文件如表 6-1 所示。

2022 年中共中央、国务院颁发的土木工程建设相关政策、文件汇编　　表 6-1

发文时间	政策与文件名称	文号	发文部门
2022 年 2 月 9 日	转发国家发展改革委等部门关于加快推进城镇环境基础设施建设指导意见的通知	国办函〔2022〕7 号	国务院办公厅
2022 年 5 月 6 日	关于推进以县城为重要载体的城镇化建设的意见	—	中共中央办公厅、国务院办公厅
2022 年 5 月 23 日	乡村建设行动实施方案	—	中共中央办公厅、国务院办公厅
2022 年 7 月 12 日	转发国家发展改革委关于在重点工程项目中大力实施以工代赈促进当地群众就业增收工作方案的通知	国办函〔2022〕58 号	国务院办公厅

6.1.2 国家发展改革委员会颁发的相关政策、文件

2022 年国家发展改革委员会颁发的土木工程建设相关政策、文件如表 6-2 所示。

2022 年国家发展改革委员会颁发的土木工程建设相关政策、文件汇编　　表 6-2

发文时间	政策与文件名称	文号	发文部门
2022 年 1 月 10 日	关于进一步提升电动汽车充电基础设施服务保障能力的实施意见	发改能源规〔2022〕53 号	国家发展改革委、国家能源局、工业和信息化部、财政部、自然资源部、住房和城乡建设部、交通运输部、农业农村部、应急部、市场监管总局

发文时间	政策与文件名称	文号	发文部门
2022 年 3 月 10 日	关于印发《2022 年新型城镇化和城乡融合发展重点任务》的通知	发改规划〔2022〕371号	国家发展改革委
2022 年 6 月 21 日	关于印发"十四五"新型城镇化实施方案的通知	发改规划〔2022〕960号	国家发展改革委
2022 年 7 月 18 日	关于严格执行招标投标法规制度进一步规范招标投标主体行为的若干意见	发改法规规〔2022〕1117 号	国家发展改革委、工业和信息化部、公安部、住房和城乡建设部、交通运输部、水利部、农业农村部、商务部、审计署、广电总局、能源局、铁路局、民航局
2022 年 9 月	城市儿童友好空间建设导则（试行）	—	国家发展改革委、住房和城乡建设部、国务院妇儿工委办公室

6.1.3 住房和城乡建设部颁发的相关政策、文件

2022 年住建部颁发的土木工程建设相关政策、文件如表 6-3 所示。

2022 年住建部颁发的土木工程建设相关政策、文件汇编　　　　表 6-3

发文时间	政策与文件名称	文号	发文部门
2022 年 1 月 17 日	关于印发国家城乡建设科技创新平台管理暂行办法的通知	建标〔2022〕9 号	住房和城乡建设部
2022 年 3 月 1 日	关于印发"十四五"住房和城乡建设科技发展规划的通知	建标〔2022〕23 号	住房和城乡建设部
2022 年 6 月 30 日	关于印发城乡建设领域碳达峰实施方案的通知	建标〔2022〕53 号	住房和城乡建设部、国家发展改革委

6.1.4 交通运输部颁发的相关政策、文件

2022 年交通运输部颁发的土木工程建设相关政策、文件如表 6-4 所示。

发文时间	政策与文件名称	文号	发文部门
2022 年 2 月 7 日	关于做好 2021 年度水运工程设计、施工和监理信用评价工作的通知	交办水函〔2022〕80 号	交通运输部
2022 年 3 月 17 日	关于印发《交通强国建设评价指标体系》的通知	交规划发〔2022〕7 号	交通运输部
2022 年 3 月 25 日	关于印发《交通领域科技创新中长期发展规划纲要（2021—2035 年）》的通知	交科技发〔2022〕11 号	交通运输部、科学技术部
2022 年 4 月 24 日	公路水运工程监理企业资质管理规定	交通运输部令 2022 年第 12 号	交通运输部
2022 年 4 月 26 日	关于印发《"十四五"公路养护管理发展纲要》的通知	交公路发〔2022〕46 号	交通运输部
2022 年 5 月 27 日	关于印发《交通运输部促进科技成果转化办法》的通知	交科技发〔2022〕67 号	交通运输部
2022 年 6 月 10 日	关于进一步加强普通公路勘察设计和建设管理工作的指导意见	交公路发〔2022〕71 号	交通运输部
2022 年 8 月 15 日	关于加强公路水运工程建设质量安全监督管理工作的意见	交安监规〔2022〕7 号	交通运输部
2022 年 9 月 29 日	关于进一步支持公路建设领域中小企业发展的通知	交办公路〔2022〕59 号	交通运输部
2022 年 9 月 30 日	关于修订《公路工程建设项目评标工作细则》的通知	交公路规〔2022〕8 号	交通运输部

6.1.5　水利部颁发的相关政策、文件

2022 年水利部颁发的土木工程建设相关政策、文件如表 6-5 所示。

2022 年水利部颁发的土木工程建设相关政策、文件汇编 　　　　表 6-5

发文时间	政策与文件名称	文号	发文部门
2022 年 3 月 25 日	关于印发《水文设施工程验收管理办法》的通知	水文〔2022〕135 号	水利部
2022 年 4 月 2 日	关于印发黄土高原地区淤地坝工程建设管理办法的通知	水保〔2022〕162 号	水利部、国家发展改革委
2022 年 5 月 19 日	关于印发《注册监理工程师（水利工程）管理办法》的通知	水建设〔2022〕214 号	水利部
2022 年 7 月 13 日	关于修订印发水利标准化工作管理办法的通知	水国科〔2022〕297 号	水利部
2022 年 7 月 22 日	关于印发构建水利安全生产风险管控"六项机制"的实施意见的通知	水监督〔2022〕309 号	水利部
2022 年 8 月 19 日	关于印发《水利水电工程施工企业主要负责人、项目负责人和专职安全生产管理人员安全生产考核管理办法》的通知	水监督〔2022〕326 号	水利部

6.1.6 国家铁路局颁发的相关政策、文件

2022 年国家铁路局颁发的土木工程建设相关政策、文件如表 6-6 所示。

2022 年国家铁路局颁发的土木工程建设相关政策、文件汇编 表 6-6

发文时间	政策与文件名称	文号	发文部门
2022 年 3 月 10 日	关于印发 2022 年铁路工程监管工作要点的通知	—	国家铁路局
2022 年 4 月 7 日	关于印发《铁路计量发展规划（2021—2035 年）》的通知	国铁科法〔2022〕11 号	国家铁路局
2022 年 6 月 8 日	关于印发《铁路安全生产挂牌督办办法》的通知	—	国家铁路局
2022 年 6 月 17 日	关于深化铁路建设工程安全生产风险防范化解工作的意见	国铁工程监〔2022〕19 号	国家铁路局

6.1.7 中国民用航空局颁发的相关政策、文件

2022 年中国民用航空局颁发的土木工程建设相关政策、文件如表 6-7 所示。

2022 年中国民用航空局颁发的土木工程建设相关政策、文件汇编 表 6-7

发文时间	政策与文件名称	文号	发文部门
2022 年 7 月 29 日	关于印发《运输机场专业工程建设质量和安全生产监督检查实施细则》的通知	民航规〔2022〕27 号	中国民用航空局
2022 年 8 月 24 日	民航局直属单位建设项目全过程工程咨询服务实施指南	IB-CA-2022-01	中国民用航空局
2022 年 8 月 30 日	关于印发《民航专业工程施工图设计文件审查及备案管理办法》的通知	民航规〔2022〕31 号	中国民用航空局

6.2 土木工程建设发展大事记

6.2.1 土木工程建设领域重要奖励

2022 年 7 月 19 日，公路交通优质工程奖和科学技术奖颁奖暨公路高质量发展交流会在北京举行。广州增城沙庄至花都北兴公路二期工程等 54 项工程获

2020~2021 年度公路交通优质工程奖。公路交通优质工程奖是我国公路交通行业最高工程质量奖。评选该奖旨在鼓励公路建设从业单位弘扬"工匠精神"，与时俱进，加强科技创新，强化质量管理意识，提高工程质量，促进公路交通建设行业持续向好发展。

2022 年 10 月 1 日，中国土木工程学会公布第十九届中国土木工程詹天佑奖获奖名单。共有 42 项工程获奖，其中 13 项建筑工程、3 项桥梁工程、2 项铁道工程、3 项隧道工程、3 项公路工程、2 项水利水电工程、4 项轨道交通工程、5 项市政工程、住宅小区工程 2 项，电力工程、水运工程、水工业工程、公共交通工程、燃气工程各 1 项入选。

2023 年 1 月 7 日，2022~2023 年度第一批中国建设工程鲁班奖（国家优质工程）入选名单发布，北京环球影城主题公园（一期）项目、上海图书馆东馆、天津茉莉亚学院、锡林郭勒盟蒙古族中学新校区建设项目、青岛新机场航站楼及综合交通中心工程等 119 个项目入选。中国建设工程鲁班奖（国家优质工程）自 2010~2011 年度开始，该奖项每年评审一次，每两年颁奖一次，每次获奖工程不超过 200 项。为鼓励获奖单位，树立争创工程建设精品的优秀典型，住房和城乡建设部对获奖工程的承建单位和参与单位给予通报表彰。

6.2.2　土木工程建设领域重要政策、文件

2022 年 1 月 14 日，住房和城乡建设部发布《关于印发国家园林城市申报与评选管理办法的通知》。其中《国家园林城市评选标准》中通过设定城市绿地率、城市绿化覆盖率、人均公园绿地面积等 18 个指标作为评判生态宜居，健康舒适，安全韧性，风貌特色的园林城市标准。通知明确了申报和评选的管理办法，有助于贯彻落实新发展理念，推动城市高质量发展，发挥国家园林城市在建设宜居、绿色、韧性、人文城市中的作用，规范国家园林城市的申报与评选管理工作。

2022 年 1 月 19 日，住房和城乡建设部发布《关于印发国家城乡建设科技创新平台管理暂行办法的通知》。管理办法中指出：科技创新平台是住房和城乡建设领域科技创新体系的重要组成部分，是支撑引领城乡建设绿色发展，落实碳达峰、碳中和目标任务，推进以人为核心的新型城镇化，推动住房和城乡建设高质量发展的重要创新载体。该办法适用于科技创新平台的申报、建设、验收、运行和绩效评价等管理工作。

2022 年 1 月 25 日，住房和城乡建设部发布《关于印发"十四五"建筑业发展规划的通知》。规划明确"十四五"时期，我国要初步形成建筑业高质量发展体系框架，建筑市场运行机制更加完善，工程质量安全保障体系基本健全，建筑工业化、数字化、智能化水平大幅提升，建造方式绿色转型成效显著，加速建筑业由大向强转变。规划要求，要大力发展装配式建筑。构建装配式建筑标准化设计和生产体系，推动生产和施工智能化升级，扩大标准化构件和部品部件使用规模，提高装配式建筑综合效益。完善适用不同建筑类型装配式混凝土建筑结构体系，加大高性能混凝土、高强钢筋和消能减震、预应力技术集成应用。规划明确，智能建造与新型建筑工业化协同发展的政策体系和产业体系基本建立，装配式建筑占新建建筑的比例达到 30% 以上，打造一批建筑产业互联网平台，形成一批建筑机器人标志性产品，培育一批智能建造和装配式建筑产业基地。要加快建筑机器人研发和应用。加强新型传感、智能控制和优化、多机协同、人机协作等建筑机器人核心技术研究，研究编制关键技术标准，形成一批建筑机器人标志性产品。积极推进建筑机器人在生产、施工、维保等环节的典型应用，重点推进与装配式建筑相配套的建筑机器人应用，辅助和替代"危、繁、脏、重"施工作业。规划还提出 2035 年远景目标，到 2035 年，建筑业发展质量和效益大幅提升，建筑工业化全面实现，建筑品质显著提升，企业创新能力大幅提高，高素质人才队伍全面建立，产业整体优势明显增强，"中国建造"核心竞争力世界领先，迈入智能建造世界强国行列。

2022 年 2 月 25 日，中国银保监会和住房和城乡建设部发布《关于银行保险机构支持保障性租赁住房发展的指导意见》。意见指出要发挥各类机构优势，进一步加强金融支持，发挥好国家开发银行作用，支持商业银行提供专业化、多元化金融服务，引导保险机构为保障性租赁住房提供资金和保障支持，支持非银机构依法合规参与；把握保障性租赁住房融资需求特点，提供针对性金融产品和服务，以市场化方式向保障性租赁住房自持主体提供长期贷款，稳妥做好对非自有产权保障性租赁住房租赁企业的金融支持，探索符合保障性租赁住房特点的担保方式，提供多样化金融服务；建立完善支持保障性租赁住房发展的内部机制，加强组织领导，优化金融服务组织架构，完善激励约束机制；坚持支持与规范并重，坚守风险底线，推动保障性租赁住房相关配套措施尽快落地，加强保障性租赁住房项目监督管理，做好融资主体准入管理，把控好项目风险，加强项目后续跟踪管理；加强支持保障性租赁住房发展的监管引领，拓宽资金来源，完善保障性租赁住房监管统计，加强风险管控。

2022 年 3 月 1 日，住房和城乡建设部发布《关于印发"十四五"住房和城乡建设科技发展规划的通知》。《"十四五"住房和城乡建设科技发展规划》明确，到 2025 年，住房和城乡建设领域科技创新能力大幅提升，科技创新体系进一步完善，科技对推动城乡建设绿色发展、实现碳达峰目标任务、建筑业转型升级的支撑带动作用显著增强。规划提出，要突破一批绿色低碳、人居环境品质提升、防灾减灾、城市信息模型（CIM）平台等关键核心技术及装备，形成一批先进适用的工程技术体系，建成一批科技示范工程；布局一批工程技术创新中心和重点实验室，支持组建高水平创新联合体，培育一批高水平创新团队和科技领军人才，建设一批科普基地；住房和城乡建设重点领域技术体系、装备体系和标准体系进一步完善，部省联动、智库助力的科技协同创新机制更加健全，科技成果转化取得实效，国际科技合作迈上新台阶，科技创新生态明显优化。规划明确，围绕建设宜居、创新、智慧、绿色、人文、韧性城市和美丽宜居乡村的重大需求，聚焦"十四五"时期住房和城乡建设重点任务，在城乡建设绿色低碳技术研究等 9 个方面，加强科技创新方向引导和战略性、储备性研发布局，突破关键核心技术、强化集成应用、促进科技成果转化。

2022 年 3 月 11 日，住房和城乡建设部发布《关于印发"十四五"建筑节能与绿色建筑发展规划的通知》。《"十四五"建筑节能与绿色建筑发展规划》明确，到 2025 年，城镇新建建筑全面建成绿色建筑，建筑能源利用效率稳步提升，建筑用能结构逐步优化，建筑能耗和碳排放增长趋势得到有效控制，基本形成绿色、低碳、循环的建设发展方式，为城乡建设领域 2030 年前碳达峰奠定坚实基础。规划提出，到 2025 年，完成既有建筑节能改造面积 3.5 亿 m^2 以上，建设超低能耗、近零能耗建筑 0.5 亿 m^2 以上，装配式建筑占当年城镇新建建筑的比例达到 30%，全国新增建筑太阳能光伏装机容量 0.5 亿 kW 以上，地热能建筑应用面积 1 亿 m^2 以上，城镇建筑可再生能源替代率达到 8%，建筑能耗中电力消费比例超过 55%。规划同时明确了"十四五"时期建筑节能与绿色建筑发展 9 项重点任务：提升绿色建筑发展质量、提高新建建筑节能水平、加强既有建筑节能绿色改造、推动可再生能源应用、实施建筑电气化工程、推广新型绿色建造方式、促进绿色建材推广应用、推进区域建筑能源协同、推动绿色城市建设。

2022 年 3 月 29 日，住房和城乡建设部发布《关于印发全国城镇老旧小区改造统计调查制度的通知》。《全国城镇老旧小区改造统计调查制度》根据《中华人民共和国统计法》的有关规定制定。用于指导各地有序有效开展城镇老旧小区改造统计工作，及时了解新开工改造城镇老旧小区数量等指标，全面掌握改造小区情况及加装电梯、改造建设养老托育等服务设施的计划和改造情况。制度对调查对象和统计范围、调查内容、调查频率和时间、调查方法、组织方式、报送要求、质量控制、统计资料公布方面做出规定和要求。

2022 年 4 月 27 日，住房和城乡建设部办公厅发布《关于进一步明确海绵城市建设工作有关要求的通知》。通知指出近年来，各地认真贯彻习近平总书记关于海绵城市建设的重要指示批示精神，采取多种措施推进海绵城市建设，对缓解城市内涝发挥重要作用。但一些城市存在对海绵城市建设认识不到位、理解有偏差、实施不系统等问题，影响海绵城市建设成效。要求深刻理解海绵城市建设理念，科学编制海绵城市建设规划，因地制宜开展项目设计，严格项目建设和运行维护管理，建立健全长效机制。

2022 年 5 月 12 日，住房和城乡建设部办公厅发布《关于印发"十四五"工程勘察设计行业发展规划的通知》。《"十四五"工程勘察设计行业发展规划》明确，"十四五"时期，工程勘察设计行业以推动高质量发展为主题，以深化体制机制改革为动力，以加快推进科技和管理创新为引擎，从市场环境优化、质量安全管理、绿色低碳发展、科技创新、数字化转型、服务模式创新等方面提出了关键举措。

2022 年 7 月 13 日，住房和城乡建设部和国家发展改革委发布《关于印发城乡建设领域碳达峰实施方案的通知》。方案提出城乡建设领域碳达峰的主要目标为 2030 年前，城乡建设领域碳排放达到峰值，力争到 2060 年前，城乡建设方式全面实现绿色低碳转型。为实现这一目标，要优化城市结构和布局，开展绿色低碳社区建设，全面提高绿色低碳建筑水平，建设绿色低碳住宅，提高基础设施运行效率，优化城市建设用能结构，推进绿色低碳建造，提升县城绿色低碳水平，营造自然紧凑乡村格局，推进绿色低碳农房建设，推进生活垃圾污水治理低碳化，推广应用可再生能源，强化保障措施，加强组织实施。

2022 年 7 月 29 日，住房和城乡建设部和国家发展改革委发布《关于印发"十四五"全国城市基础设施建设规划的通知》。规划对综合、交通、水系统、能源系统等基础设施，对标 2020 年指标提出 2025 年的目标。规划认为当前的重点任务在于推进城市基础设施体系化建设，增强城市安全韧性能力；推动城市基础设施共建共享，促进形成区域与城乡协调发展新格局；完善城市生态基础设施体系，推动城市绿色低碳发展；加快新型城市基础设施建设，推进城市智慧化转型发展。

2022 年 8 月 15 日，住房和城乡建设部和中国残联发布《创建全国无障碍建设示范城市（县）管理办法》。管理办法中说明了全国无障碍建设示范城市（县）的创建主体，创建区域范围，申报条件，创建程序以及评选认定程序等相关事宜。《创建全国无障碍建设示范城市（县）考评标准》从安全便捷、健康舒适、多元包容三个方面规定 19 个评判指标规范开展全国无障碍建设示范城市（县）创建和评选活动。

2022 年 9 月 30 日，住房和城乡建设部办公厅、交通运输部办公厅、水利部办公厅、国家铁路局综合司和中国民用航空局综合司联合发布《关于阶段性缓缴工程质量保证金的通知》。规定在 2022 年 10 月 1 日至 12 月 31 日期间应缴纳的各类工程质量保证金，自应缴之日起缓缴一个季度，建设单位不得以扣留工程款等方式收取工程质量保证金。对于缓缴的工程质量保证金，施工单位应在缓缴期满后及时补缴。补缴时可采用金融机构、担保机构保函（保险）的方式缴纳，任何单位不得排斥、限制或拒绝。要求各地要认真落实工程质量保证金缓缴政策，加强对缓缴落实情况的监督检查，确保政策落实落地。加强工程建设项目质量保修责任落实情况的日常监管，督促施工单位严格履行保修事项，切实维护公共安全和公众利益。对缓缴政策实施中未履行保修责任的，依法依规严肃查处。

2022 年 11 月 25 日，住房和城乡建设部办公厅发布《关于印发城镇老旧小区改造可复制政策机制清单（第六批）的通知》。清单对北京市老旧小区改造工作改革方案中有关政策机制、具体做法进行了梳理分析，从统筹协调机制，项目生成机制，资金共担机制，多元参与机制，存量资源整合利用机制，项目推进机制，适老化改造，市政专业管线改造，长效管理机制九个方面提出若干可复制措施，从而围绕城镇老旧小区改造工作统筹协调、项目生成、资金共担、多元参与、存量资源整合利用、改造项目推进、适老化改造、市政专业管线改造、小区长效管理等方面，提出一揽子改革举措。

6.2.3　重大项目获批立项

2022 年 1 月 6 日，国家发展改革委批复了西安至重庆高速铁路安康至重庆段的可行性研究报告，同意建设该工程。项目起自在建西安至安康高速铁路安康西站，经岚皋、城口、宣汉、达州、大竹、广安、合川、北碚，至重庆枢纽重庆西站，线路全长 477.9km（其中新建线路 446.7km），设 11 座车站；同步建设樊哙经开州至万州连接线，长 90.2km，设 3 座车站，配套新建本线至兰渝铁路、襄渝铁路、成达万高铁联络线约 26km。项目总投资 1237.22 亿元，项目建设工期 6 年。

2022 年 1 月 10 日，国家发展改革委批复了天津至潍坊高速铁路的可行性研究报告，同意建设该工程。项目起自京津城际铁路延伸线滨海站，经天津市滨海新区、河北省沧州市、山东省滨州市、东营市、潍坊市，终至济青高速铁路潍坊北站，全长约 348.9km，设站 10 座。同步建设本线至济南联络线 150.7km，本线至津秦高速铁路、京滨城际铁路、济青高速铁路等联络线共约 33km。项目总投资 1145.4 亿元，项目建设工期 5 年。

2022 年 1 月 29 日，国家发展改革委批复了四川省通江县青峪口水库工程的可行性研究报告，同意建设该工程。工程建设任务以防洪为主，结合供水，兼顾发电。枢纽建筑物主要包括大坝、引水发电系统、生态放水设施、供水建筑物、过鱼建筑物。大坝采用碾压混凝土重力坝和土石坝混合坝型，水库最大坝高 74m，正常蓄水位 400m，汛限水位 384m，设计洪水位 401m，校核洪水位 404.24m，总库容 14733 万 m^3；电站装机 20MW，多年平均年发电量 4929 万 / kWh，水库多年平均供水量 1868 万 m^3。

2022 年 2 月 7 日，国家发展改革委批复了关于调整苏州市城市轨道交通第三期建设规划方案，同意对《苏州市城市轨道交通第三期建设规划（2018—2023）》方案进行调整。主要调整内容：一是对 2 号线、4 号线和 7 号线北段实施延伸工程，二是规划期延长至 2026 年。建设期苏州市政府及有关区政府财政出资占总投资的比例不低于 40%，计 51.62 亿元，剩余资金采用国内银行贷款等市场化融资方式解决。

2022 年 3 月 17 日，国家发展改革委批复了关于调整东莞市城市轨道交通第二期建设规划方案，同意对《东莞市城市轨道交通第二期建设规划（2013—2019年）》方案进行适当调整。主要调整内容：一是优化调整 1 号线一期和 3 号线一期工程方案，二是规划期调整为 2022~2027 年。建设期东莞市政府及有关镇政府财政出资占总投资的比例不低于 40%，计 299.1 亿元，剩余资金采用国内银行贷款等市场化融资方式解决。

2022 年 5 月 27 日，国家发展改革委批复了黄河下游"十四五"防洪工程可行性研究报告。该工程治理范围为：黄河干流河南省洛阳市孟津县白鹤镇至山东省东营市垦利县入海口，治理河道长 878km。该工程主要建设内容为：控导工程续建共 62 处，工程长度 34.850km；控导工程改建加固 65 处、坝垛 810 道；险工改建加固共 38 处、坝垛 548 道；防护坝改建加固 7 处、坝垛 65 道；控导工程防汛道路建设 40 条、长 106.019km；河口北大堤加固 44.631km，河口北大堤及南防洪堤堤顶道路总长 72.366km；涝河入黄口扩建堤防 1.047km，修建跨涝河防汛交通桥 1 座。该工程主要建设任务是在现有防洪工程的基础上，开展控导工程续建，险工和控导工程改建加固，涝河河口堤防、黄河干流河口堤防工程达标建设，堤顶防汛路和险工控导工程管理路改建，配备必要工程管理设施设备等，提升黄河下游防洪能力。

2022 年 6 月 6 日，中国证监会准予注册批复重庆市申报的国金铁建重庆渝遂高速公路封闭式基础设施证券投资基金，正式进入基金询价发行阶段，是西部地区首个获批注册的基础设施 REITs 项目。渝遂高速是重庆市"三环十八射"公路网架构中的主要通道，全长 111.8km，项目估值规模 46.12 亿元，也是连接成渝两大城市的第二条高速公路通道，对于推进国家西部大开发战略、加快成渝地区双城经济圈建设具有重要意义。

2022 年 7 月 29 日，国家发展改革委批复了环北部湾广东水资源配置工程可行性研究报告。工程建设任务以城乡生活和工业供水为主，兼顾农业灌溉，为改善水生态环境创造条件。工程由西江水源工程、输水干线工程和分干线工程组成。西江水源工程泵站设计取水流量 $110m^3/s$，设计扬程 162.0m。输水干线长 201.9km，通过高州水库、鹤地水库 2 座已建大型水库进行调蓄。输水分干线共 3 条，总长 298.0km。工程估算总投资为 606.426 亿元，其中中央预算内投资安排 80.613 亿元，总工期 96 个月。

6.2.4　重要会议

6.2.4.1　重要政府会议

2022 年 1 月 20 日，全国住房和城乡建设工作会议在北京以视频形式成功召开。会议深入学习贯彻习近平新时代中国特色社会主义思想，全面贯彻落实党的十九大和十九届历次全会精神、中央经济工作会议精神，总结 2021 年工作，分析形势和问题，研究部署 2022 年工作。住房和城乡建设部党组书记、部长王蒙徽做工作报告。会议强调，2022 年，全系统要认真贯彻落实党中央、国务院决策部署，坚持稳中求进工作总基调，完整、准确、全面贯彻新发展理念，着力在"增信心、防风险、稳增长、促改革、强队伍"上下功夫。会议要求抓好八方面工作：一是加强房地产市场调控，二是推进住房供给侧结构性改革，三是实施城市更新行动，四是实施乡村建设行动，五是落实碳达峰碳中和目标任务，六是推动建筑业转型升级，七是推动改革创新和法治建设，八是加强党的建设。

2022年3月4~11日，中华人民共和国第十三届全国人民代表大会第五次会议和中国人民政治协商会议第十三届全国委员会第五次会议在北京召开。会议提出坚定实施扩大内需战略，推进区域协调发展和新型城镇化。将围绕国家重大战略部署和"十四五"规划，适度超前开展基础设施投资。建设重点水利工程、综合立体交通网、重要能源基地和设施，加快城市燃气管道、给水排水管道等管网更新改造，完善防洪排涝设施，继续推进地下综合管廊建设。同时有序推进城市更新，加强市政设施和防灾减灾能力建设，开展老旧建筑和设施安全隐患排查整治，再开工改造一批城镇老旧小区，支持加装电梯等设施，推进无障碍环境建设和公共设施适老化改造。全国人大代表、上海建工党委书记、董事长徐征提出加快对建筑行业数字化的整体推进，加强政策供给，积极引导上游企业主动带动下游企业加快数字化转型，促进整个产业链的发展。全国人大代表、广西壮族自治区建筑科学研究设计院副院长朱惠英提出建立健全建筑领域碳排放核算体系。全国人大代表、中国工程院院士丁烈云提出加快智能建造人才培养。全国人大代表、中南集团董事局主席陈锦石建议鼓励地产和建筑企业走 EPC、装配化道路，推进集中规划建设，加强乡村土地集约利用，保障18亿亩耕地红线和国家粮食安全。

2022年4月29日，中共中央政治局召开会议，中共中央总书记习近平主持该会议。会议要求全力扩大国内需求，发挥有效投资的关键作用，强化土地、用能、环评等保障，全面加强基础设施建设。会议强调，要有效管控重点风险，守住不发生系统性风险底线。要坚持房子是用来住的、不是用来炒的定位，支持各地从当地实际出发完善房地产政策，支持刚性和改善性住房需求，优化商品房预售资金监管，促进房地产市场平稳健康发展。中国房地产业协会会长冯俊认为，各地因城施策不能脱离这个定位和方向，更不能"病急乱投医"，把房地产作为短期刺激经济的工具和手段。关键要继续实施好房地产长效机制，保持调控政策连续性稳定性，增强精准性协调性，努力实现稳地价、稳房价、稳预期目标。

2022年5月23日，李克强主持国务院常务会议，进一步部署稳经济一揽子措施，努力推动经济回归正常轨道、确保运行在合理区间。此次会议提出因城施策支持刚性和改善性住房需求。优化审批，新开工一批水利特别是大型引水灌溉、交通、老旧小区改造、地下综合管廊等项目，引导银行提供规模性长期贷款。启动新一轮农村公路建设改造。支持发行3000亿元铁路建设债券。加大以工代赈力度。

2022年8月31日，李克强主持国务院常务会议，听取稳住经济大盘督导和服务工作汇报，部署充分释放政策效能，加快扩大有效需求。此次会议提出支持刚性和改善性住房需求，地方要"一城一策"用好政策工具箱，灵活运用阶段性信贷政策和保交楼专项借款。

2022年11月22日，李克强主持国务院常务会议，此次会议强化部署了"落实因城施策支持刚性和改善性住房需求的政策，指导地方加强政策宣传解读""推进保交楼专项借款尽快全面落到项目，激励商业银行新发放保交楼贷款，加快项目建设和交付""努力改善房地产行业资产负债状况，促进房地产市场健康发展"等房地产政策。

2022年12月15~16日，中央经济工作会议在北京举行。会议指出，要确保房地产市场平稳发展，扎实做好保交楼、保民生、保稳定各项工作，满足行业合理融资需求，推动行业重组并购，有效防范化解优质头部房企风险，改善资产负债状况，同时要坚决依法打击违法犯罪行为。要因城施策，支持刚性和改善性住房需求，解决好新市民、青年人等住房问题，探索长租房市场建设。要坚持房子是用来住的、不是用来炒的定位，推动房地产业向新发展模式平稳过渡。

6.2.4.2 重要学术会议

2022年6月17~19日，第七届全国土木工程安全与防灾学术论坛在南京成功举办，由中国土木工程学会、中国工程院土木、水利与建筑工程学部、国家自然科学基金委员会工程与材料科学部、东南大学、江苏省土木建筑学会等单位共同主办。大会报告采用同步在线直播方式，吸引了1.83万余人线上参会，开幕式由论坛共同主席缪昌文院士主持。

2022年7月12日，第十八届国际绿色建筑与建筑节能大会在线上成功举办，由中国城市科学研究会、中国城市科学研究会绿色建筑与节能专业委员会和沈阳市人民政府共同主办。大会以"拓展绿色建筑，落实'双碳战略'"为主题，旨在扎实做好碳达峰、碳中和工作，认真践行"十四五"规划中提出的"发展绿色建筑"和"开展绿色生活创建活动"行动部署。本次线上会议包含1场综合交流会、

6 场专题研讨论坛。

2022 年 7 月 13~15 日，2022 中国（上海）国际地下空间展览会暨论坛在上海世博展览馆成功举办，主办单位为中国市政工程协会，论坛由中国土木工程学会隧道及地下工程分会、同济大学、同济大学地下空间研究中心、上海市地下管线协会联合主办，国际地下空间联合研究中心（ACUUS）、国际期刊 Underground Space 编辑部为会议的支持单位。展览面积超过 20000m²，同期召开多场技术研讨会及活动吸引用户和相关行业人士进行交流。

2022 年 7 月 25~27 日，绿色建筑、土木工程与智慧城市国际会议（GB-CESC2022）在桂林盛大召开。会议由桂林理工大学主办，中南大学、ACI·美国混凝土协会、中国地质大学、浙江大学、东南大学、温州大学、ESBK 国际学术交流中心等高校和协会机构共同协办。来自国内外土木、建筑学科领域专家学者近 150 人齐聚美丽的桂林，共同探讨当今土木工程和建筑工程范畴内各学科领域的最新发展方向及行业前沿动态，致力推进学科融合发展，搭建高校之间的产学研合作，推动学术共同体建设。

2022 年 9 月 9 日，中国建筑学会建筑产业现代化发展委员会 2022 年学术年会在北京成功举办。本次年会由中国建筑学会建筑产业现代化发展委员会、中建科技集团有限公司主办，中建集成建筑有限公司、中建科技集团华北有限公司协办。会议主题为"聚力新型建筑工业化 推进建筑产业现代化"，大会设立了大会主题学术报告会和新型建筑工业化专题学术交流会，邀请了 10 多位专家学者和企业代表围绕年会主题进行会议专题交流。

2022 年 9 月 13~17 日，第 13 届国际结构安全性与可靠性大会（ICOS-SAR2021-2022）在线上成功举办，并设同济大学线下主会场。会议由国际结构安全性与可靠性学会主办，同济大学承办，同济大学土木工程防灾国家重点实验室、工程可靠性与随机力学国际联合研究中心、上海防灾救灾研究所等单位协办。来自中国、美国、日本、德国等 30 个国家的 440 位高校教师、研究生和工程师注册参加了本次会议，共同研讨了结构安全性和可靠性领域理论与实践的最新进展。

2022 年 9 月 26~28 日，2021~2022 中国建筑学会建筑施工学术年会在安徽合肥成功举办，由中国建筑学会建筑施工分会主办，中建八局第一建设有限公司协办。会议主题为"基础设施建设与新型建筑工业化"，会议邀请中国工程院院士、大师、业内专家围绕基础设施建设、智能建造、新型建筑工业化、建筑机器人与智能建造技术、装配式建筑设计施工新技术，结合双碳目标，从多专业多角度交流建筑施工技术发展。

2022 年 12 月 5~6 日，第二十七届建设管理与房地产发展国际学术研讨会（CRIOCM2022）在线上成功举办。会议由中华建设管理研究会和香港中文大学联合主办，主题为"后疫情时代的建设管理和房地产：为健康生活建设智慧和韧性城市"。来自中国、澳大利亚、英国、美国等 14 个国家和地区的 625 位建设管理与房地产领域的专家及学者参与会议交流。

2022 年 12 月 17~18 日，2022 年建设与房地产管理国际学术研讨会（IC-CREM2022）在线上成功举办，会议由江西省建工集团有限责任公司承办，由哈尔滨工业大学、香港理工大学、清华大学、美国路易斯安那州立大学、英国诺丁汉特伦特大学等联合主办，美国土木工程师学会施工分会、中国建筑业协会建筑业高质量发展研究院、工程管理学报和 Buildings 期刊为会议的支持单位。会议主题为"建筑业的'双碳'战略"，行业内专家学者围绕建筑工业化、绿色施工等内容展开了深入交流和探讨。

6.3　2022 年中国土木工程学会大事记

（1）1 月 24 日，学会学术与标准工作委员会牵头完成的课题"中国土木工程学会标准体系编制"顺利通过专家验收。学会副理事长尚春明、秘书长李明安、学术部主任李丹出席会议。来自研究院所、高校和相关领域企业的 10 位专家听取了成果汇报。

（2）2~3 月，学会面向广大土木工程科技工作者征集"2022 重大科学问题、工程技术难题和产业技术问题"，向中国科协推荐了 9 个重大科技问题。

（3）3 月，学会向中国科协推荐中国青年科技奖候选人 2 名。

（4）3 月，学会主办的土木工程综合性学术期刊《土木工程学报》在中国知网网络首发平台首发论文，实现论文在线出版。

（5）3 月 18~20 日，由学会桥梁及结构工程分会、中国空气动力学会风工程和工业空气动力学专业委员会主办第二十届全国结构风工程学术会议暨第六届全国风工程研究生论坛召开。会议采用线下开、闭幕式与线上学术报告相结合的形式召开，来自全国 77 家单位的 1633 名专家和研究生代表在线出席本次大会，共进行了 400 多场线上学术报告。

（6）4 月，学会向中国科学技术协会推荐"2021 年最美科技工作者候选人"1 名。

（7）4 月，学会组织开发完成中国土木工程詹天佑奖网络申报评审系统，并首次在第二十届第一批詹天佑大奖推评工作中投入使用，进一步完善了詹天佑大奖评审机制、优化了评审程序、加强了评审过程的监督指导，大大提高了评审管理规范化水平和工作效率。

（8）4 月，学会工程防火技术分会落实住房和城乡建设部工程质量安全监管司对外墙外保温材料的论证，完成报告 1 篇。

（9）4 月 19 日，生态环境部大气环境司李培司长、毛玉如处长一行到学会轨道交通分会进行城轨行业调研工作。调研组针对《中华人民共和国噪声污染防治法》在轨道交通领域的实施情况，并结合生态环境部大气环境司正在组织制定的《"十四五"噪声污染防治行动计划》中涉及轨道交通的相关条款等内容进行了深入座谈交流。

（10）4 月 20 日，为规范和加强学会研究课题管理工作，学会印发《中国土木工程学会研究课题管理办法（试行）》。

（11）4 月 24 日，学会工程数字化分会线上举办"自主 BIM 技术研讨会"。线上参会人数达到了 2000 多人，邀请了多名行业专家出席会议，针对自主 BIM 的研发成果给出高度认可。

（12）5 月 8 日，第 25 讲黄文熙讲座学术报告会在北京召开，学会土力学及岩土工程分会副理事长、天津大学郑刚教授为主讲人。会议采用线上和线下结合的方式进行，线上多位院士、岩土工程界专家和研究生等超过 3500 人参与交流，直播点击量超过 16000 人次。

（13）5 月 16 日，由学会教育工作委员会和清华大学土木水利学院主办的第四届全国大学生结构设计信息技术大赛公布获奖名单。大赛的主题为"数字建筑、智慧建设"，共有 2259 支参赛队伍，提交了 1186 份作品。通过集中评卷最终 A 组获奖 787 队（特等奖 50 队、一等奖 110 队、二等奖 211 队、三等奖 416 队），B 组获奖 104 队（特等奖 7 队、一等奖 14 队、二等奖 28 队、三等奖 55 队）。

（14）5 月 28 日，由学会工程风险与保险研究分会主办第二届"城市灾害与风险管理"科普活动在线上开展。本次科普活动中，共有来自上海、北京等 5

个城市的 31 位小朋友提交了科普作品并参加汇报，在线参加人数约 150 人。

（15）5 月 30 日，由学会推荐的中国建筑第三工程局有限公司张琨正高级工程师获得第十四届光华工程科技奖。

（16）6 月，学会面向广大土木工程科技工作者征集"2022 重大科学问题、工程技术难题和产业技术问题"，成立专家推荐委员会，积极推荐。学会荣获中国科协重大科技问题难题征集发布"2022 年度重大科技问题难题优秀推荐单位"，和"2022 年度学会成果凝练优秀学会"称号。

（17）6 月，学会推荐的产业技术问题"如何通过标准化设计，自动化生产，机器人施工和装配式建造系统性解决建筑工业化和高能耗问题？"（作者：刘佳瑞等）入选中国科协发布的"2022 重大科学问题、工程技术难题和产业技术问题"。学会荣获中国科协重大科技问题难题征集发布"2022 年度优秀推荐单位"。

（18）6 月 9 日，学会以通讯会议方式召开第十届十二次常务理事会议。会议审议通过了《中国土木工程学会 2021 年度工作总结和 2022 年工作安排的报告》《中国土木工程詹天佑奖评选办法（修订稿）》。

（19）6 月 17~19 日，由学会、中国工程院土木水利与建筑工程学部、国家自然科学基金委员会等单位举办的第七届全国土木工程安全与防灾学术论坛在南京召开。26 位院士到场参加了论坛开幕式，16 位院士通过在线参加了论坛开幕式。全国土木工程及相关领域的近 300 名专家、学者和代表现场参加了本届论坛。大会报告采用同步在线直播方式，吸引了 1.83 万余人线上参会。

（20）6 月 29 日，学会轨道交通分会 2022 年分会第一、二季度秘书长工作会在北京召开。会议首先对轨道交通分会 2022 年上半年工作进行了总结，并围绕 2022 年度詹天佑奖推荐和申报、创新推广项目征集、土木学会年会分论坛筹备等议题进行了深入交流。

（21）7 月，根据中国科协建立完善决策咨询专家团队的要求，学会积极组建学会的决策咨询专家团队，由学会推荐的"城市轨道交通高质量发展""隧道及地下工程科技创新""城市基础设施更新及智慧运营管理""中国建造"四支决策咨询专家团队也获得了中国科协的批准通过，并被评为中国科协 2022 年决策咨询专家团队建设试点单位。

（22）7 月 2~6 日，由学会、东南大学等单位共同主办的"2022 年土木工程院士知名专家系列讲座暨第十三届全国研究生暑期学校"在南京召开，暑期学校共设 6 个学科专题分会场和 11 个前沿专题会场，共举办专家报告场次 89 次，研究生论坛报告次数 95 次。

（23）7 月 8 日，学会城市公共交通分会举行 "公交驾驶员情绪管理" 公交安全宣贯讲座。讲座采取线上、线下相结合的方式举办。

（24）7 月 15 日，学会港口工程分会第九届第四次常务理事扩大会议在线上举行，港口工程分会第九届理事会常务理事、理事及代表共 40 余人参加会议。审议通过了分会副理事长变更议案，通报了分会 2022 年上半年主要工作并讨论了 2022 年下半年主要工作。

（25）7 月 19 日，学会总工程师工作委员会 2022 年度委员大会暨学术年会在长沙召开。会议设 16 个分会场，来自全国各地总工委委员 260 余人参加了现场会议，累计 19000 余人次在线参会。

（26）7 月 22~23 日，由学会教育工作委员会、全国高等学校土木工程学科专业指导委员会主办的第十五届全国高校土木工程学院（系）院长（主任）工作研讨会在大连顺利召开。会议以 "新时期我国土木工程专业创新型人才培养与学科建设" 为主题，多位院士、全国 310 余所高校的院长、系主任等嘉宾代表共 2100 余人（含线上）出席会议，共同研讨人才培养创新模式和理念。

（27）8 月，学会承担的中国科协 2021 年 "中国特色一流学会建设项目（特色创新学会）" 验收通过。

（28）8 月 11~13 日，由学会燃气分会组织的 "2022 年公用（燃气）管道检验检测及完整性管理技术研讨会" 在重庆市顺利举办。来自勘察设计、制造安装、运营管理、巡检维护、检验检测、科学研究、技术服务等公用（燃气）管道相关的 120 多家单位的 194 名专家、代表和 9 家检测仪器设备厂商共同参加了本次会议。

（29）8 月 17 日，学会建筑市场与招标投标研究分会七届七次常务理事会扩大会议暨《关于严格执行招标投标法规制度进一步规范招标投标主体行为的若干意见》首期宣贯会议在北京召开。会议对分会 2021 年及 2022 年上半年工作进行了总结，并对十三部委颁布的《关于严格执行招标投标法规制度进一步规范招标投标主体行为的若干意见》进行了解读。

（30）8 月 19 日，中国土木工程学会住宅工程指导工作委员会、中国建设科技集团股份有限公司主办的第九届全国新型建筑工业化创新技术交流会在成都举行。会议采用线上线下相结合的方式召开，现场近 200 位代表参加了此次会议，线上听众累计达 7.07 万人。

（31）8月22日，由学会桥梁及结构工程分会、中国工程建设标准化协会高耸构筑物专业委员会主办，同济大学承办的"中国高耸结构第二十六届学术交流会"以线上形式召开。来自国内从事高耸结构领域科研、设计、生产和教学等方面的两百余位代表参加了会议。

（32）8月31日，由学会学术与标准工作委员会会同有关分会编制的《中国土木工程学会标准体系》在学会内部正式发布。

（33）9月，学会联合清华大学，共同创办英文期刊 Civil Engineering Science（《土木工程科学》），获得中国科协"2022年度中国科技期刊卓越行动计划高起点新刊项目"的支持。

（34）9月6~7日，由学会燃气分会、国家燃气用具质量检验检测中心主办的2022年中国燃气具行业年会在安徽合肥召开。来自燃气具生产企业、经销服务企业、检测机构、大专院校、科研单位及相关管理部门和媒体机构等在内的共计600余名代表出席此次会议。

（35）9月12日，学会工程风险与保险研究分会组织全国科普日活动"喜迎二十大，科普向未来"——品质城市之系列科普：走进地下空间，品质城市之防减城市地下空间灾害。共有来自上海、北京、广州、深圳等10个城市的500名人员提交了科普作品并参加汇报，在线参加人数约1000人。

（36）9月14~15日，由学会隧道及地下工程分会与俄罗斯隧道协会主办的首届"中俄岩土与地下工程青年学者论坛"以线上形式举办。30多个单位和高校共160余位岩土与地下工程领域专家、学者参会。线上会议直播累计观看人数5221人次。

（37）9月16日，由学会水工业分会主办的未来水系统论坛——结构设计迎接未来水系统的挑战采用线上会议形式召开。来自全国各地的建设、运营管理、工程设计、施工、装备制作、高校及科研等三十余家单位共四百多人线上参会。

（38）9月20日，由学会市政工程分会、河南省土木建筑学会、上海市土木工程学会等单位联合主办的"中国高质量发展城市建设论坛·中原峰会"在郑州召开。会议旨在立足新发展阶段，贯彻新发展理念，服务新发展格局，打造宜居韧性智能城市，推动中原区域城市高质量建设与发展。

（39）10月16日，学会水工业分会第六届七次常务理事会采取线上会议形式召开。

（40）10月21日，学会土力学及岩土工程分会第十届第2次常务理事会议在杭州召开。会议评选茅以升科学技术奖——土力学及岩土工程奖和茅以升岩土工程技术创新奖,讨论了第十四届全国土力学及岩土工程学术大会筹备工作,商定启动土力学及岩土工程分会理事会换届工作。

(41)10月25日,学会住宅工程工作指导委员会承担的"中国住宅建设新技术发展研究"课题验收会在亚太建设科技信息研究院召开。

(42)11月1日,学会以通讯方式召开第十届五次理事会议,会议审议通过了《关于调整中国土木工程学会常务理事、理事的报告(审议稿)》《中国土木工程学会2021年财务工作报告》《关于中国土木工程学会秘书处绩效工资分配方案(试行)》《关于注销北京中土学工程风险管理咨询有限责任公司的报告》《关于北京中宇工程建设咨询公司股权的处置报告》、关于修订《中国土木工程学会分支机构管理办法》的说明及修订稿和《关于筹办英文国际期刊〈土木工程科学〉(Civil Engineering Science)的工作方案》。

(43)11月2~3日,由学会隧道及地下工程分会等单位主办的第二十届海峡两岸隧道与地下工程学术及技术研讨会在中国台北召开。会议以"节能减碳,永续隧道"为主题,为海峡两岸隧道与地下工程学者和工程师提供了良好的交流平台。

(44)11月8日,学会住宅工程工作指导委员会召开常务理事会议,深入学习党的二十大精神及相关文件,并研究讨论2023年的工作计划。

(45)11月9日,学会采取"线上+线下"相结合方式在北京召开了"中国土木工程学会学习党的二十大精神会议"。住房和城乡建设部原副部长、学会理事长易军,学会副理事长尚春明,学会秘书长李明安,学会副秘书长程莹出席会议。学会秘书处全体工作人员(线下参会)、学会21家分支机构领导及秘书处工作人员(线上参会)共140人参加了会议。

(46)11月11~13日,由学会桥梁及结构工程分会、同济大学、东南大学联合主办的第25届全国桥梁学术会议在江苏南京顺利召开。本次会议以"大跨桥梁、结构创新、智能建造"为主题,多位院士、专家、企事业精英针对桥梁创新设计、结构分析、智能化建造、先进科研成果等方面进行了深入探讨。

(47)11月19~20日,由学会港口工程分会、浙江省海洋岩土工程与材料重点实验室、浙江大学主办的海洋工程技术交流大会暨东海博士生论坛在浙江大学舟山校区举行。来自国内外80余位知名专家学者和青年学生分别作学术报告,分享最新的海洋科技成果,交流最前沿的海洋工程技术,共同谋划海洋工程理论发展与技术创新。

（48）11 月 21 日，学会以通讯会议方式召开第十届十三次常务理事会议，会议审议通过了《中国土木工程学会科技成果评价管理办法（修订）》（征求意见稿）。

（49）11 月 22 日，学会城市公共交通分会于南京召开 2022 城市公共交通学术年会。会议采用现场会议和视频直播相结合的方式召开。会议主题为科技创新，引领公交高质量发展。与会专家就数字化公共交通科学技术发展情况及示范效应作学术交流，共同探讨城市公交企业数字化转型之路。交流报告 5 篇。

（50）11 月 24 日，学会防震减灾工程分会以线上方式召开理事会和常务理事会。

（51）11 月 27~28 日，由学会混凝土及预应力混凝土分会主办的第 21 届全国混凝土及预应力混凝土学术交流大会以线上直播的形式召开。来自中国建筑科学研究院、东南大学、中国建筑设计研究院、中国水利水电科学研究院、中冶建筑研究总院等单位的 39 位院士、大师和专家学者作学术报告。

（52）12 月 8~9 日，由学会市政工程分会、同济大学、深圳大学等单位共同主办的第九届国际地下空间开发大会在上海召开。会议采用"线上 + 线下"相结合的方式举行。会议以"韧性、安全、绿色、低碳"为主题，聚焦"顶层规划""数字智能""技术创新""装备制造""城市更新"等领域，充分交流分享地下空间发展历程中的实践经历，为地下空间开发利用的合理规划提供理论依据，为城市高质量发展提供可借鉴的经验。多位中国工程院院士和该领域专家参会，线上观看直播人次超过 5 万人次。

（53）12 月 28 日，学会总工程师工作委员会第二届总工论坛在北京以线上线下相结合的方式召开。本次论坛以"绿色低碳，智造未来"为主题，聚焦靶心、集思汇智，共话行业高质量发展新思路、新未来。论坛设 57 个分会场，累计 12.1 万人次在线参会。

（54）继续秉承"公平、公正、公开"的评奖原则，严格按照《中国土木工程詹天佑奖评选办法》有关规定，学会组织开展了第二十届第一批中国土木工程詹天佑奖推评工作，经业内各有关单位遴选推荐，共有 15 个专业领域、245 项工程申报。经形式审查、专业组初评、终审会议评审以及詹天佑大奖指导委员会审核、公示等程序，共有 44 项土木工程领域杰出的代表性工程入选。

（55）学会组织开展了学会成立 110 周年系列庆祝活动：编辑出版新版《中

国土木工程学会史》；拍摄学会新版专题宣传片；开展学会成立110周年表扬工作；邀请有关领导人、院士专家为学会题词，并在学会网站庆典专栏进行刊登。

（56）受住房和城乡建设部建筑市场监管司委托，学会组织开展《建筑法（修订）立法研究》课题研究工作。在广泛听取业内有关单位和具体从业人员意见的基础上，编制了《建筑法（修订）立法研究》课题结题报告，对《建筑法》实施过程中遇到的问题进行系统的梳理总结。

（57）学会工程质量分会出版核心期刊2022年《建筑科学》增刊一本，共计46篇文章，印刷400本。

（58）学会工程数字化分会指导相关单位组织线上、线下开展工程应用软件培训10余场，累计2万余人次参加学习、交流。

（59）学会防火技术分会组织编写科普书籍《城市消防安全与火灾风险识别》，介绍火灾致灾机理及火灾风险识别，介绍火灾防控措施及公众在居家期间及在公共场所的火灾处置及逃生方法。

（60）学会建筑市场与招标投标研究分会指导搭建"全国建设工程招标投标一体化服务平台"。平台上线以来，已实现线上咨询处理、线上通知发布等全流程管理，有效地解决了疫情防控常态化背景下会员管理困难、沟通不畅等问题。

（61）学会防震减灾工程分会组织撰写以介绍隔震、消能、控制及试验技术为主题的系列科普书籍：《以柔克刚——建造地震中的安全岛》《勇于牺牲的抗震先锋——结构消能减震》《结构振动控制——神奇的能量转移与耗散》和《试试房子怕不怕地震——结构抗震试验技术》。

附　表

中国土木工程学会 2022 年发布的团体标准

标准名称	标准编号	发布日期	实施日期
槽式预埋件系统设计标准	T/CCES 29-2022	2022 年 3 月 2 日	2022 年 6 月 1 日
预制混凝土构件尺寸允许偏差标准	T/CCES 30-2022	2022 年 3 月 7 日	2022 年 6 月 1 日
预制拼装混凝土桥墩技术规程	T/CCES 31-2022	2022 年 3 月 9 日	2022 年 6 月 1 日
低预应力预制混凝土耐腐蚀实心方桩技术规程	T/CCES 32-2022	2022 年 3 月 16 日	2022 年 6 月 1 日
城市轨道交通干式非晶合金铁心变压器技术标准	T/CCES 33-2022	2022 年 4 月 13 日	2022 年 7 月 1 日
建筑施工榫卯式钢管脚手架安全技术标准	T/CCES 34-2022	2022 年 8 月 17 日	2022 年 11 月 1 日
根固混凝土桩技术规程	T/CCES 35-2022	2022 年 8 月 17 日	2022 年 11 月 1 日
既有轨道交通盾构隧道结构安全保护技术规程	T/CCES 36-2022	2022 年 8 月 24 日	2022 年 11 月 1 日
建筑施工插卡型钢管脚手架安全技术规程	T/CCES 37-2022	2022 年 11 月 1 日	2023 年 2 月 1 日

中国建筑业协会 2022 年发布的团体标准

标准名称	标准编号	发布日期	实施日期
建筑外墙防水保温工程技术规程	T/CCIAT 0042-2022	2022 年 1 月 7 日	2022 年 3 月 1 日
建筑工程渗漏治理技术规程	T/CCIAT 0043-2022	2022 年 3 月 7 日	2022 年 5 月 1 日
智慧园区以太全光网络建设技术规程	T/CCIAT 0044-2022	2022 年 3 月 7 日	2022 年 5 月 1 日
建设工程电子文件与电子档案管理规程	T/CCIAT 0045-2022	2022 年 3 月 14 日	2022 年 6 月 1 日
混凝土剪力墙结构装配式组合壳体系技术规程	T/CCIAT 0046-2022	2022 年 9 月 26 日	2022 年 12 月 1 日
建设工程项目管理评价标准	T/CCIAT 0047-2022	2022 年 10 月 8 日	2022 年 12 月 1 日
建筑工程绿色建造评价标准	T/CCIAT 0048-2022	2022 年 10 月 13 日	2022 年 12 月 1 日

中国工程建设标准化协会 2022 年发布的团体标准

标准名称	标准编号	发布日期	实施日期
防水工程系统构造 -BG 系统 LV 系统	T/CECS 50001J-22	2022 年 1 月 6 日	2022 年 3 月 1 日
商务写字楼评价标准	T/CECS 368-2022	2022 年 1 月 12 日	2022 年 6 月 1 日
城市综合管廊固定灭火系统技术规程	T/CECS 988-2022	2022 年 1 月 12 日	2022 年 6 月 1 日
建筑室内渗漏修缮技术规程	T/CECS 989-2022	2022 年 1 月 12 日	2022 年 6 月 1 日
既有建筑幕墙安全检查技术规程	T/CECS 990-2022	2022 年 1 月 12 日	2022 年 6 月 1 日
缀板式钢管混凝土组合柱结构技术规程	T/CECS 991-2022	2022 年 1 月 12 日	2022 年 6 月 1 日
预应力压接装配混凝土框架应用技术规程	T/CECS 992-2022	2022 年 1 月 12 日	2022 年 6 月 1 日

标准名称	标准编号	发布日期	实施日期
密拼预应力混凝土叠合板技术规程	T/CECS 993–2022	2022 年 1 月 12 日	2022 年 6 月 1 日
高分子量高密度聚乙烯（HMWHDPE）缠绕结构壁埋地排水管道工程技术规程	T/CECS 994–2022	2022 年 1 月 12 日	2022 年 6 月 1 日
建筑施工裸地遥感监测技术导则	T/CECS 995–2022	2022 年 1 月 12 日	2022 年 6 月 1 日
建筑门窗附框应用技术规程	T/CECS 996–2022	2022 年 1 月 12 日	2022 年 6 月 1 日
埋地用聚乙烯（PE）高筋缠绕增强结构壁管材	T/CECS 10169–2022	2022 年 1 月 12 日	2022 年 6 月 1 日
陶瓷透水砖	T/CECS 10170–2022	2022 年 1 月 20 日	2022 年 6 月 1 日
高韧性混凝土加固砌体结构技术规程	T/CECS 997–2022	2022 年 1 月 20 日	2022 年 6 月 1 日
城市水体感官质量评价导则	T/CECS 998–2022	2022 年 1 月 20 日	2022 年 6 月 1 日
厨房排烟气系统性能测试评价标准	T/CECS 1001–2022	2022 年 1 月 20 日	2022 年 6 月 1 日
给水用孔网骨架聚乙烯（PE）塑钢复合稳态管管道工程技术规程	T/CECS 1002–2022	2022 年 1 月 20 日	2022 年 6 月 1 日
独立式立体数据机房消防设计标准	T/CECS 1003–2022	2022 年 1 月 20 日	2022 年 6 月 1 日
刚性防水工程技术规程	T/CECS 1004–2022	2022 年 1 月 20 日	2022 年 6 月 1 日
金属屋面防水修缮工程技术规程	T/CECS 1005–2022	2022 年 1 月 26 日	2022 年 6 月 1 日
智能互联供水设备应用环境技术标准	T/CECS 1006–2022	2022 年 1 月 26 日	2022 年 6 月 1 日
排水管道垫衬法修复工程技术规程	T/CECS 1007–2022	2022 年 1 月 26 日	2022 年 6 月 1 日
商店建筑节能技术规程	T/CECS 1008–2022	2022 年 1 月 26 日	2022 年 6 月 1 日
钢结构现场检测技术标准	T/CECS 1009–2022	2022 年 1 月 26 日	2022 年 6 月 1 日
建筑索结构节点设计标准	T/CECS 1010–2022	2022 年 1 月 26 日	2022 年 6 月 1 日
地下混凝土结构防水一体化系统技术规程	T/CECS 1011–2022	2022 年 1 月 26 日	2022 年 6 月 1 日
预制式全氟己酮灭火装置	T/CECS 10171–2022	2022 年 1 月 26 日	2022 年 6 月 1 日
高效制冷机房技术规程	T/CECS 1012–2022	2022 年 2 月 16 日	2022 年 7 月 1 日
供暖系统喷射泵应用技术规程	T/CECS 1013–2022	2022 年 2 月 16 日	2022 年 7 月 1 日
装配整体式齿槽剪力墙结构技术规程	T/CECS 1014–2022	2022 年 2 月 16 日	2022 年 7 月 1 日
桥梁组合型减隔震装置应用技术规程	T/CECS 1015–2022	2022 年 2 月 16 日	2022 年 7 月 1 日
城市道路灌浆式半柔性路面技术规程	T/CECS 1016–2022	2022 年 2 月 16 日	2022 年 7 月 1 日
主动式路面防结冰融雪剂喷洒系统	T/CECS 10172–2022	2022 年 2 月 16 日	2022 年 7 月 1 日
公路纤维混凝土桥面铺装技术规程	T/CECS G：D45–01–2022	2022 年 2 月 16 日	2022 年 7 月 1 日

标准名称	标准编号	发布日期	实施日期
公路装配式钢筋混凝土箱涵设计施工技术规程	T/CECS G：D60–11–2022	2022 年 2 月 16 日	2022 年 7 月 1 日
高速公路改扩建工程预算定额	T/CECS G：G20–01–2022	2022 年 2 月 16 日	2022 年 7 月 1 日
公路拜耳法赤泥路基技术规程	T/CECS G：D22–01–2022	2022 年 2 月 16 日	2022 年 7 月 1 日
叠压供水技术规程	T/CECS 221–2022	2022 年 2 月 25 日	2022 年 7 月 1 日
可回收锚杆应用技术规程	T/CECS 999–2022	2022 年 2 月 25 日	2022 年 7 月 1 日
装配式建筑企业质量管理标准	T/CECS 1017–2022	2022 年 2 月 25 日	2022 年 7 月 1 日
装配式室内墙面系统应用技术规程	T/CECS 1018–2022	2022 年 2 月 25 日	2022 年 7 月 1 日
皮芯结构热压交联高分子胎基湿铺防水卷材应用技术规程	T/CECS 1019–2022	2022 年 2 月 25 日	2022 年 7 月 1 日
预铺复合防水卷材应用技术规程	T/CECS 1020–2022	2022 年 2 月 25 日	2022 年 7 月 1 日
皮芯结构热压交联高分子胎基湿铺防水卷材	T/CECS 10173–2022	2022 年 2 月 25 日	2022 年 7 月 1 日
预铺复合防水卷材	T/CECS 10174–2022	2022 年 2 月 25 日	2022 年 7 月 1 日
碳纤维增强复合材料加固混凝土结构技术规程	T/CECS 146–2022	2022 年 2 月 25 日	2022 年 7 月 1 日
谷纤维复合门窗工程技术规程	T/CECS 1021–2022	2022 年 2 月 25 日	2022 年 7 月 1 日
健康建筑可持续运行监控系统评价标准	T/CECS 1022–2022	2022 年 2 月 25 日	2022 年 7 月 1 日
烧结淤泥多孔砖预制装配式自保温墙体技术规程	T/CECS 1023–2022	2022 年 2 月 25 日	2022 年 7 月 1 日
混凝土快速修复技术规程	T/CECS 1024–2022	2022 年 2 月 25 日	2022 年 7 月 1 日
建筑工程复合防水技术规程	T/CECS 1025–2022	2022 年 2 月 25 日	2022 年 7 月 1 日
建设工程施工安全巡查管理标准	T/CECS 1026–2022	2022 年 2 月 25 日	2022 年 7 月 1 日
建筑施工起重机附着系统技术规程	T/CECS 1027–2022	2022 年 2 月 25 日	2022 年 7 月 1 日
城市排水管渠数字化检测与评估技术规程	T/CECS 1028–2022	2022 年 2 月 25 日	2022 年 7 月 1 日
建筑外墙外保温系统质量诊断与评估技术规程	T/CECS 1029–2022	2022 年 2 月 25 日	2022 年 7 月 1 日
建筑用谷纤维复合门窗	T/CECS 10175–2022	2022 年 2 月 25 日	2022 年 7 月 1 日
建设项目全过程工程咨询标准	T/CECS 1030–2022	2022 年 3 月 8 日	2022 年 8 月 1 日
建筑机电抗震工程技术规程	T/CECS 1031–2022	2022 年 3 月 8 日	2022 年 8 月 1 日
水泥、砂浆和混凝土用粉煤灰中可释放氨检测技术标准	T/CECS 1032–2022	2022 年 3 月 8 日	2022 年 8 月 1 日
桥梁用硬聚氯乙烯（PVC–U）雨水管道安装及验收规程	T/CECS 1033–2022	2022 年 3 月 8 日	2022 年 8 月 1 日
特殊立管专用通气排水系统技术规程	T/CECS 1034–2022	2022 年 3 月 8 日	2022 年 8 月 1 日
公路隧道 LED 照明调光系统设计标准	T/CECS G：D85–11–2022	2022 年 3 月 8 日	2022 年 8 月 1 日

标准名称	标准编号	发布日期	实施日期
生活热水机组应用技术规程	T/CECS 134–2022	2022 年 3 月 15 日	2022 年 8 月 1 日
城市轨道交通上盖结构设计标准	T/CECS 1035–2022	2022 年 3 月 15 日	2022 年 8 月 1 日
陶瓷棉建筑保温复合板应用技术规程	T/CECS 1036–2022	2022 年 3 月 15 日	2022 年 8 月 1 日
预拌流态固化土填筑技术标准	T/CECS 1037–2022	2022 年 3 月 15 日	2022 年 8 月 1 日
超细陶瓷纤维保温装饰复合板	T/CECS 10176–2022	2022 年 3 月 15 日	2022 年 8 月 1 日
可控刚度桩筏基础技术规程	T/CECS 1038–2022	2022 年 3 月 18 日	2022 年 8 月 1 日
城市综合管廊技术状况评价标准	T/CECS 1039–2022	2022 年 3 月 18 日	2022 年 8 月 1 日
超高泵送机制砂混凝土应用技术规程	T/CECS 1040–2022	2022 年 3 月 18 日	2022 年 8 月 1 日
超高泵送轻骨料混凝土应用技术规程	T/CECS 1041–2022	2022 年 3 月 18 日	2022 年 8 月 1 日
燃气用具连接用不锈钢波纹软管认证要求	T/CECS 10177–2022	2022 年 3 月 18 日	2022 年 8 月 1 日
燃气用埋地聚乙烯管材、管件认证要求	T/CECS 10178–2022	2022 年 3 月 18 日	2022 年 8 月 1 日
建筑金属结构及围护系统认证通用技术要求	T/CECS 10179–2022	2022 年 3 月 18 日	2022 年 8 月 1 日
高标准农田设计标准	T/CECS 1043–2022	2022 年 3 月 31 日	2022 年 8 月 1 日
高分子复合材料大尺寸 3D 打印技术标准	T/CECS 1044–2022	2022 年 3 月 31 日	2022 年 8 月 1 日
自新风抗菌铝合金骨架复合墙体应用技术规程	T/CECS 1045–2022	2022 年 3 月 31 日	2022 年 8 月 1 日
反射隔热涂料复合保温胶泥墙体节能系统技术规程	T/CECS 1046–2022	2022 年 3 月 31 日	2022 年 8 月 1 日
钢管混凝土拱桥管内混凝土施工技术标准	T/CECS 1047–2022	2022 年 3 月 31 日	2022 年 8 月 1 日
建筑外围护结构抗风设计标准	T/CECS 1048–2022	2022 年 3 月 31 日	2022 年 8 月 1 日
隧道衬砌拱顶带模注浆材料应用技术规程	T/CECS 1049–2022	2022 年 3 月 31 日	2022 年 8 月 1 日
工程结构加固用特种混凝土抗压强度现场检测标准	T/CECS 1050–2022	2022 年 3 月 31 日	2022 年 8 月 1 日
蒸压轻质混凝土墙板应用技术规程	T/CECS 1051–2022	2022 年 3 月 31 日	2022 年 8 月 1 日
装配式建筑工程总承包管理标准	T/CECS 1052–2022	2022 年 3 月 31 日	2022 年 8 月 1 日
预制混凝土夹心保温墙板用金属玻璃纤维塑料复合连接器应用技术规程	T/CECS 1053–2022	2022 年 3 月 31 日	2022 年 8 月 1 日
建筑施工垂直运输设备安全风险监控标准	T/CECS 1054–2022	2022 年 3 月 31 日	2022 年 8 月 1 日
气承式膜结构建筑消防技术规程	T/CECS 1055–2022	2022 年 3 月 31 日	2022 年 8 月 1 日
相控阵超声法检测混凝土结合面缺陷技术规程	T/CECS 1056–2022	2022 年 3 月 31 日	2022 年 8 月 1 日
活性粉末混凝土加固钢结构技术规程	T/CECS 1057–2022	2022 年 3 月 31 日	2022 年 8 月 1 日
农村户厕评价标准	T/CECS 1058–2022	2022 年 3 月 31 日	2022 年 8 月 1 日
地基基础孔内成像检测标准	T/CECS 253–2022	2022 年 4 月 8 日	2022 年 9 月 1 日
地铁隧道疏散平台	T/CECS 10180–2022	2022 年 4 月 8 日	2022 年 9 月 1 日
消防排烟通风天窗	T/CECS 10181–2022	2022 年 4 月 8 日	2022 年 9 月 1 日

标准名称	标准编号	发布日期	实施日期
自新风抗菌铝合金骨架复合墙体	T/CECS 10182–2022	2022 年 4 月 8 日	2022 年 9 月 1 日
槽式预埋件及系统性能试验方法	T/CECS 10183–2022	2022 年 4 月 8 日	2022 年 9 月 1 日
混凝土试验用振动搅拌机	T/CECS 10184–2022	2022 年 4 月 8 日	2022 年 9 月 1 日
装配式建筑用密封胶	T/CECS 10185–2022	2022 年 4 月 8 日	2022 年 9 月 1 日
排水路面专用高黏度沥青	T/CECS 10186–2022	2022 年 4 月 8 日	2022 年 9 月 1 日
道路过硫磷石膏胶凝材料稳定基层技术规程	T/CECS G：D45–02–2022	2022 年 4 月 8 日	2022 年 9 月 1 日
公路嵌压式沥青混凝土铺装技术规程	T/CECS G：D54–06–2022	2022 年 4 月 8 日	2022 年 9 月 1 日
道路护栏式照明设计标准	T/CECS G：D83–01–2022	2022 年 4 月 8 日	2022 年 9 月 1 日
汽车试验场特种道路工程概算预算计价办法及工程量清单与计量规则	T/CECS G：T18–2022	2022 年 4 月 8 日	2022 年 9 月 1 日
抗震支吊架安装及验收标准	T/CECS 420–2022	2022 年 4 月 29 日	2022 年 9 月 1 日
钢 – 混凝土组合管结构技术规程	T/CECS 1059–2022	2022 年 4 月 29 日	2022 年 9 月 1 日
装配式低层住宅轻钢组合结构技术规程	T/CECS 1060–2022	2022 年 4 月 29 日	2022 年 9 月 1 日
淀粉基减水剂应用技术规程	T/CECS 1061–2022	2022 年 4 月 29 日	2022 年 9 月 1 日
加固片材与混凝土粘结性能试验方法标准	T/CECS 1062–2022	2022 年 4 月 29 日	2022 年 9 月 1 日
建筑垃圾再生集料路面基层技术规程	T/CECS 1063–2022	2022 年 4 月 29 日	2022 年 9 月 1 日
铝合金支吊架系统技术规程	T/CECS 1064–2022	2022 年 4 月 29 日	2022 年 9 月 1 日
钢管支撑脚手架应用技术规程	T/CECS 1065–2022	2022 年 4 月 29 日	2022 年 9 月 1 日
车库地坪技术规程	T/CECS 1066–2022	2022 年 4 月 29 日	2022 年 9 月 1 日
无机复合聚苯不燃保温板	T/CECS 10187–2022	2022 年 4 月 29 日	2022 年 9 月 1 日
混凝土引气剂	T/CECS 10188–2022	2022 年 4 月 29 日	2022 年 9 月 1 日
混凝土减水剂分子量测试 凝胶渗透色谱法	T/CECS 10189–2022	2022 年 4 月 29 日	2022 年 9 月 1 日
桥梁用低徐变混凝土技术条件	T/CECS 10190–2022	2022 年 4 月 29 日	2022 年 9 月 1 日
建筑及居住区数字化 户用计量仪表安全技术要求	T/CECS 10191–2022	2022 年 4 月 29 日	2022 年 9 月 1 日
波纹钢结构涵洞工程质量检验评定标准	T/CECS G：F57–01–2022	2022 年 4 月 29 日	2022 年 9 月 1 日
波纹钢结构桥梁设计与施工技术规程	T/CECS G：D60–32–2022	2022 年 4 月 29 日	2022 年 9 月 1 日
梁式桥结构监测技术规程	T/CECS G：Q31–01–2022	2022 年 4 月 29 日	2022 年 9 月 1 日
直滤式滤板技术规程	T/CECS 1067–2022	2022 年 5 月 18 日	2022 年 9 月 1 日
双曲线冷却塔可靠性鉴定标准	T/CECS 1068–2022	2022 年 5 月 18 日	2022 年 10 月 1 日
钢筋桁架楼承板应用技术规程	T/CECS 1069–2022	2022 年 5 月 18 日	2022 年 10 月 1 日

标准名称	标准编号	发布日期	实施日期
既有住区公共管线更新改造技术规程	T/CECS 1070-2022	2022 年 5 月 18 日	2022 年 10 月 1 日
玻璃幕墙硅酮结构密封胶应用技术规程	T/CECS 1071-2022	2022 年 5 月 18 日	2022 年 10 月 1 日
冶金渣发泡微晶保温装饰一体板应用技术规程	T/CECS 1072-2022	2022 年 5 月 18 日	2022 年 10 月 1 日
改性聚苯颗粒混凝土轻钢网模复合墙体应用技术规程	T/CECS 1073-2022	2022 年 5 月 18 日	2022 年 10 月 1 日
陶瓷厚板幕墙应用技术规程	T/CECS 1074-2022	2022 年 5 月 18 日	2022 年 10 月 1 日
装配式建筑绿色建造评价标准	T/CECS 1075-2022	2022 年 5 月 31 日	2022 年 10 月 1 日
既有住区公共设施改造技术规程	T/CECS 1076-2022	2022 年 5 月 31 日	2022 年 10 月 1 日
办公建筑室内环境技术规程	T/CECS 1077-2022	2022 年 5 月 31 日	2022 年 10 月 1 日
办公建筑节能技术规程	T/CECS 1078-2022	2022 年 5 月 31 日	2022 年 10 月 1 日
民用建筑热环境设计室内外计算参数标准	T/CECS 1079-2022	2022 年 5 月 31 日	2022 年 10 月 1 日
联合饰面砖粘贴填缝材料	T/CECS 10193-2022	2022 年 6 月 10 日	2022 年 11 月 1 日
建设工程基于无人机搭载平台检测标准	T/CECS 1080-2022	2022 年 6 月 10 日	2022 年 11 月 1 日
保温装饰板外墙外保温工程质量鉴定标准	T/CECS 1081-2022	2022 年 6 月 10 日	2022 年 11 月 1 日
智慧建筑评价标准	T/CECS 1082-2022	2022 年 6 月 10 日	2022 年 11 月 1 日
基于建筑信息模型的绿色公共建筑运营平台开发及应用导则	T/CECS 1083-2022	2022 年 6 月 10 日	2022 年 11 月 1 日
生活垃圾焚烧厂建设工程技术规程	T/CECS 1084-2022	2022 年 6 月 10 日	2022 年 11 月 1 日
混凝土增效剂应用技术规程	T/CECS 1085-2022	2022 年 6 月 10 日	2022 年 11 月 1 日
陶瓷砖填缝剂应用技术规程	T/CECS 1086-2022	2022 年 6 月 10 日	2022 年 11 月 1 日
频率域地震波法勘探标准	T/CECS 1087-2022	2022 年 6 月 10 日	2022 年 11 月 1 日
园林绿化工程资料管理标准	T/CECS 1088-2022	2022 年 6 月 10 日	2022 年 11 月 1 日
聚合物微水泥	T/CECS 10192-2022	2022 年 6 月 10 日	2022 年 11 月 1 日
混凝土增效剂	T/CECS 10194-2022	2022 年 6 月 10 日	2022 年 11 月 1 日
纤维增强水泥板应用技术规程	T/CECS 1089-2022	2022 年 6 月 20 日	2022 年 11 月 1 日
摆锤敲入法检测混凝土抗压强度技术规程	T/CECS 1090-2022	2022 年 6 月 20 日	2022 年 11 月 1 日
装配式建筑给水排水管道工程技术规程	T/CECS 1091-2022	2022 年 6 月 20 日	2022 年 11 月 1 日
水淋法砌体墙抗渗性能现场检测与评定标准	T/CECS 1092-2022	2022 年 6 月 20 日	2022 年 11 月 1 日
聚氨酯防水涂料应用技术规程	T/CECS 1093-2022	2022 年 6 月 20 日	2022 年 11 月 1 日
建筑工程设计咨询管理标准	T/CECS 1094-2022	2022 年 6 月 20 日	2022 年 11 月 1 日
高分子膜基防水卷材应用技术规程	T/CECS 1095-2022	2022 年 6 月 20 日	2022 年 11 月 1 日
医院运维建筑信息模型应用标准	T/CECS 1096-2022	2022 年 6 月 20 日	2022 年 11 月 1 日
健康建筑产品评价通则	T/CECS 10195-2022	2022 年 6 月 20 日	2022 年 11 月 1 日
混凝土用粉煤灰中氨释放限量及测定方法	T/CECS 10196-2022	2022 年 6 月 20 日	2022 年 11 月 1 日

标准名称	标准编号	发布日期	实施日期
高分子膜基预铺防水卷材	T/CECS 10197-2022	2022 年 6 月 20 日	2022 年 11 月 1 日
城镇地下排水设施保护标准	T/CECS 1097-2022	2022 年 6 月 28 日	2022 年 11 月 1 日
预拌砂浆机械化施工及质量验收标准	T/CECS 1098-2022	2022 年 6 月 28 日	2022 年 11 月 1 日
玻璃结构工程技术规程	T/CECS 1099-2022	2022 年 6 月 28 日	2022 年 11 月 1 日
工程竹结构设计标准	T/CECS 1101-2022	2022 年 6 月 28 日	2022 年 11 月 1 日
工程竹结构施工及质量验收标准	T/CECS 1102-2022	2022 年 6 月 28 日	2022 年 11 月 1 日
工程竹结构检测标准	T/CECS 1103-2022	2022 年 6 月 28 日	2022 年 11 月 1 日
木结构防火设计标准	T/CECS 1104-2022	2022 年 6 月 28 日	2022 年 11 月 1 日
既有钢结构改建与拆除技术规程	T/CECS 1105-2022	2022 年 6 月 28 日	2022 年 11 月 1 日
城镇道路异步超薄磨耗层技术规程	T/CECS 1106-2022	2022 年 6 月 28 日	2022 年 11 月 1 日
建筑屋面防水保温一体化板应用技术规程	T/CECS 1107-2022	2022 年 6 月 28 日	2022 年 11 月 1 日
防水保温一体化板	T/CECS 10198-2022	2022 年 6 月 28 日	2022 年 11 月 1 日
装饰保温与结构一体化微孔混凝土复合外墙板	T/CECS 10199-2022	2022 年 6 月 28 日	2022 年 11 月 1 日
内衬聚乙烯锚固板钢筋混凝土排水管	T/CECS 10200-2022	2022 年 6 月 28 日	2022 年 11 月 1 日
波形钢板结构技术规程	T/CECS 290-2022	2022 年 6 月 30 日	2022 年 11 月 1 日
高效空调制冷机房评价标准	T/CECS 1100-2022	2022 年 6 月 30 日	2022 年 11 月 1 日
加氢站消防系统技术规程	T/CECS 1108-2022	2022 年 6 月 30 日	2022 年 11 月 1 日
渣土砖砌体自承重墙技术规程	T/CECS 1109-2022	2022 年 6 月 30 日	2022 年 11 月 1 日
健康养老建筑技术规程	T/CECS 1110-2022	2022 年 6 月 30 日	2022 年 11 月 1 日
固废基场坪硬化材料应用技术规程	T/CECS 1112-2022	2022 年 6 月 30 日	2022 年 11 月 1 日
给水排水工程微型顶管技术规程	T/CECS 1113-2022	2022 年 6 月 30 日	2022 年 11 月 1 日
丁基橡胶自粘防水卷材	T/CECS 10201-2022	2022 年 6 月 30 日	2022 年 11 月 1 日
室内灯具光分布分类和照明设计参数标准	T/CECS 56-2022	2022 年 7 月 8 日	2022 年 12 月 1 日
给水排水工程埋地矩形管管道结构设计标准	T/CECS 145-2022	2022 年 7 月 8 日	2022 年 12 月 1 日
工程结构数字图像法检测技术规程	T/CECS 1114-2022	2022 年 7 月 8 日	2022 年 12 月 1 日
隔离式纳塑板外墙防火保温系统技术规程	T/CECS 1115-2022	2022 年 7 月 8 日	2022 年 12 月 1 日
改性蒸压加气混凝土自保温墙体技术规程	T/CECS 1116-2022	2022 年 7 月 8 日	2022 年 12 月 1 日
砖石结构古建筑抗震鉴定标准	T/CECS 1117-2022	2022 年 7 月 12 日	2022 年 12 月 1 日
古建筑振动控制技术标准	T/CECS 1118-2022	2022 年 7 月 12 日	2022 年 12 月 1 日
工业建筑钢吊车梁系统检测鉴定标准	T/CECS 1119-2022	2022 年 7 月 12 日	2022 年 12 月 1 日
移动式核酸采样站	T/CECS 10202-2022	2022 年 7 月 12 日	2022 年 7 月 12 日
给水排水工程埋地预制混凝土圆形管管道结构设计标准	T/CECS 143-2022	2022 年 7 月 28 日	2022 年 12 月 1 日

标准名称	标准编号	发布日期	实施日期
城市社区居家适老化改造技术标准	T/CECS 1042–2022	2022 年 7 月 28 日	2022 年 12 月 1 日
建筑结构体外预应力加固技术规程	T/CECS 1111–2022	2022 年 7 月 28 日	2022 年 12 月 1 日
城镇市政管道结构安全风险评估标准	T/CECS 1120–2022	2022 年 7 月 28 日	2022 年 12 月 1 日
建筑垃圾减量化设计标准	T/CECS 1121–2022	2022 年 7 月 28 日	2022 年 12 月 1 日
LED 室内照明建筑一体化技术规程	T/CECS 1122–2022	2022 年 7 月 28 日	2022 年 12 月 1 日
外包钢混凝土梁－钢管混凝土柱组合结构技术规程	T/CECS 1123–2022	2022 年 7 月 28 日	2022 年 12 月 1 日
工业建筑振动检测与评价技术规程	T/CECS 1124–2022	2022 年 7 月 28 日	2022 年 12 月 1 日
模块应急传染病医院建筑技术规程	T/CECS 1125–2022	2022 年 7 月 28 日	2022 年 12 月 1 日
建筑材料湿物理性质测试方法	T/CECS 10203–2022	2022 年 7 月 28 日	2022 年 12 月 1 日
综合管廊信息模型交付标准	T/CECS 1126–2022	2022 年 8 月 8 日	2023 年 1 月 1 日
公共建筑能耗比对评价方法标准	T/CECS 1127–2022	2022 年 8 月 8 日	2023 年 1 月 1 日
游乐设施固定结构安全检测评定标准	T/CECS 1128–2022	2022 年 8 月 8 日	2023 年 1 月 1 日
振动试验台基础技术规程	T/CECS 1129–2022	2022 年 8 月 8 日	2023 年 1 月 1 日
离心浇铸玻璃纤维增强塑料夹砂管排水埋地管道工程技术规程	T/CECS 1130–2022	2022 年 8 月 8 日	2023 年 1 月 1 日
预制混凝土节段胶拼应用技术规程	T/CECS 1131–2022	2022 年 8 月 8 日	2023 年 1 月 1 日
既有建筑抗震设防调查标准	T/CECS 1132–2022	2022 年 8 月 8 日	2023 年 1 月 1 日
装配式组合连接混凝土剪力墙结构技术规程	T/CECS 1133–2022	2022 年 8 月 8 日	2023 年 1 月 1 日
钢结构防火涂层鉴定与维护标准	T/CECS 1134–2022	2022 年 8 月 8 日	2023 年 1 月 1 日
多功能清污分流井技术规程	T/CECS 1135–2022	2022 年 8 月 8 日	2023 年 1 月 1 日
旅馆建筑声环境设计标准	T/CECS 1136–2022	2022 年 8 月 8 日	2023 年 1 月 1 日
建筑信息模型设计应用标准	T/CECS 1137–2022	2022 年 8 月 8 日	2023 年 1 月 1 日
建筑信息模型工程造价管理应用标准	T/CECS 1138–2022	2022 年 8 月 8 日	2023 年 1 月 1 日
装配式建筑预制混凝土构件产品信息模型数据标准	T/CECS 1139–2022	2022 年 8 月 8 日	2023 年 1 月 1 日
支吊架耐火性能试验方法	T/CECS 10204–2022	2022 年 8 月 8 日	2023 年 1 月 1 日
景区人行悬索桥工程技术规程	T/CECS 1140–2022	2022 年 8 月 12 日	2023 年 1 月 1 日
既有办公建筑通风空调系统节能调适技术规程	T/CECS 1141–2022	2022 年 8 月 12 日	2023 年 1 月 1 日
空调水系统用承插压合式薄壁不锈钢管道工程技术规程	T/CECS 1142–2022	2022 年 8 月 12 日	2023 年 1 月 1 日
定制门窗工程技术规程	T/CECS 1143–2022	2022 年 8 月 12 日	2023 年 1 月 1 日
厨房用油烟净化装置	T/CECS 10205–2022	2022 年 8 月 12 日	2023 年 1 月 1 日
混凝土中氯离子和硫酸根离子的测定 离子色谱法	T/CECS 10206–2022	2022 年 8 月 12 日	2023 年 1 月 1 日

标准名称	标准编号	发布日期	实施日期
公路软质岩路堤设计与施工技术规程	T/CECS G：D22-02-2022	2022 年 8 月 12 日	2023 年 1 月 1 日
公路工程块片石－机制砂自密实混凝土应用技术规程	T/CECS G：K50-31-2022	2022 年 8 月 12 日	2023 年 1 月 1 日
青藏高原地区公路工程水泥混凝土技术规程	T/CECS G：T52-01-2022	2022 年 8 月 12 日	2023 年 1 月 1 日
水泥基颗粒混聚轻质板应用技术规程	T/CECS 1144-2022	2022 年 8 月 26 日	2023 年 1 月 1 日
城市新区绿色规划设计标准	T/CECS 1145-2022	2022 年 8 月 26 日	2023 年 1 月 1 日
消防给水用承插压合式连接薄壁不锈钢管道工程技术规程	T/CECS 1146-2022	2022 年 8 月 26 日	2023 年 1 月 1 日
深基坑自防水穿底板钢管降水管井封堵技术规程	T/CECS 1147-2022	2022 年 8 月 26 日	2023 年 1 月 1 日
附着式升降脚手架工程服务标准	T/CECS 1148-2022	2022 年 8 月 26 日	2023 年 1 月 1 日
国际多边绿色建筑评价标准	T/CECS 1149-2022	2022 年 8 月 26 日	2023 年 1 月 1 日
耐腐蚀性钢筋应用技术规程	T/CECS 1150-2022	2022 年 8 月 26 日	2023 年 1 月 1 日
医院建设项目工程总承包管理标准	T/CECS 1151-2022	2022 年 8 月 26 日	2023 年 1 月 1 日
榫卯式钢管脚手架构件	T/CECS 10207-2022	2022 年 8 月 26 日	2023 年 1 月 1 日
齿圈卡压式薄壁不锈钢管件	T/CECS 10208-2022	2022 年 8 月 26 日	2023 年 1 月 1 日
承插型套扣式钢管脚手架技术规程	T/CECS 1152-2022	2022 年 8 月 30 日	2023 年 1 月 1 日
给水用高环刚钢骨架增强聚乙烯复合管材	T/CECS 10209-2022	2022 年 8 月 30 日	2023 年 1 月 1 日
给水用胶圈电熔双密封聚乙烯复合管材及管件	T/CECS 10210-2022	2022 年 8 月 30 日	2023 年 1 月 1 日
给水用电熔钢骨架增强高密度聚乙烯复合管件	T/CECS 10211-2022	2022 年 8 月 30 日	2023 年 1 月 1 日
排水用锁止防脱波形聚乙烯缠绕管	T/CECS 10212-2022	2022 年 8 月 30 日	2023 年 1 月 1 日
公路石墨烯改性橡胶沥青	T/CECS 10213-2022	2022 年 8 月 30 日	2023 年 1 月 1 日
特殊单立管排水系统技术规程	T/CECS 79-2022	2022 年 9 月 20 日	2023 年 2 月 1 日
建筑结构产品信息模型标准	T/CECS 1153-2022	2022 年 9 月 20 日	2023 年 2 月 1 日
建筑给水排水产品信息模型标准	T/CECS 1154-2022	2022 年 9 月 20 日	2023 年 2 月 1 日
建筑供暖通风空调产品信息模型标准	T/CECS 1155-2022	2022 年 9 月 20 日	2023 年 2 月 1 日
建筑材料、制品与设备产品信息模型标准	T/CECS 1156-2022	2022 年 9 月 20 日	2023 年 2 月 1 日
建筑电气智能化产品信息模型标准	T/CECS 1157-2022	2022 年 9 月 20 日	2023 年 2 月 1 日
洁净室节能评价标准	T/CECS 1158-2022	2022 年 9 月 20 日	2023 年 2 月 1 日
住宅室内装饰装修服务标准	T/CECS 1159-2022	2022 年 9 月 20 日	2023 年 2 月 1 日
机械发泡温拌沥青路面技术规程	T/CECS 1160-2022	2022 年 9 月 20 日	2023 年 2 月 1 日
钢混组合梁斜拉桥设计标准	T/CECS 1161-2022	2022 年 9 月 20 日	2023 年 2 月 1 日

标准名称	标准编号	发布日期	实施日期
在役彩涂压型金属板检测鉴定及修复技术规程	T/CECS 1162–2022	2022 年 9 月 20 日	2023 年 2 月 1 日
建设工程职业健康管理标准	T/CECS 1163–2022	2022 年 9 月 20 日	2023 年 2 月 1 日
建筑垃圾遥感快速识别技术规程	T/CECS 1164–2022	2022 年 9 月 20 日	2023 年 2 月 1 日
建筑安全星载干涉雷达监测技术规程	T/CECS 1165–2022	2022 年 9 月 20 日	2023 年 2 月 1 日
户式辐射空调技术规程	T/CECS 1166–2022	2022 年 9 月 20 日	2023 年 2 月 1 日
既有建筑金属屋面及墙面改建与拆除技术规程	T/CECS 1167–2022	2022 年 9 月 20 日	2023 年 2 月 1 日
钢面镁质复合风管	T/CECS 10214–2022	2022 年 9 月 20 日	2023 年 2 月 1 日
数据中心用机柜通用技术要求	T/CECS 10215–2022	2022 年 9 月 20 日	2023 年 2 月 1 日
花岗岩石粉及其复合掺合料应用技术规程	T/CECS 1168–2022	2022 年 9 月 28 日	2023 年 2 月 1 日
装配式轻质混凝土围护墙板应用技术规程	T/CECS 1170–2022	2022 年 9 月 28 日	2023 年 2 月 1 日
户用空调系统集中采购通用要求	T/CECS 10216–2022	2022 年 9 月 28 日	2023 年 2 月 1 日
制冷（热泵）机组集中采购通用要求	T/CECS 10217–2022	2022 年 9 月 28 日	2023 年 2 月 1 日
建筑外墙外保温材料的防火耐久性试验方法	T/CECS 10218–2022	2022 年 9 月 28 日	2023 年 2 月 1 日
二次供水一体化智慧泵房	T/CECS 10219–2022	2022 年 9 月 28 日	2023 年 2 月 1 日
公路工程地质勘察监理规程	T/CECS G：H40–2022	2022 年 9 月 28 日	2023 年 2 月 1 日
防水工程系统构造 –CPS 反应粘结型材料密封防水系统	T/CECS 50002J–2022	2022 年 10 月 9 日	2023 年 1 月 1 日
既有石材幕墙安全性鉴定标准	T/CECS 1171–2022	2022 年 10 月 18 日	2023 年 3 月 1 日
公共机构水平衡测试技术导则	T/CECS 1172–2022	2022 年 10 月 18 日	2023 年 3 月 1 日
中小学建筑室内环境评价标准	T/CECS 1173–2022	2022 年 10 月 18 日	2023 年 3 月 1 日
家用和商用燃气衣物烘干机应用技术规程	T/CECS 1174–2022	2022 年 10 月 18 日	2023 年 3 月 1 日
自密实固化土填筑技术规程	T/CECS 1175–2022	2022 年 10 月 18 日	2023 年 3 月 1 日
既有建筑屋顶增设光伏系统工程技术规程	T/CECS 1176–2022	2022 年 10 月 18 日	2023 年 3 月 1 日
装配式钢丝网片增强轻质隔墙系统技术规程	T/CECS 1177–2022	2022 年 10 月 18 日	2023 年 3 月 1 日
建设项目过程结算管理标准	T/CECS 1178–2022	2022 年 10 月 18 日	2023 年 3 月 1 日
预铺防水卷材应用技术规程	T/CECS 1179–2022	2022 年 10 月 18 日	2023 年 3 月 1 日
便携式丁烷气灶及气瓶	T/CECS 10220–2022	2022 年 10 月 18 日	2023 年 3 月 1 日
家用和商用燃气衣物烘干机	T/CECS 10221–2022	2022 年 10 月 18 日	2023 年 3 月 1 日
公路隧道蓄能自发光诱导设施技术规程	T/CECS G：D83–02–2022	2022 年 10 月 18 日	2023 年 3 月 1 日
公路工程机制砂生产技术规程	T/CECS G：K90–01–2022	2022 年 10 月 18 日	2023 年 3 月 1 日
公路工程质量检验评定数据报表编制导则	T/CECS G：F80–01–2022	2022 年 10 月 31 日	2023 年 3 月 1 日

标准名称	标准编号	发布日期	实施日期
公路路面同步纤维磨耗层技术规程	T/CECS G：M53－04－2022	2022 年 10 月 31 日	2023 年 3 月 1 日
公路桥梁通行危化品车辆安全监测及应急处置技术规程	T/CECS G：Q31－02－2022	2022 年 10 月 31 日	2023 年 3 月 1 日
装配整体式叠合混凝土结构施工及质量验收规程	T/CECS 1180－2022	2022 年 10 月 31 日	2023 年 3 月 1 日
预制混凝土构件生产企业评价标准	T/CECS 1181－2022	2022 年 10 月 31 日	2023 年 3 月 1 日
疏浚淤泥场地建筑地基基础技术规程	T/CECS 1182－2022	2022 年 10 月 31 日	2023 年 3 月 1 日
智慧园区技术标准	T/CECS 1183－2022	2022 年 10 月 31 日	2023 年 3 月 1 日
绿色建筑数字化运维管理技术规程	T/CECS 1184－2022	2022 年 10 月 31 日	2023 年 3 月 1 日
盾构渣土处理技术规程	T/CECS 1185－2022	2022 年 10 月 31 日	2023 年 3 月 1 日
建筑垃圾再生产品信息化管理技术规程	T/CECS 1186－2022	2022 年 10 月 31 日	2023 年 3 月 1 日
公共建筑能效评估标准	T/CECS 1187－2022	2022 年 10 月 31 日	2023 年 3 月 1 日
建筑垃圾管道竖向运输技术规程	T/CECS 1188－2022	2022 年 10 月 31 日	2023 年 3 月 1 日
液动下开式堰门	T/CECS 10222－2022	2022 年 10 月 31 日	2023 年 3 月 1 日
危险性较大的分部分项工程专项施工方案编制与管理指南	T/CECS 20011－2022	2022 年 10 月 31 日	2023 年 3 月 1 日
装配式混凝土结构检测标准	T/CECS 1189－2022	2022 年 11 月 8 日	2023 年 4 月 1 日
城市钢桥制造与安装标准	T/CECS 1190－2022	2022 年 11 月 8 日	2023 年 4 月 1 日
民用建筑空气质量分区及控制设计标准	T/CECS 1191－2022	2022 年 11 月 8 日	2023 年 4 月 1 日
特种加固混凝土应用技术规程	T/CECS 1192－2022	2022 年 11 月 8 日	2023 年 4 月 1 日
烧结复合保温砖和保温砌块墙体保温系统技术规程	T/CECS 1193－2022	2022 年 11 月 8 日	2023 年 4 月 1 日
市政道路工程建筑信息模型设计信息交换标准	T/CECS 1194－2022	2022 年 11 月 8 日	2023 年 4 月 1 日
城市道路工程信息模型分类和编码标准	T/CECS 1195－2022	2022 年 11 月 8 日	2023 年 4 月 1 日
房屋建筑空间信息编码标准	T/CECS 1196－2022	2022 年 11 月 8 日	2023 年 4 月 1 日
建工建材检验检测机构能力验证的选择与结果应用标准	T/CECS 1197－2022	2022 年 11 月 8 日	2023 年 4 月 1 日
建筑信息模型协同设计应用标准	T/CECS 1198－2022	2022 年 11 月 8 日	2023 年 4 月 1 日
城市智慧水务总体设计标准	T/CECS 1199－2022	2022 年 11 月 8 日	2023 年 4 月 1 日
房屋建筑与市政基础设施工程检测分类标准	T/CECS 1200－2022	2022 年 11 月 18 日	2023 年 4 月 1 日
装配式轻质保温结构一体化墙板应用技术规程	T/CECS 1201－2022	2022 年 11 月 18 日	2023 年 4 月 1 日
耐蚀钢筋混凝土应用技术规程	T/CECS 1202－2022	2022 年 11 月 18 日	2023 年 4 月 1 日
严酷环境混凝土结构耐久性设计标准	T/CECS 1203－2022	2022 年 11 月 18 日	2023 年 4 月 1 日

标准名称	标准编号	发布日期	实施日期
公路桥梁结构涂装防护技术规程	T/CECS G：D69-02-2022	2022 年 11 月 18 日	2023 年 4 月 1 日
公路装配式波纹钢箱拱型通道技术规程	T/CECS G：D66-02-2022	2022 年 11 月 18 日	2023 年 4 月 1 日
公路勘测实景三维测量标准	T/CECS G：H11-02-2022	2022 年 11 月 18 日	2023 年 4 月 1 日
绿色低碳轨道交通设计标准	T/CECS 1204-2022	2022 年 11 月 22 日	2023 年 4 月 1 日
既有工业区低影响开发设计导则	T/CECS 1205-2022	2022 年 11 月 22 日	2023 年 4 月 1 日
大空间建筑改建方舱庇护医院技术规程	T/CECS 1206-2022	2022 年 11 月 22 日	2023 年 4 月 1 日
城镇二次加压与调蓄供水设施改造技术规程	T/CECS 1207-2022	2022 年 11 月 22 日	2023 年 4 月 1 日
挤扩支盘灌注桩技术规程	T/CECS 192-2022	2022 年 11 月 30 日	2023 年 4 月 1 日
全回收基坑支护技术规程	T/CECS 1208-2022	2022 年 11 月 30 日	2023 年 4 月 1 日
成型钢筋加工配送服务评价标准	T/CECS 1209-2022	2022 年 11 月 30 日	2023 年 4 月 1 日
建筑垃圾转运处理电子联单管理标准	T/CECS 1210-2022	2022 年 11 月 30 日	2023 年 4 月 1 日
城镇污水污泥流化床干化焚烧技术规程	T/CECS 250-2022	2022 年 11 月 30 日	2023 年 4 月 1 日
防爆地面应用技术规程	T/CECS 1169-2022	2022 年 12 月 2 日	2023 年 5 月 1 日
给水用钢丝织绕增强聚乙烯复合管	T/CECS 10223-2022	2022 年 12 月 2 日	2023 年 5 月 1 日
预拌透水混凝土	T/CECS 10224-2022	2022 年 12 月 2 日	2023 年 5 月 1 日
用于水泥和混凝土中的钼尾矿微粉	T/CECS 10225-2022	2022 年 12 月 2 日	2023 年 5 月 1 日
抗裂硅质防水剂	T/CECS 10226-2022	2022 年 12 月 2 日	2023 年 5 月 1 日
预应力孔道灌浆材料应用技术规程	T/CECS 1211-2022	2022 年 12 月 6 日	2023 年 5 月 1 日
应变硬化水泥基复合材料结构技术规程	T/CECS 1212-2022	2022 年 12 月 6 日	2023 年 5 月 1 日
抗裂硅质刚性防水系统技术规程	T/CECS 1213-2022	2022 年 12 月 6 日	2023 年 5 月 1 日
建筑垃圾再生细骨料回填材料应用技术规程	T/CECS 1214-2022	2022 年 12 月 6 日	2023 年 5 月 1 日
工程渣土堆填处置技术规程	T/CECS 1215-2022	2022 年 12 月 6 日	2023 年 5 月 1 日
建筑工程超高性能混凝土应用技术规程	T/CECS 1216-2022	2022 年 12 月 6 日	2023 年 5 月 1 日
外套钢管混凝土加固混凝土柱技术规程	T/CECS 1217-2022	2022 年 12 月 12 日	2023 年 5 月 1 日
建设工程施工质量巡查管理标准	T/CECS 1218-2022	2022 年 12 月 12 日	2023 年 5 月 1 日
蒸压加气混凝土板构式建筑技术规程	T/CECS 1219-2022	2022 年 12 月 12 日	2023 年 5 月 1 日
蒸压加气混凝土叠合板应用技术规程	T/CECS 1220-2022	2022 年 12 月 12 日	2023 年 5 月 1 日
市政给水工程建筑信息模型设计信息交换标准	T/CECS 1221-2022	2022 年 12 月 12 日	2023 年 5 月 1 日
装配式混凝土结构钢筋错位连接技术规程	T/CECS 1222-2022	2022 年 12 月 12 日	2023 年 5 月 1 日
绿色建材评价 屋面绿化材料	T/CECS 10227-2022	2022 年 12 月 20 日	2023 年 5 月 1 日
绿色建材评价 透水铺装材料	T/CECS 10228-2022	2022 年 12 月 20 日	2023 年 5 月 1 日

标准名称	标准编号	发布日期	实施日期
绿色建材评价 混凝土结构外防护材料	T/CECS 10229-2022	2022 年 12 月 20 日	2023 年 5 月 1 日
绿色建材评价 保温装饰一体化板	T/CECS 10230-2022	2022 年 12 月 20 日	2023 年 5 月 1 日
绿色建材评价 工程修复材料	T/CECS 10231-2022	2022 年 12 月 20 日	2023 年 5 月 1 日
绿色建材评价 外墙板	T/CECS 10232-2022	2022 年 12 月 20 日	2023 年 5 月 1 日
绿色建材评价 建筑结构加固胶	T/CECS 10233-2022	2022 年 12 月 20 日	2023 年 5 月 1 日
绿色建材评价 隔墙板	T/CECS 10234-2022	2022 年 12 月 20 日	2023 年 5 月 1 日
绿色建材评价 人造石	T/CECS 10235-2022	2022 年 12 月 20 日	2023 年 5 月 1 日
绿色建材评价 辐射供暖供冷装置	T/CECS 10236-2022	2022 年 12 月 20 日	2023 年 5 月 1 日
绿色建材评价 供暖空调输配系统用风机、风管、水泵	T/CECS 10237-2022	2022 年 12 月 20 日	2023 年 5 月 1 日
绿色建材评价 换热器	T/CECS 10238-2022	2022 年 12 月 20 日	2023 年 5 月 1 日
绿色建材评价 建筑用供暖散热器	T/CECS 10239-2022	2022 年 12 月 20 日	2023 年 5 月 1 日
绿色建材评价 组合式空调机组	T/CECS 10240-2022	2022 年 12 月 20 日	2023 年 5 月 1 日
绿色建材评价 冷凝式燃气热水炉	T/CECS 10241-2022	2022 年 12 月 20 日	2023 年 5 月 1 日
绿色建材评价 冷热联供设备	T/CECS 10242-2022	2022 年 12 月 20 日	2023 年 5 月 1 日
绿色建材评价 冷水机组	T/CECS 10243-2022	2022 年 12 月 20 日	2023 年 5 月 1 日
绿色建材评价 冷却塔	T/CECS 10244-2022	2022 年 12 月 20 日	2023 年 5 月 1 日
绿色建材评价 风机盘管机组	T/CECS 10245-2022	2022 年 12 月 20 日	2023 年 5 月 1 日
绿色建材评价 智能坐便器	T/CECS 10246-2022	2022 年 12 月 20 日	2023 年 5 月 1 日
绿色建材评价 刚性防水材料	T/CECS 10247-2022	2022 年 12 月 20 日	2023 年 5 月 1 日
绿色建材评价 集成式卫浴	T/CECS 10248-2022	2022 年 12 月 20 日	2023 年 5 月 1 日
绿色建材评价 镀锌轻钢龙骨	T/CECS 10249-2022	2022 年 12 月 20 日	2023 年 5 月 1 日
绿色建材评价 泡沫铝板	T/CECS 10250-2022	2022 年 12 月 20 日	2023 年 5 月 1 日
绿色建材评价 金属给水排水管材管件	T/CECS 10251-2022	2022 年 12 月 20 日	2023 年 5 月 1 日
绿色建材评价 弹性地板	T/CECS 10252-2022	2022 年 12 月 20 日	2023 年 5 月 1 日
绿色建材评价 建筑垃圾－废弃混凝土绿色处理技术	T/CECS 10253-2022	2022 年 12 月 20 日	2023 年 5 月 1 日
绿色建材评价 防火涂料	T/CECS 10254-2022	2022 年 12 月 20 日	2023 年 5 月 1 日
绿色建材评价 防腐材料	T/CECS 10255-2022	2022 年 12 月 20 日	2023 年 5 月 1 日
绿色建材评价 建筑铝合金模板	T/CECS 10256-2022	2022 年 12 月 20 日	2023 年 5 月 1 日
绿色建材评价 重组材	T/CECS 10257-2022	2022 年 12 月 20 日	2023 年 5 月 1 日
绿色建材评价 整体厨柜	T/CECS 10258-2022	2022 年 12 月 20 日	2023 年 5 月 1 日
绿色建材评价 建筑与市政工程用支吊架	T/CECS 10259-2022	2022 年 12 月 20 日	2023 年 5 月 1 日
绿色建材评价 一体化生活污水处理设备	T/CECS 10260-2022	2022 年 12 月 20 日	2023 年 5 月 1 日

标准名称	标准编号	发布日期	实施日期
绿色建材评价 一体化预制泵站	T/CECS 10261-2022	2022 年 12 月 20 日	2023 年 5 月 1 日
绿色建材评价 二次供水设备	T/CECS 10262-2022	2022 年 12 月 20 日	2023 年 5 月 1 日
综合管廊与地下基础设施整合设计标准	T/CECS 1223-2022	2022 年 12 月 22 日	2023 年 5 月 1 日
膜生物反应器城镇污水处理厂原位改造技术规程	T/CECS 1224-2022	2022 年 12 月 22 日	2023 年 5 月 1 日
不锈钢电缆桥架应用技术规程	T/CECS 1225-2022	2022 年 12 月 22 日	2023 年 5 月 1 日
方舱拆除物收运处置技术规程	T/CECS 1226-2022	2022 年 12 月 22 日	2023 年 5 月 1 日
螺栓连接多层全装配式混凝土墙板结构技术规程	T/CECS 809-2022	2022 年 12 月 22 日	2023 年 5 月 1 日
聚乙烯共混聚氯乙烯高性能双壁波纹管材	T/CECS 10011-2022	2022 年 12 月 29 日	2023 年 5 月 1 日

中国建筑学会 2022 年发布的团体标准　　　　　附表 4-4

标准名称	标准编号	发布日期	实施日期
纯化磷石膏	T/ASC 6003 -2022	2022 年 3 月 31 日	2022 年 6 月 1 日
商业建筑信息模型应用统一标准	T/ASC 24 -2022	2022 年 3 月 31 日	2022 年 6 月 1 日
城市老工业区功能提升技术规程	T/ASC 25 -2022	2022 年 3 月 31 日	2022 年 6 月 1 日
建筑业安全领导力与安全文化评价标准	T/ASC 26 -2022	2022 年 4 月 24 日	2022 年 6 月 1 日
低压配电系统多脉冲电涌保护器性能要求和试验方法	T/ASC 6004-2022	2022 年 7 月 5 日	2022 年 9 月 1 日
建筑物及电子信息系统隔离防雷技术标准	T/ASC 28 -2022	2022 年 7 月 5 日	2022 年 9 月 1 日
装配式配筋砌块砌体建筑技术标准	T/ASC 29 -2022	2022 年 7 月 5 日	2022 年 9 月 1 日
城市综合管廊信息模型交付标准	T/ASC 30 -2022	2022 年 7 月 5 日	2022 年 9 月 1 日
落地式空中造楼机建造混凝土结构高层住宅技术规程	T/ASC 31 -2022	2022 年 7 月 5 日	2022 年 9 月 1 日
建筑工程类工程会员能力评价标准	T/ASC 32 -2022	2022 年 9 月 9 日	2022 年 10 月 1 日
居住建筑防疫设计导则	T/ASC 27 -2022	2022 年 9 月 9 日	2022 年 11 月 1 日

2022 年土木工程建设企业科技创新能力排序各指数评分情况　　　　附表 4-5

名次	企业	指数评分			综合评价得分
		专利指数	荣誉指数	软著指数	
1	中国建筑第八工程局有限公司	45.00	35.00	18.14	98.14
2	中国建筑第二工程局有限公司	20.10	14.14	20.00	54.25
3	中建三局集团有限公司	13.18	25.66	14.30	53.14
4	中国建筑第五工程局有限公司	17.28	6.83	6.22	30.33
5	中交一公局集团有限公司	12.19	4.04	13.41	29.64

名次	企业	指数评分			综合评价得分
		专利指数	荣誉指数	软著指数	
6	上海建工控股集团有限公司	12.52	8.52	7.76	28.80
7	中国建筑一局（集团）有限公司	15.66	8.46	3.40	27.53
8	中铁四局集团有限公司	9.43	10.14	5.80	25.38
9	中铁隧道局集团有限公司	8.15	9.45	2.17	19.77
10	中国建筑第七工程局有限公司	10.84	5.72	3.19	19.75
11	中铁十二局集团有限公司	11.58	4.38	3.29	19.25
12	北京建工集团有限责任公司	7.79	5.66	2.56	16.01
13	中铁建工集团有限公司	7.94	6.14	1.46	15.54
14	中铁十一局集团有限公司	8.47	3.00	2.80	14.27
15	中铁一局集团有限公司	7.38	5.16	1.12	13.66
16	中铁十八局集团有限公司	7.22	2.94	3.48	13.63
17	山西建设投资集团有限公司	8.01	1.77	3.82	13.60
18	中国二十冶集团有限公司	9.09	2.86	1.02	12.97
19	中国十七冶集团有限公司	11.70	0.45	0.16	12.30
20	中国建筑第四工程局有限公司	7.21	3.10	1.75	12.07
21	中铁大桥局集团有限公司	5.75	5.59	0.47	11.81
22	北京城建集团有限责任公司	6.35	3.89	1.28	11.52
23	中国一冶集团有限公司	9.82	1.58	0.10	11.51
24	中铁三局集团有限公司	3.58	3.76	2.85	10.19
25	中交路桥建设有限公司	5.79	3.00	0.78	9.57
26	中交第二公路工程局有限公司	3.55	1.60	3.69	8.84
27	中铁上海工程局集团有限公司	3.91	3.83	0.99	8.74
28	中国公路工程咨询集团有限公司	3.08	0.12	5.28	8.48
29	中铁五局集团有限公司	5.18	2.50	0.58	8.25
30	中电建路桥集团有限公司	5.55	0.14	2.25	7.94
31	上海宝冶集团有限公司	4.40	2.69	0.68	7.77
32	中国水利水电第十一工程局有限公司	5.34	1.20	1.05	7.59
33	广西建工集团有限责任公司	0.83	4.07	2.48	7.39
34	上海城建（集团）有限公司	3.29	1.89	1.86	7.03
35	中铁电气化局集团有限公司	2.22	2.72	1.62	6.55
36	中铁二局集团有限公司	3.58	2.48	0.50	6.55
37	中铁十六局集团有限公司	2.34	3.75	0.44	6.53

名次	企业	指数评分			综合评价得分
		专利指数	荣誉指数	软著指数	
38	中国建筑第六工程局有限公司	3.96	1.30	1.20	6.46
39	中冶建工集团有限公司	5.53	0.46	0.13	6.11
40	中铁建设集团有限公司	2.51	2.92	0.65	6.08
41	中国水利水电第七工程局有限公司	1.76	2.22	2.04	6.02
42	安徽建工集团控股有限公司	2.26	0.65	2.98	5.89
43	中铁十四局集团有限公司	2.63	2.96	0.29	5.89
44	中国五冶集团有限公司	2.84	1.99	0.97	5.80
45	中建科技集团有限公司	4.59	0.54	0.39	5.51
46	中铁六局集团有限公司	1.71	3.50	0.16	5.37
47	中铁二十局集团有限公司	2.08	2.57	0.65	5.30
48	中铁七局集团有限公司	1.92	2.77	0.52	5.21
49	江苏省苏中建设集团股份有限公司	0.76	4.38	0.05	5.19
50	中国水利水电第五工程局有限公司	2.31	1.54	1.25	5.10
51	中国二十二冶集团有限公司	2.84	1.21	0.92	4.97
52	中铁十局集团有限公司	1.46	2.89	0.39	4.74
53	中国十九冶集团有限公司	4.14	0.34	0.21	4.69
54	中亿丰建设集团股份有限公司	1.27	2.14	1.25	4.67
55	中电建铁路建设投资集团有限公司	1.48	2.19	0.94	4.62
56	中国铁建大桥工程局集团有限公司	1.79	2.29	0.52	4.60
57	中天建设集团有限公司	0.70	2.72	1.02	4.44
58	中交第三公路工程局有限公司	2.28	0.97	1.18	4.42
59	山东省路桥集团有限公司	1.09	0.32	2.90	4.32
60	中铁十九局集团有限公司	1.71	2.52	0.08	4.31
61	云南省建设投资控股集团有限公司	1.27	0.39	2.64	4.30
62	陕西建工控股集团有限公司	3.20	0.53	0.50	4.23
63	中国水利水电第八工程局有限公司	2.79	0.97	0.47	4.22
64	中国水利水电第十四工程局有限公司	1.12	1.45	1.39	3.95
65	中铁二十一局集团有限公司	0.86	2.75	0.31	3.92
66	中铁八局集团有限公司	2.05	1.70	0.00	3.75
67	中铁二十四局集团有限公司	1.88	0.85	0.99	3.72
68	中铁广州工程局集团有限公司	2.91	0.81	0.00	3.72
69	江苏省建筑工程集团有限公司	1.00	2.46	0.00	3.46

名次	企业	指数评分			综合评价得分
		专利指数	荣誉指数	软著指数	
70	中国水利水电第九工程局有限公司	2.70	0.34	0.42	3.46
71	湖南建工集团有限公司	0.90	1.11	1.31	3.31
72	南通四建集团有限公司	0.51	2.70	0.03	3.24
73	中国核工业建设股份有限公司	1.35	1.49	0.37	3.22
74	中铁城建集团有限公司	0.87	1.42	0.81	3.11
75	中铁十七局集团有限公司	1.37	1.56	0.13	3.06
76	青建集团股份公司	0.81	2.00	0.18	2.99
77	广东省建筑工程集团控股有限公司	2.09	0.35	0.52	2.96
78	中铁十五局集团有限公司	1.36	0.46	1.10	2.92
79	浙江交工集团股份有限公司	2.04	0.00	0.86	2.91
80	中国水利水电第四工程局有限公司	1.80	0.96	0.10	2.87
81	广州市建筑集团有限公司	1.37	0.02	1.41	2.81
82	郑州一建集团有限公司	0.65	1.82	0.26	2.73
83	中铁二十三局集团有限公司	0.47	1.65	0.50	2.62
84	武汉市政建设集团有限公司	1.04	0.28	1.25	2.57
85	广西路桥工程集团有限公司	1.44	0.12	1.02	2.57
86	重庆建工集团股份有限公司	2.03	0.21	0.21	2.45
87	中冶天工集团有限公司	1.74	0.52	0.13	2.39
88	中国水电基础局有限公司	1.18	0.91	0.26	2.35
89	天元建设集团有限公司	1.53	0.55	0.26	2.34
90	浙江省建工集团有限责任公司	0.66	0.49	1.18	2.33
91	中国水利水电第三工程局有限公司	1.43	0.69	0.21	2.32
92	中交第二航务工程局有限公司	1.97	0.26	0.05	2.27
93	中国电建市政建设集团有限公司	0.85	1.07	0.34	2.26
94	中铁二十二局集团有限公司	1.11	1.13	0.03	2.26
95	安徽四建控股集团有限公司	0.32	0.48	1.41	2.21
96	中建新疆建工（集团）有限公司	1.55	0.43	0.21	2.19
97	中铁北京工程局集团有限公司	1.04	0.89	0.18	2.12
98	河北建设集团股份有限公司	1.16	0.35	0.50	2.01
99	四川公路桥梁建设集团有限公司	0.56	0.82	0.55	1.92
100	济南城建集团有限公司	1.77	0.05	0.08	1.90

图书在版编目（CIP）数据

中国土木工程建设发展报告 . 2022 / 中国土木工程
学会组织编写 . —北京：中国建筑工业出版社，
2023.12
ISBN 978-7-112-29542-5

Ⅰ.①中… Ⅱ.①中… Ⅲ.①土木工程—研究报告—
中国—2022 Ⅳ.① TU

中国国家版本馆CIP数据核字（2023）第253466号

责任编辑：王砾瑶
责任校对：赵　力

中国土木工程建设发展报告2022

中国土木工程学会　组织编写
*
中国建筑工业出版社出版、发行（北京海淀三里河路9号）
各地新华书店、建筑书店经销
北京海视强森文化传媒有限公司制版
北京富诚彩色印刷有限公司印刷
*
开本：787毫米×1092毫米　1/16　印张：21¾　插页：13　字数：389千字
2023年12月第一版　2023年12月第一次印刷
定价：189.00元
ISBN 978-7-112-29542-5
　　（42229）